アメリカの電力自由化

クリーン・エネルギーの将来

小林健一

日本経済評論社

はしがき

　多くの国々で電力事業の規制緩和，あるいは自由化が課題となり，欧米を中心に相当進展してきている．日本でも 1995 年から部分的な電力自由化が始まっており，現在，2007 年頃からの小売り全面自由化をめぐって議論が進行中である．現在のところ，日本における電力自由化は政策的にはある程度進んでいるが，実態ではほとんど進展していない．電力会社以外の新規参入者の発電能力は，日本の総発電能力の 1% にも達していないからである．

　競争の拡大をめぐる現在の議論の焦点は，電力会社の送電部門の中立化の是非と方法である．電力における競争は，発電分野での競争，そしてそれを基礎にした小売り段階での競争に分けられる．発電分野の競争とは，電力会社の発電部門と新規参入の発電事業者（発電所）によって行われる卸売り電力の競争である．また，小売り段階での競争とは，消費者（工場など大口消費者と一般消費者）をめぐる，これまで電力を販売してきた電力会社と新規参入の電力小売り業者との競争である．新規の電力小売り業者は電力会社の送電・配電線を借り，卸売り電力を調達しつつ消費者に電力を販売する．したがって，新規参入者の発電事業者にとっては，電力会社の送電線へのアクセスが，電力小売り業者にとっては電力会社の送電・配電線へのアクセスが極めて重要である．電力会社から送電線を分離して管理すると，電力会社の発電部門とそれ以外の発電事業者が公平に扱われ，競争が促進される．しかし，送電線の分離には電力会社が強く抵抗している．

　自由化推進派は外国に較べて割高な日本の電力料金を取り上げ，その原因として地域的独占の弊害，規模の経済性の枯渇などを指摘している．しかし，反対派は，自由化によって電力の安定供給が損なわれる危険性などを指摘している．また，化石燃料からクリーン・エネルギーへの転換を主張する環境

保護派も，おそらくは単純な自由化を支持しないであろう．電力自由化の賛成派，反対派，あるいは環境保護派の主張はそれぞれに説得力があり，電力自由化にどう対処すべきかはなかなか判断が困難である．ここ数年の間に，日本の電力自由化は重大な局面にさしかかるが，それについて国民的な合意に達しているとは言い難い．

そこで本書は，1970年代末から電力自由化を実施し，カリフォルニア州を初めとしていくつかの州・地域が90年代末から一層の競争の導入に踏み切ったアメリカの経験を取り上げる．それによって日本の電力自由化にたいする指針を得ようと思う．その際，とくに検討したいのは，次の諸点である．

第1に，電力自由化は一般的に電力料金（価格）を下げることが目的とされているが，それを超えて料金（価格）競争圧力が長期的にどのようなエネルギー源を主流に押し上げるのか，ということである．つまり，自由化は長期的に，最も低コストであり，環境にも優しい小型ガス発電を主流に押し上げるのではないかという点である．発電は現在，水力，火力（石炭，石油，天然ガスなど），原子力，そしてクリーン・エネルギーという異なる方式で行われており，巨大火力発電と原発が主力である．最も低コストの発電方式は，比較的最近開発された小型のガス・タービン発電である．しかも，これは化石燃料を用いる発電方式のなかでは最も燃料効率が良く，環境にも優しい発電方式である．アメリカでは自由化によって，これが新規の発電設備では圧倒的に主流になっている．小型ガス・タービン発電は，従来までの大型火力と原子力発電所の時代を終わらせ，それらに取って代わる発電方式である．

しかも，小売り電力市場が完全に自由化されれば，大口消費者だけでなくすべての一般消費者がどの小売り会社から購入するか選択が可能となる．小売り会社毎に扱うエネルギー源の違いの情報が開示されれば，一般消費者はエネルギー源を選択することができるようになる．とくにクリーン・エネルギーを扱う会社は，差別化された電力サービスを強調するためにクリーン・エネルギーであることを消費者に明示するであろう．そうすれば，これまで

電力会社と政府によって選択されてきたエネルギー源を，一般消費者自身が選択することになるのである．おそらく，工場などの大口消費者は最も低価格の電力を選び，その結果，小型ガス・タービン発電を促進するだろう．一般消費者のなかには価格が多少高くともクリーン・エネルギーを選ぶグループもあるだろう．電力自由化は，電力料金の低下ばかりではなく，燃料効率のよい最低価格の小型ガス・タービン発電方式への転換と，一般消費者自身によるクリーン・エネルギーを含めたエネルギー選択を可能にする．ここに電力自由化の積極的意義があり，ここにこそ着目すべきなのである．本書が電力自由化に賛成するのはこのような理由である．

しかし第2に，そうだとしても，発電分野に競争を本格的に導入すれば，新規参入が促進されるであろうが，電力会社の発電部門と新しい発電事業者に安定供給義務を課すことができなくなる．とくに需要のピーク時に比較的安定した価格で電力が入手できなくなる可能性がある．現在の電気料金は少々高いかもしれないが，規制緩和してカリフォルニア州の電力危機のようになっても困る，という意見も多いであろう．これは自由化によって損なわれるかもしれない電力の安定供給の問題である．

また第3に，自由化が成功して電力料金が低下すればそれは結構だが，化石燃料からクリーン・エネルギーへの転換が重要と思っている消費者グループは，電力自由化に疑問も感じるであろう．クリーン・エネルギーとは，小規模水力（3万kW以下のもの．大規模な水力発電はダム建設に伴う生態系の破壊をもたらすので，クリーン・エネルギーとは見なされない），風力，太陽光・熱，バイオマス，ゴミ焼却，そして地熱をいう．クリーン・エネルギーはまだコスト競争力を十分にもっていないために，電力自由化によって発展の可能性がなくなってしまうからである．これは環境問題を緩和するクリーン・エネルギー育成の課題である．

電力自由化は推進すべきであるが，単純な自由化では安定供給の確保とクリーン・エネルギー育成の課題に応えることができない．自由化しつつ安定供給確保とクリーン・エネルギー育成を達成するのは困難であるが，不可能

ではない．ここで，各州・地域によって異なった競争ルールを組み込んだアメリカの経験が役に立つ．たとえば，カリフォルニア州は安定供給確保のルールを組み込むのに失敗し，2000年夏から電力危機を招いた．ただし，80年代からクリーン・エネルギー育成を熱心に行ってきた同州では，自由化を導入しつつも，すべての消費者の電力料金にクリーン・エネルギー育成のための課徴金を負担させ，クリーン・エネルギーを補助してきた．それが十分であるかどうかは別として，自由化の導入と同時にクリーン・エネルギー補助は可能だということを示している．

また，逆に，ペンシルバニア州などでは，クリーン・エネルギーにたいする助成策では見るべきものがほとんどないが，安定供給の確保については，次のような制度を組み込んでいた．電力会社の配電部門と新規参入者の小売り業者は，配電する日の予想販売電力量の購入・確保とは別に余剰を含む発電能力をいずれかの発電所から予め購入・確保しておかなければならない．余剰を含む発電能力の購入・確保とは，予想以上の電力消費量に応じるために発電能力を待機させる権利の購入・確保という意味である．同州では配電する日の1年前から購入・確保ができるように，発電能力の市場を整備している．こうすることによって，余剰発電能力にたいして発電事業者は収入が確保されるので，余剰発電能力にも投資し，発電能力が不足する事態を回避しやすくなっている．

こうして，アメリカの電力自由化の歴史と現状の検討は，電力自由化の積極的意義，自由化によって損なわれるかもしれない安定供給の問題，そしてクリーン・エネルギー育成の問題など日本のケースを考える際にも大いに参考になると思われる．

本書の執筆に当たり，幸運にも1997年，99年の夏休みを東京経済大学の短期国外研究員としてワシントンDCで過ごし，議会図書館で膨大な文献にあたることができた．本書出版にあたっても東京経済大学の2002年度学術図書出版助成を受けた．同大学に深く感謝申し上げる．本書出版の仲介の労

を執って下さった東京経済大学の同僚,福士正博教授(イギリス経済史,環境経済学)に感謝申し上げる.学術書出版が困難である昨今,出版のリスクを負って下さった日本経済評論社の栗原哲也社長,丁寧な出版作業をしてくださった清達二氏に感謝申し上げる.

いろいろな方の援助で生まれた本書が,日本の一般消費者の方々に理解され,有意義な電力自由化に一歩でも近づく助けとなれば,執筆者として望外の喜びである.以下に,本書各章の初出論文を示す.

序章　書き下ろし
第1章　「アメリカの発電所規模・技術と発電コスト—電力規制緩和政策の展望—」『東京経大学会誌—経済学—』第211号,1999年2月.
　　　　「アメリカ電力産業の規制緩和とクリーン・エネルギー(1)—2つの規制改革論—」同上誌,第213号,1999年8月.
第2章　「アメリカ電力産業の規制緩和とクリーン・エネルギー(2)—カリフォルニア州の分散型電源育成—」同上誌,第215号,2000年1月.
第3章　「アメリカ電力産業の規制緩和とクリーン・エネルギー(3)—エネルギー政策法と送電線開放命令—」同上誌,第223号,2001年3月.
第4〜7章　書き下ろし
補論　　「酸性雨対策におけるSO_2排出制限と排出許可証取引—アメリカ電力産業の環境規制改革—」同上誌,第209号,1998年7月.
終章　書き下ろし

本書の執筆中,勤務する大学の新学科設置準備に関わったこともあり,本書の完成が大幅に遅れた.遅い筆が一層遅くなりイライラするわたしを励まし,生活者として率直な意見を述べてくれた家内,智恵には一番感謝している.

2002年6月

著　者

目　　次

はしがき

序章　本書の課題 …………………………………………………… 1

第 1 部　規制緩和の開始とクリーン・エネルギーの育成

第 1 章　公益事業規制政策法の成立 ……………………………… 21

 1．1970 年代電力産業危機の原因　22

 2．2 つの規制改革論と公益事業規制政策法　35

第 2 章　カリフォルニア州の分散型電源育成 …………………… 50

 1．分散型電源の育成政策　50

 2．分散型電源の成長　62

第 2 部　自由化の進展とクリーン・エネルギーの将来

第 3 章　エネルギー政策法と送電線開放命令 …………………… 85

 1．1980 年代後半以降の電力産業　86

 2．エネルギー政策法と送電線開放命令　97

第 4 章　カリフォルニア州の規制緩和・再編成法 ……………… 114

 1．電力産業の諸問題　115

 2．電力再編成・競争移行期の設計　122

第5章 カリフォルニア州の競争移行期と電力危機 …………… 143
   1. 競争移行期：最初の2年間　144
   2. 2000年夏以降の電力危機　157

第6章 北東部諸州の自由化 ………………………………………… 176
   1. 電力自由化の進展　176
   2. ペンシルバニア州など北東部の自由化　181

第7章 小型ガス発電とクリーン・エネルギー ………………… 200
   1. 小型ガス発電とクリーン・エネルギー　201
   2. 連邦政府のエネルギー政策　209

補論　電力産業の環境規制改革：SO_2排出許可証取引 …………… 220
   1. 1990年大気浄化改正法の成立　221
   2. 1995年以降の成果　230

終章　日本の電力自由化の問題点 ………………………………… 245

用　語　解　説 …………………………………………………… 256
索　　　　引 ……………………………………………………… 265

序章　本書の課題

アメリカ電力産業の概観

　まず，アメリカの電力産業について，規制緩和が始まったばかりの1980年前後のデータで概観してみよう．日本では民間電力会社は事実上10社存在しているだけであるが，アメリカの電力企業の総数は3,451もあり，現在もそれほど変わっていない．その総企業数のうち，圧倒的多数が公的企業（連邦政府や州政府，自治体の電力企業）か，あるいは協同組合である．これらは合計すると，企業数で3,214で総数の93%も占めているが，アメリカの総発電能力にたいしては22%を占めるにすぎなかった[1]．したがって，これらの公的企業と協同組合は，たとえば連邦公社のテネシー河域公社（TVA）など例外を除いて，規模の小さなものである．なかには配電組織だけしかもたず，民間電力会社から電力を購入し，地域の住民や工場などに配電しているものもある．

　これは，電力産業生成期において，アメリカの広大な部分を占める農村地域は人口が希薄で企業が少なく同事業の採算性が採れず，民間電力会社ではなく自治体や州政府，連邦政府などが電力事業を行うケースが多かったからである．

　しかし，1980年のアメリカの総発電能力の約78%は，民間電力会社によって所有されており，現在でもそうである．したがってアメリカ電力産業の中心部分は民間電力会社といえる．ただし，民間電力会社の数が237社と日本などと較べて多く，その平均規模はそれほど大きくない．それは1920年代までの電力産業の集中運動が1929年大恐慌によって停止し，30年代から

の政府規制の強化によってそれ以上の集中ができなくなったという歴史的経緯によるものである．しかし，電力産業の上位21社がアメリカの総発電量の半分を占めており[2]，これらは日本の電力会社と同様に巨大な規模をもっていた，といえる．したがって，アメリカ電力産業を構成する多数の企業のうち，少数の巨大公企業や比較的少数の民間の大規模電力会社が，発電能力や発電量で大きな比重を占めていた．

たとえば，1979年の発電量で見た最大10社は，上位から，TVA，アメリカン電力，サザン・カンパニー，ボネビル電力庁（連邦政府内務省），コモンウェルス・エジソン社，サザン・カリフォルニア・エジソン社，テキサス電力，ヒューストン電灯電力，デューク電力，そして，パシフィック・ガス電力であった[3]．サザン・カリフォルニア・エジソン社とパシフィック・ガス電力は，広大なカリフォルニア州を事実上2分する大企業であり，本書の第2，4章，そして第5章に登場する．本書では，アメリカ民間電力会社のうち，このような巨大な規模をもつ企業に焦点をあてている．

地域的独占と政府規制

アメリカの民間電力会社は日本のそれと同様に通常，発電，送電，そして配電を統合した地域的独占であった．それは，同産業には規模の経済性が働く，つまり，複数の電力会社がある都市（市場）への配電・送電・発電において競争した場合，市場をより多く獲得した電力会社が規模が大きくなり，そうすると規模の小さな電力会社より低コストとなって競争に打ち勝ち，小規模の競争相手を統合してしまい，次第に1社だけが生き残るという現象が見られたからである．そこで，多くの都市・地域においてその勝ち残った電力会社に独占を認めることになった．有力都市で独占を達成した電力会社はその周囲の地域に進出し，そこでも規模の競争となり，規模の大きな電力会社がより小規模の競争相手を統合するというプロセスが進行し，広大な地域を独占する電力会社が生まれたのである．

たとえば，電力産業生成期にシカゴ市は同産業には競争が働くと考え，多

くの電力会社に営業許可を与えていた．1882年から1905年までに同市は29の電力会社に営業許可を与えた．これら多くの会社が同じ消費者を獲得しようとして，配電・送電線を敷設し，発電所をつくったため，競争は激しく犠牲の多いものとなった．そのうちの1つであるシカゴ・エジソン社はライバル会社を買収し，その設備を自社のそれに統合した．同社は1907年までに20社の電力会社を買収・統合し，会社名をコモンウェルス・エジソンと改称した．こうして，巨大な電力会社が生まれた．ニューヨークやデトロイトなど多くの主要都市で，シカゴ市同様にかつて競争が存在したところに独占が成長したのである[4]．

このような電力産業の地域的独占への傾向や鉄道業の同様の傾向から，特定の産業では競争が破滅的となり，いわゆる自然独占となることが知られるようになってきた．そうした産業では，むしろ独占企業を認めて，規模の経済性を発揮させるほうがよいという考えが台頭した．ほとんどの都市や州が特定の電力会社に独占を認め，反トラスト法適用の対象外としてきたのはこうした理由による．

しかし，地域的独占となった電力会社は競争がないので価格設定力をもち，しばしば消費者にたいして高料金を課すことも多かった．そこで，当初，消費者保護という目的によって政府，とりわけ州政府が様々な規制を行うようになった．1907年にニューヨーク州とウィスコンシン州が公益事業委員会を設立して規制を開始し，1914年までには45の州が同様の規制を実施するようになった．また，州を超える電力取引，たとえば電力会社同士の卸売り電力取引については，連邦政府（現在は，連邦エネルギー規制委員会）が規制してきた．

民間電力会社の規制は，まず第1に，供給義務である．つまり，電力会社は独占する営業地域のすべての消費者に電力を供給する義務を課せられたことである．電力会社が独占であり，競争者が存在しない以上当然の義務である．どのような地域に住む消費者にたいしても，いつでも消費者に供給義務を果たさなければならない．このため民間電力会社はとくに夏の電力需要ピ

ーク時のための一定の余剰発電能力を保有しなければならなかった．

第2に，電力料金の規制であり，料金総額は電力事業の経費を100%カバーし，なおかつ電力資産の約7%程度の利益を可能にするよう定められた．したがって，電力会社の電力料金は市場競争によって決定されるのではなく，電力会社の届け出に基づいて規制当局である公益事業委員会の承認によって決定された．

こうして決められた電力料金は，確かに，法外に高い料金を抑制したであろうが，電力会社にたいする保護としても作用した．というのは，電力会社は経費のすべてをカバーし，電力資産の7%程度の利益を実現できる料金を消費者から徴収でき，安定的な利益を出し，資金調達が有利になったからである．こうして民間電力会社の規制とは，電力産業の規模の経済性に基づき地域的独占を認め，義務を課すと同時に保護を与えたものであった．

独占・規制体制の成功

20世紀初頭に形成された電力産業の独占・規制体制は，1960年代まで，あるいは70年代初期まで成功していた．独占・規制体制下にあったにもかかわらず，アメリカ民間電力産業は良好なパフォーマンスを示してきたからである．それは，とりわけ発電設備は巨大化すればするほど経済効率が上がるという規模の経済性が働き，電力コストと料金が大いに低下し，電力発電量と消費量は急拡大してきたことに示される．

電力産業は典型的な装置産業であり，短期的には発電設備の稼働率（電力産業では負荷率といい，電力会社が保有する総発電能力にたいする実際の発電率）を上げることによって単位当たりのコストを下げることができる．そこで，アメリカ電力産業では，当初，工場などの大口消費者に電力消費が大きければ大きいほど単位当たり安価になる電力料金を適用した．また，1920年代からは電化の浸透し始めた家庭消費者に同様の電力料金を適用して負荷率を上昇させるのに成功してきた．さらに長期的には，熱効率を上げること，また発電設備の規模を拡大することによって，単位当たりの発電費用を低下

させることができた.

　熱効率とは発電設備において燃料の燃焼によって発生する熱エネルギーのうちのどれだけを電気エネルギーに転換できるかという比率である．これは，同量の燃料を用いても発電量が異なる，あるいは同量の発電量でも燃料の消費量が異なることを意味する．それは重要なコスト要因であるため，電力産業の初期から熱効率を上げることが追求された．1900年以前には発電ユニットの平均的な熱効率は5%を下回っており，相当の無駄があった．ちなみに，発電ユニットとは発電に必要な個々のボイラー，タービン，そして発電機の1セットを意味し，発電所を構成する最少単位である．熱効率は次第に改善され1960年代までに33%程度，最良の発電ユニットで40%となった[5]．

　電力産業の電力コスト削減の努力は，熱効率とともに，諸設備とくに発電ユニットの規模の拡張によって行われた．初期の発電設備の規模は，その後の発展からみれば極めて小さかった．たとえば，1905年にシカゴ・エジソン社によって設置された発電ユニットの規模は0.5万kWであった．1911年には，シカゴ・エジソン社の後身会社，コモンウェルス・エジソン社が設置した発電ユニットは1.2万kWとなった[6]．この間に，シカゴ・エジソン社はシカゴ市場をめぐる電力会社間の激しい競争に直面していた．シカゴ・エジソン社はこの競争を回避すべく，競合会社を買収・統合し，より大きな市場を獲得してより大規模で，よりコスト効率のよい発電ユニットによって電力を供給しようとしたのだった．

　電力会社はより多くの電力をより安価な料金で供給する戦略を追求した．しばしば，「成長・建設戦略」と呼ばれたが，電力会社は消費者がますます多くの電力を消費するような料金設定を行い，それにより消費拡大に成功すれば発電所の建設が必要になる．ゼネラル・エレクトリック社（GE）などのメーカーと協力して電力会社は発電ユニット規模を拡大してゆき，規模拡大のたびに電力の単価は低下した．消費者への電力料金の低下が続き，これは電力需要を増加させ，そしてその循環が繰り返され，電力コストと料金の

下降スパイラルに導いた[7]．

　1920年代には発電ユニットの規模は8万kWとなり，1929年以降は16万kWとなった．発電ユニットの規模が大きくなるにつれ電気の単価を下げることができたのは，設備能力kW当たりの資本費用が顕著に低下したからである．電力需要の停滞した大恐慌期にはこの規模拡張にブレーキがかかったが，第2次大戦後，とくに1950年代，60年代に再び，発電ユニットの規模拡張が起きた．たとえば，アメリカン電力が1950年代初期に22.7万kWの発電ユニットを建設した．50年代にTVAは50万kWの発電ユニットを発注した．1963年にコンソリデイテッド・エジソン社が68.7万kWの，そしてわずか2年後には100万kWの発電ユニットを設置した．アメリカン電力は1973年から76年にかけて一連の130万kWの発電ユニットを設置したという[8]．

　発電設備の大型化に拍車がかかったのは，第1に，経済の高度成長に伴う電力消費が一貫して増加し続けるという予想が非常に現実的に思われたからである．第2に，熱効率の上昇が限界に達したことにより，電力コストを低下させるには，新規発電ユニットの規模の経済性を利用するのが選択肢となったからである．また，第3に，1960年代に環境問題が注目を集めだし，化石燃料を大量に使用する発電所の立地が困難となり，電力会社は従来の立地場所で最大級の発電ユニットを建設することを迫られたからである．さらに，原子力発電所も大型化に寄与した．1960年に原子力発電所の平均規模は24万kWであったが，70年までに100万kWとなり，80年には110万kWと急速に拡大したからである．原子力発電所も大型化への流れを一気に加速した[9]．

　このように1970年代までは，発電ユニットの規模が急拡大し，電力コストを低下させてきた．図0-1は，長期的な新規発電ユニットの平均規模と最大規模の推移を示しているが，拡大の一途を辿ってきたことがわかる．また，図0-2は1973年までの長期的な電力の単価の推移を示しているが，これは長期的に低下してきていることがわかる．この電力料金の低下のために，消

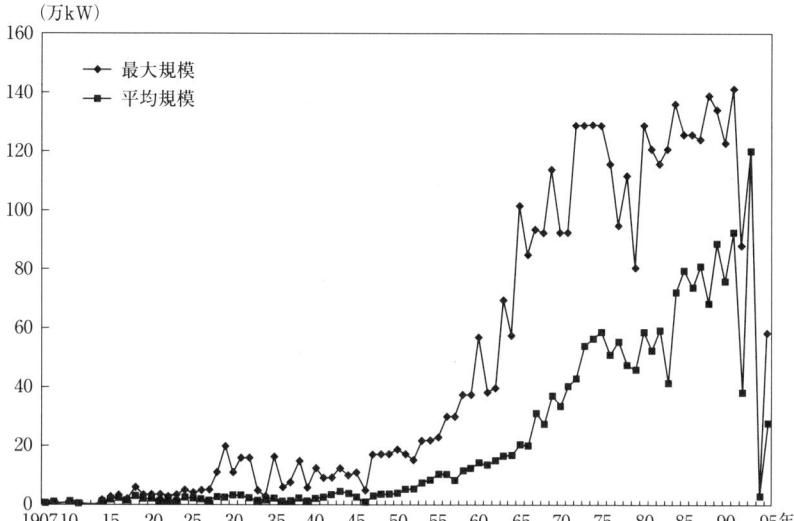

出所: Richard F. Hirsh, *Power Loss : The Origins of Deregulation and Restructuring in the Amrican Electric Utility System* (Cambridge, MA ; London, England : The MIT Press, 1999), p. 59.

図 0-1　火力発電ユニットの最大規模と平均規模, 1907-95 年

費者にとって魅力的な家電製品, つまり, 第2次大戦前はラジオ, 洗濯機, 冷蔵庫, 戦後はテレビ, エア・コンディショナー, 最近ではパソコンが普及し, 電力消費の拡大がもたらされた. 1900-20 年における年平均の電力消費の増加率は 12%, 1920-73 年には 7% であった. 年平均 7% の増加率であると, 10 年で 2 倍になる. 電力会社は 10 年で電力供給を 2 倍にしなければならなかったのである. つまり, 規模拡大→発電単価低下 (料金低下)→需要促進→規模拡大, というメカニズムが働いたのである.

　1970 年代初期まで, アメリカ民間電力産業は地域的独占を認められ, 政府規制のもとにおかれたにもかかわらず, 発電ユニットの拡大による規模の経済性の利用によって良好なパフォーマンスを示し, 大量生産, 大量消費の経済を支えた部門であったといえよう.

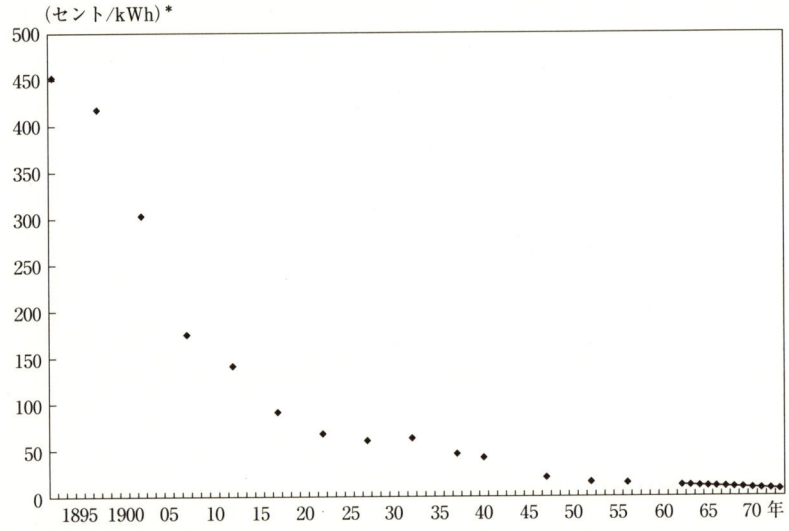

注： * 1996年価値に調整済み．
出所：*Ibid*., p. 48.

図 0-2　家庭用電力料金，1892-1973年

規制緩和の主張

　上記のメカニズムが働き電力料金が下がっていた時期までは，独占・規制にたいする批判は少なかった．しかし，1960年代までに，とくに1973年の石油ショック以降，状況は一変する．石油ショック以降は，高騰する燃料費や建設費を吸収できず，電力料金の値上げが相次いだ．これを契機に，電力産業の独占・規制体制にたいする疑問・批判が高まり，規制緩和と自由化の主張がなされるようになってきた．それには，大別して3つほどの有力な議論があると思われる．

　第1は，独占による経営努力の欠如を指摘する議論である．電力産業は従来，ほぼ完全な独占を享受してきた産業である．そのため競争がなく，地域住民をすべて消費者とすることができたため，経営努力がなされなかったのではないか．電力会社が支出する電力関係経費はすべて電力料金に転嫁することができ，発電所など電力関連投資にたいしても利益分を電力料金に含め

ることができるように認められていた．となれば，高すぎる，あるいは無駄を含んだ経費や試算が計上され，その結果，電力料金が高くなっているのではないかという疑問が発生してもおかしくはない．一般消費者，および大口消費者，とくに後者の立場から，規制緩和を行い競争を導入して電力料金の低下をという要求が起きてきたのである．とくに，電力料金の高い，ニューイングランドなど北東部やカリフォルニア州などでそうだった．現在の日本の議論では，日本の電力料金が国際的に見て非常に高く，一般産業の国際競争力の低下に拍車をかけているとされる．こうした独占の弊害を指摘する議論はそれなりの説得力をもっている．

　それ以上に重要なのは，第2に，「規模の経済性」の喪失を強調する見解である．電力産業が規模の経済性を追求して，巨大な火力発電所や原子力発電所をその主力電源とするに至ったが，本当に，これら巨大発電所に規模の経済性が働き，発電費用が低くなっているのであろうか，という疑問である．たしかに1960年代頃までは，重化学工業の隆盛とともに電力需要が急拡大し，そのために巨大発電所を建設することが必要であった．しかし，とくに原子力発電所の建設・操業に関するトラブルと建設費の法外な高騰から，これらの巨大発電所の発電費用が本当に低いかどうかに疑問がもたれるようになった．巨大発電所の規模の経済性に疑問を呈する研究・文献も数多く発表されてきた．

　たとえば，業界団体であるエジソン電気協会の報告書（1970年）は発電ユニットが大きくなるほどトラブルによる発電停止の度合いが高いというデータを報じた[10]．また，環境保護派の経済学者の著書（1974年）では，発電分野では規模の経済性が働くと考えられてきたが，60万kWの発電ユニットの発電停止の比率はそれ以下のものより2倍高いと，指摘した[11]．さらに，電力専門家である経済学者は，大型発電ユニットの規模の経済性は50万kWの規模で枯渇し，その主な原因は発電停止が多いことである，と指摘した[12]．これらの文献は，電力産業における規模の経済性の枯渇が1960年代末には始まったことを主張し，石油ショックによる燃料費などの高騰を吸収

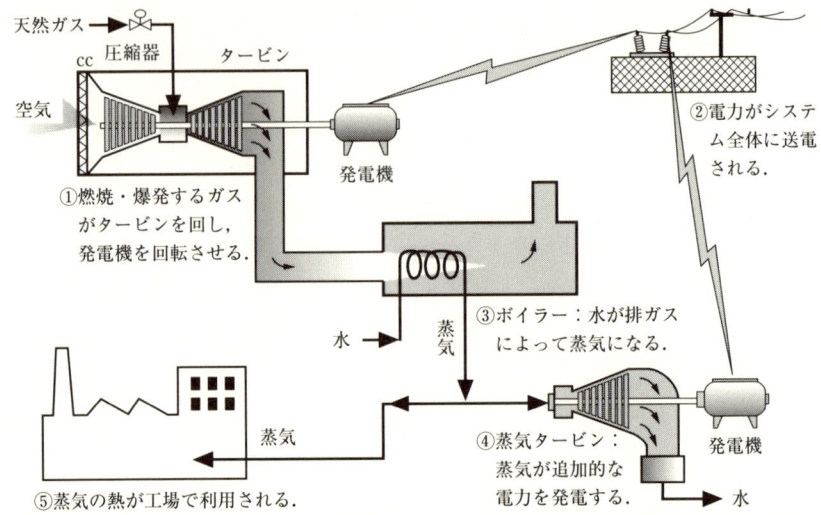

出所:Ed Smeloff and Peter Asmus, *Reinventing Electric Utilities : Competition, Citizen Action, and Clean Power* (Washington, D.C.: California, Island Press, 1997), p. 20 より作成.

図 0-3　コージェネレーションの仕組み(コンバインド・サイクルによる場合)

できず,電力会社の経営危機を,そして電力料金の引き上げに至ることを示唆している.

　他方,小規模な発電方式が巨大発電所より安価に電力生産できることが明確になってきた.それはコンバインド・サイクル方式と呼ばれる,小型の天然ガス・タービン発電であり,直接,燃焼している天然ガスを吹き込みタービンと発電機を回して発電し,その廃ガスを用いてボイラーで蒸気を発生させもう一度発電する.また,その廃熱をもちいて自社や近隣の工場などで利用する.この最後の廃熱利用に着目した場合,熱電併給方式(Cogeneration,以下,コジェネと略記する)と呼ばれる.電力会社の発電所の発電ユニットが最大 130 万 kW まで巨大化しているのにたいして,この小型ガス発電は 5 万 kW 前後で,どの発電方式と較べても最低のコストを達成している.最近ますます小型化している.しかも,この小型ガス発電は化石燃料を用いる

発電方式のなかで,汚染物質を最も排出しないものである.

　このように電力会社の独占・規制の根拠であった「規模の経済性」が消滅しているのである.この小型ガス発電への投資と操業は,大企業である電力会社である必要はなく,自家発電する一般企業でも小規模の発電事業者でも可能である.こうして,小型ガス発電の登場と進化(小型化)は規制緩和・自由化の議論に強固な根拠を与えている.

　第3に,クリーン・エネルギーを育成するために規制緩和が必要だという主張がある.これは日本ではほとんど議論されないが,アメリカの電力自由化の議論の有力な柱である.独占・規制体制のもとで,電力会社と政府によってのみ電源が選択されて,巨大な火力発電所と原子力発電所が建設されてきた.しかし,環境影響や核燃料処理の問題を考えるとそれでよいのであろうかという議論である.規制緩和を行い,様々な発電事業者の参入を認め,クリーン・エネルギーをはじめとするエネルギー多様化を実現すべきであるというのである.ただし,この議論は,当時も現在もコストの高いクリーン・エネルギーの育成を目指しているので,完全自由化というより,電力会社を通じた買い上げ制度,各種の助成政策などを規制緩和と合わせて実施することを主張している.なお,小規模水力,地熱,バイオマス,ゴミ焼却,風力,太陽熱・光による発電は,アメリカ政府の文献などでは再生可能エネルギー(renewable energy)と呼ばれているが,クリーン・エネルギーやグリーン・エネルギーの方がわかりやすいと思われる.本書では基本的にクリーン・エネルギーという用語を使用する.

　巨大火力発電と原子力発電から規模の経済性が失われているので,電力の独占・規制体制を擁護する理由はなくなった.とくに小型発電方式が登場したため,電力産業の自由化が単に電力料金の低下ということに止まらず,巨大火力発電や原子力発電の時代を終わらせるという積極的意義を帯びてきている.第3のクリーン・エネルギーの育成という主張も,長期的な環境問題の解決という観点から説得力がある.したがって,電力自由化は基本的に推進すべきなのである.

電力自由化の問題点

　しかし，電力自由化には注意しなければならないいつくかの問題がある．発電分野が完全な競争に委ねられたとしたら，電力の安定供給の確保はなされるのであろうか．発電分野が完全な競争とされれば，従来まで電力会社に課してきた電力安定供給の義務を，電力会社の発電部門や新規参入者に課すことは困難になり，安定供給が確保されなくなるおそれがある．また，電力料金（価格）だけの競争になれば，将来，非常に有益であるが現在はまだ高コストのクリーン・エネルギーの育成が困難となるであろう．したがって，単純な自由化論では安定供給の問題やクリーン・エネルギー育成の課題に対処できないのである．

　まず，電力の安定供給の確保について．電力需要は夏にピークを迎えるが，その他の時期，とくに春と秋は低い．したがって，夏のピーク時のための発電能力（発電所）は，その時にしか稼働せず，その時期にしか収入を得ることができないので，それ自体としては採算が採れるものではない．自由化されれば，電力会社はこうした発電能力をもちたがらないであろう．従来までの独占・規制体制のもとでは，電力会社はピーク時のための余剰発電能力の保有を義務づけられ，その設備にたいしても利益を認められることによって，電力の安定供給が確保されてきた．発電分野が自由化されれば，安定供給のための余剰発電能力の保有やそれへの投資はなされなくなる可能性が高い．こうした発電能力の保有・投資が不十分になると，電力供給が不足し電力価格の高騰が生じる．これは，2000年夏から冬にかけてのカリフォルニア州電力危機によって証明された．

　電力は事実上，貯蔵不可能なサービスであり，消費者は価格の低い時に余分に購入して，価格高騰の折にそれを消費することはできない．発電分野を完全自由化すれば，電力価格は夏以外の時期は非常に低く，夏には高騰するのが一般的であろう．とくに夏の価格高騰を一定の範囲に抑えるような，つまり，電力供給不足が起きないような仕組みをつくっておかないと，カリフォルニア州のようになるであろう．

また，安定供給の問題が解決されたとしても，今度は，クリーン・エネルギー育成の課題が残るであろう．小売り電力の自由化が完全に行われた場合，消費者はそれまで購入してきた電力会社の配電部門から購入し続けるか，新規参入の電力小売り業者（通常，電力会社から送電・配電サービスを有料で受けて消費者に電力を販売する）から購入するかの選択ができるようになる．このとき，電力会社の配電部門か，新規参入の電力小売り業者かがそのエネルギー源，つまり，石油・石炭のような化石燃料からの電力なのか，原子力なのか，あるいはクリーン・エネルギーなのかを明示すれば，消費者は事業者の選択を通じてエネルギー源を選択できることになる．従来までの電力独占・規制体制のもとでは，エネルギー源はもっぱら電力会社と政府によって選択され，主に巨大火力発電と原子力発電が選択されてきた．電力自由化は適切に実施されれば（消費者の選択権が重視されれば），電力会社と政府が独占してきた「エネルギーの選択」を消費者自身が行えるようになることを意味するのである．

しかし，とはいえ，クリーン・エネルギーのコスト・価格は，化石燃料からのエネルギーに比較してまだ高いのが実状である．現在の電力の主なエネルギー源は，水力，石油・石炭・天然ガスなどの化石燃料，原子力，そして風力，太陽熱・光，地熱，バイオマスなどのいわゆるクリーン・エネルギーが存在する．これらの各種エネルギーの発電費用はそれぞれ異なっているが，環境にたいする影響も異なっている．たとえば，化石燃料からのエネルギーはコストが低いが，環境に与えるダメージは大きい．また，クリーン・エネルギーのコストは高いが，環境に与えるダメージは小さい．だから，電力自由化においてコスト・価格だけの競争が導入されるべきではなく，環境にやさしいクリーン・エネルギーが何らかの助成，補助策を受けるべきなのである．

アメリカの電力自由化

したがって，本書の課題は，とくに電力自由化の積極的意義，安定供給の

確保,そしてクリーン・エネルギー育成という点に着目しつつ,アメリカの経験を取り上げることである.

アメリカの電力自由化は,1978年公益事業規制政策法によって始まったが,同法は電力会社の発電分野の独占を打破し,電力会社以外の発電事業者にエネルギー効率の高いコジェネとクリーン・エネルギーに進出させることを目的としていた.というのは,1970年代は石油ショックの影響が強く,石油をはじめとする化石燃料に代わるクリーン・エネルギー,あるいはエネルギー効率の高い発電方式を開発するという課題があったからである.こうした政策はとくにカリフォルニア州などで熱心に実施され,同州ではコジェネやクリーン・エネルギーが成長し,巨大火力発電や原子力にかわる将来のエネルギー源として現実性を帯びてきたのである.

しかし,1980年代末になると石油ショックが背景に退き,電力自由化は電力会社の送電線を開放し,電力会社の発電部門とそれ以外の発電事業者を競争させようとする,より競争を強調した第2局面に入った.この第2局面は「エネルギー政策法」(1992年)と送電線開放命令(1996年)を契機としていた.熱心にクリーン・エネルギーを育成してきたカリフォルニア州でも1998年に競争をより一層導入するため,電力会社の送電網の運営を事実上分離し中立化に踏み切った.1998年頃から,カリフォルニア州同様に,5つの州・地域が送電網の運営の分離を行った[13].卸売り電力分野の競争は,電力会社発電部門と新規の発電事業者の間で,また,小売り電力の競争は,電力会社の配電部門と新規の小売り業者の間で行われるようになった[14].

こうして発電分野は自由化されたので,電力の安定供給をどう確保するかが重要な問題となっている.卸売り電力の取引には電力取引所のようなスポット市場がよいのか,あるいは長期取引を可能にする相対取引がよいのか.また,発電事業者に電力需要ピーク時に対処する適度の余剰発電能力を保持させるインセンティブをどのように組み込むのかが,重要な問題である.

この点で,カリフォルニア州はスポット市場を重視しすぎ,かつ,発電事業者に余剰発電能力を保持させるインセンティブを組み込むのに失敗し,電

力危機を招いた．しかし，ペンシルバニア州などではスポット市場ばかりでなく長期取引も認め，かつ，すべての電力小売り業者（電力会社の配電部門と新規参入者）に余剰を含む発電能力を発電事業者から，有料で確保するよう義務づけその市場まで整備した．こうして発電事業者は余剰発電能力にも一定の支払いを受け取るので，こうした支払いはそれらを保持するインセンティブとなっている．こうした仕組みを組み込んだペンシルバニア州などの地域では，現在のところ，電力供給不足に陥っていない．

　次いで，クリーン・エネルギーの育成について．発電分野と小売り分野が自由化されれば，消費者は電力会社から購入するか，別の小売り業者から購入するか選択ができる．その際，とくに別の小売り業者が電力価格ばかりではなく，それが販売する電力のエネルギー源を明示する場合，消費者が事業者を選択するときに，エネルギー源の違いにも関心を向けると思われる．現在，クリーン・エネルギーの価格は通常の電力よりも高いが，それでもクリーン・エネルギーを選択する消費者は一部存在するであろう．

　通常の化石燃料からの電力とクリーン・エネルギーとの選択を消費者に自由に任せるだけではなく，クリーン・エネルギーへの助成策を展開するべきである．というのは，クリーン・エネルギーはそのコストがまだ高いけれども，環境に与える影響が小さく，それはコスト・価格に反映されていないからである．事実，カリフォルニア州では，どの発電事業者を選んでもどのエネルギー源を選んでもすべての消費者の電力料金に「公共プログラム費用」と称する課徴金を課し，クリーン・エネルギーを助成している．同州では，電力危機の混乱のなかでもクリーン・エネルギーが着実に成長している．

　こうして，電力自由化とともに，安定供給のインセンティブやクリーン・エネルギー育成のための助成策を採用することが可能なのである．安定供給の確保のしくみやクリーン・エネルギー育成のための助成策が十分に組み込まれるのであれば，電力自由化は巨大発電所の時代を終わらせるために必要であり，望ましいことなのである．

本書の構成

本書の第1部では,石油ショック後に始まった電力自由化の第1局面を扱い,その第1章ではエネルギー効率のよいコジェネやクリーン・エネルギーの育成を目的とした公益事業規制政策法の成立を検討し,第2章ではそれを熱心に推進したカリフォルニア州の政策と成果を明らかにする.

第2部では,電力会社の送電線開放に進んだ競争の本格導入について扱う.第3章ではエネルギー政策法の成立と連邦エネルギー規制委員会の送電線開放命令を取り上げ,第1部における自由化からの進展を確認する.第4章では送電線開放を保証するために独立送電機構を創設するというカリフォルニア州の大規模な再編成プランを検討する.第5章では同州のクリーン・エネルギー助成策とともに,電力危機に導いた自由化の設計ミスを取り上げる.第6章では,カリフォルニア州とは異なり,クリーン・エネルギー育成では成果を上げてはいないが,電力の安定供給の確保では,現在まで,成功してきている北東部,とくにペンシルバニア州の例を取り上げる.第7章では,コジェネとクリーン・エネルギーの現状,将来性と連邦政府エネルギー開発政策を展望する.

補論として電力産業の環境規制改革——SO_2排出許可証取引——を取り上げた.終章では,アメリカの経験から日本の電力自由化への教訓を敷衍してみた[15].

注

1) Paul L. Joskow and Richard Schmalensee, *Markets for Power : An Analysis of Electric Utility Deregulation* (Cambridge, MA ; London, England : The MIT Press, 1983), p. 12.
2) Richard L. Gordon, *Reforming the Regulation of Electric Utilities : Priorities for the 1980s* (Lexington, MA : Lexington Books, 1982), p. 98.
3) *Ibid.*, p. 98.
4) Richard F. Hirsh, *Power Loss : The Origins of Deregulation and Restructuring in the American Electric Utility System* (Cambridge, MA ; London, England : The MIT Press, 1999), pp. 13-4.
5) Richard F. Hirsh, *Technology and Transformation in the American Electric*

Utility Industry (Cambridge, London ; New York : Cambridge University Press, 1989), p. 4.
6) Hirsh, *Power Loss, op. cit.*, pp. 13, 46.
7) *Ibid.*, p. 46.
8) Hirsh, *Technology and Transformation in the American Electric Utility Industry, op. cit.*, pp. 56, 75, 77.
9) *Ibid.*, pp. 56-60, 95.
10) Edison Electric Institute, *Report on Equipment Availability for the Ten-Year Period 1960-1969*, Nov. 1970, p. 12.
11) Edward Berlin, Charles J. Cicchetti, and William J. Gillen, *Perspective on Power* (Cambridge, MA : Ballinger Pub. Co., 1974), pp. 8-11.
12) Paul L. Joskow, "Productivity Growth and Technical Change in the Generation of Electricity," *The Energy Journal*, vol. 8, no. 1, 1987, p. 37.
13) 強固な独占構造をもっている電力産業において自由化を進めるためには，電力会社の送電線が十分に開放されねばならない．というのは，低コストの発電事業者が参入しても，電力会社が送電・配電線を保有し消費者へのアクセスを独占しているので，電力会社から差別的扱いを受ける可能性が高いからである．発電分野の競争を促進するには，電力会社の送電線の運営を事実上，発電部門から分離すれば，電力会社の発電部門と新規参入者の間での競争が保証される．
14) 発送電分離を行ったアメリカの州・地域では，電力会社が保有している原子力発電所などは価格競争力を喪失するので，そうした発電所の投資回収のために4~9年の「競争移行期」を設定している．この「競争移行期」には，卸売り電力の競争価格が電力会社の発電原価より下がっても，電力会社はその差額を競争移行期料金としてすべての消費者から徴収できるようになっている．

　卸売り電力市場で電力料金が下がっても，電力会社以外の新規参入の小売り業者から購入する消費者は，電力会社に送電料金，配電料金，そして競争移行期料金も支払うので，「競争移行期」が終わるまで電力料金はほとんど下がらない．これは「競争移行期」には，消費者すべてが原子力発電の補助をするということである．また，電力料金がほとんど下がらないために小売り段階の競争は余り進展していない．
15) 日本における電力の規制緩和，あるいは電力自由化についての主要文献は次の通りである．①室田武『電力自由化の経済学』宝島社，1993年，②植草益編『講座・公的規制と産業①電力』NTT出版，1994年，③長谷川公一『脱原発社会の選択：新エネルギー革命の時代』新曜社，1996年，④圓浄加奈子『英国にみる電力ビッグバン：その光と影』日本電気協会，1997年，⑤矢島正之『電力改革：規制緩和の理論・実態・政策』東洋経済新報社，1998年，⑥公益事業学会『公益事業研究』第50巻第1号，1998年，⑦矢島正之『世界の電力ビッグバン：21世紀の電力産業を展望する』東洋経済新報社，1999年，⑧西村陽『電力

改革の構図と戦略』電力新報社，2000年，⑨野村宗訓編著『電力：自由化と競争』同文舘，2000年，⑩電気新聞編／佐藤貞・間庭正弘『電力自由化シリーズ：検証 米国の自由化』日本電気協会新聞部，2001年，⑪山田聡『電力自由化の金融工学』東洋経済新報社，2001年，など．

　これらの文献のうち，クリーン・エネルギー育成のために規制緩和を支持しているものは，①室田，③長谷川，である．なお，規制緩和との関係にはそれほど言及していないが，クリーン・エネルギーを扱った文献に，⑫松宮輝『ここまできた風力発電』工業調査会，1994年，⑬前田以誠『電力発電ビジネス最前線』双葉社，1999年，⑭北海道グリーンファンド編『グリーン電力：市民発の自然エネルギー政策』コモンズ，1999年，⑮飯田哲也『北欧のエネルギー・デモクラシー』新評論，2000年，などがある．

第 1 部　規制緩和の開始とクリーン・エネルギーの育成

第1章　公益事業規制政策法の成立

　アメリカ電力産業の規制緩和の開始は，石油ショックによる混乱の最中の1970年代に始まった．石油ショックはそれをはじめとする化石燃料価格を押し上げ，電力産業やエネルギー多消費型の重化学工業に危機感を抱かせた．これを原子力発電の大規模建設で乗り切ろうとする潮流も存在した．

　化石燃料価格の上昇は規制された電力産業の財務的危機を引き起こし，必然的に規制方式の改革に結びついた．そしてその動きは一般的な規制緩和の潮流に合流し，単なる規制方式の改革を超えて，当時まで認められてきた電力独占への根本的な批判・疑問に発展していった．これが1970年代の電力自由化の第1の潮流である．

　しかし，他方では，石油ショック，エネルギー危機からの根本的な決別のために，エネルギー効率を高め，「クリーン・エネルギー」を育成しようとする環境保護派もまた，電力独占・規制体制に批判的であった．この第2の潮流は，電力独占のうち，とくに発電分野の独占を打破し，新しい事業者がエネルギー効率の高いコジェネとクリーン・エネルギーの発電に乗り出せるような改革を求めるに至った．

　これら2潮流を体現，あるいは先取りしたのが，カーター大統領の公益事業規制政策法である．本章では，70年代の電力産業危機の原因，経済学界の規制緩和論，環境保護派の規制改革論，そして公益事業規制政策法を中心に検討する．

1. 1970年代電力産業危機の原因

「黄金時代」から「衝撃の時代」へ

アメリカ電力産業は，1880年代にトーマス・エジソンの有名なパール街発電所に始まり，以降，急速に成長してきた．工業，とくに重化学工業の旺盛な電力需要を満たすため，次第に発電所，送電線網などの設備を大規模化し，スケール・メリット（規模の経済性）を基礎に一層安価な電力を供給してきた．とくに1950年代，60年代の電力消費の急成長は年率7〜8%であり，これは10年で2倍となるものである．電力会社は急成長する電力消費に応じるため，次々と大規模の発電所を建設したのである．一方，安価な電力の家庭への供給は家庭電化を推進し，家電産業の急激な成長を可能にしてきたのである．今日では批判される大量生産，大量消費経済を支えてきた産業であった．

また電力産業は，地域的独占を認められ安定した経営を誇ってきた．電力会社はスケール・メリットが働く産業として地域的独占を認められ，種々の政府規制を受けると同時に保護も得てきた．一般に安定した経営であったため，しばしばその社債は年金生活者の貯蓄対象として重宝されてきたほどである．1960年代まで，電力産業は「黄金時代」を享受してきたといえよう．しかし，アメリカ電力産業は1970年代初期までに，経営環境の激変を被り，「衝撃の時代」を迎えたのである[1]．

環境保護規制の強化

その原因のひとつは，環境保護主義の高まりと環境保護規制の強化であった．1960年代中期から経済成長が環境に与える負担について，市民の関心が非常に高まってきた．環境保護運動の当初から，エネルギー産業とくに電力産業は汚染の主要な排出源としてターゲットにされてきた．環境規制は1960年代後半から強化され，1969年から1981年にかけて40以上の環境関

連法が制定された．これらは，発電所の立地，大気汚染，水質汚染，そして原子力発電所などに関する規制を強化した．

水力発電と原子力発電については以前より，それぞれ連邦電力委員会と原子力規制委員会の許可が必要となっていた．火力発電所については許認可に関わる連邦法は存在しないが，全国環境政策法（1969年）によって，電力会社はそれらを建設する際にその環境影響評価を提出し，連邦あるいは州の事前の承認を受けなければならなくなった．この環境影響評価が環境保護団体などに抗議を受け，裁判所がそのプロジェクトを中止にしたとき，電力会社はこの環境影響評価の再検討に多くの時間と努力を割かねばならない．電力会社は発電所等の設備を建設するに際して，立地，設計などに関して自由に決定することができなくなったのである．

環境規制のなかでも，最も電力産業に影響を及ぼしているのが，1970年に改正された大気浄化法である．同法は，主要な大気汚染物質について全国大気質基準を設定し，それを実現するために各州が実施プランを策定して個々の排出源の排出量を規制しようとするものであった．このほかにも，1972年水質浄化法，原子力発電の規制などが追加され，電力産業にとってはこれら環境規制を達成するために，多大の公害防止投資をしなければならなくなった．1970年から80年にかけて，電力産業の公害防止支出は年平均20億ドルであり，全産業のそれの約30%を占めた．立地や環境に関する規制強化のために，建設が遅れたりコストが増大し，最終的には消費者にたいする電力料金が上昇することを意味したのである[2]．

石油ショック

電力産業危機の第2の原因は，1973年10月の石油ショックによるエネルギー危機，あるいは，石油価格の高騰を引き金とした全般的インフレーションであった．同年秋に中東に新たな緊張が発生したが，アラブ諸国の警告を無視してニクソン大統領がイスラエル寄りの中東政策を続行した．そこで，OPEC（石油輸出国機構）はアメリカへの石油禁輸を断行し，石油減産と価

表 1-1 アメリカ電力産業における発電量の電源別比率，1970-95 年

(単位：%)

年	水力	石炭	石油	ガス	原子力	合計
1970	16.2	46.1	11.9	24.4	1.4	100.0
1975	15.8	44.4	15.1	15.7	9.0	100.0
1980	12.4	50.8	10.7	15.1	11.0	100.0
1985	11.8	56.8	4.1	11.8	15.5	100.0
1990	10.3	55.5	4.2	9.4	20.6	100.0
1995	9.9	55.2	2.0	10.3	22.5	100.0

注：電力会社を対象としたもの．
出所：1970-90 年については，Leonard S. Hyman, *America's Electric Utilities : Past, Present and Future*, 5th ed. (Arlington, VA : Public Utilities Reports, Inc., 1994), p. 37；1995 年については，U.S. Dept. of Commerce, *Statistical Abstract of the United States 1998*, p. 599, より作成．

格引き上げを実行した．1 バレル 3 ドルであった石油価格は同年 12 月には 11.65 ドルに上昇した．わずか 2 カ月で 400% の上昇になり，アメリカにベトナム戦争以上のコストを強いることになった．

石油価格の上昇は電力会社と消費者に厳しい苦痛を与えた．アメリカの電力産業の電源別構成は表 1-1 に示すように，1970 年に石炭が 46.1%，天然ガスが 24.4%，石油が 11.9%，水力が 16.2%，そして原子力が 1.4% であった．当時の日本の電源構成と大きく異なっているのは，石油の地位が低いことと石炭の地位が高いことである．石油の電源としての地位は低かったが，石油価格の上昇は石炭，天然ガスなどの燃料価格を著しく引き上げた．また建設費も大幅に上昇し，新規石炭火力発電所のコストは 1972 年から 75 年にかけて倍加し，新規原発コストは 80% も上昇した．これが電力会社の経営に打撃を与えたのである[3]．

たとえば，ニューヨークのコンソリデイテッド・エジソン社では，1967 年から発電所建設費用が高騰していたが，石油価格の上昇によってその財務的危機が顕在化した．同社は人口稠密地域に立地しており，環境保護団体の要求によってその 75% の電力を比較的クリーンな石油に依存していた．そ

こでOPECの石油価格引き上げによって，もろにその打撃を受けることになった．電力会社は後述のようにその料金が規制されているので，燃料費，建設費が高騰すれば，料金を引き上げないと一般的に損失が発生する．州規制当局は電力料金の引き上げを承認したが，同社は財務的危機を回避することはできなかった．この事情は，全国の電力産業に当てはまった．電力会社が料金引き上げを申請しても実際に承認されるまで長い期間の遅れ（これを規制ラグという）が生じ，その間，電力会社の財務的危機が進行したのである[4]．

高度成長の終焉

第3の原因は，石油価格の高騰などによる長期的な経済成長の鈍化，産業構造の転換と電力消費の成長の鈍化であった．1950年代から60年代を通じて，毎年7%で増大した電力消費は，1973年の石油禁輸以降2.9%に下落した．急成長した電力消費予測にしたがって建設された発電能力と実際の電力需要のギャップは著しく乖離した．この差は1984年で当時の全国の発電能力の1/4にあたる8,000万kWと推計され，それだけの発電設備が不要になったわけである[5]．

このギャップの原因はまず経済成長の鈍化であり，次いで工業構成の変化である．電力需要の著しく高い諸部門では電力価格の高騰によって製品価格が上昇し，そのためにその消費者は代替品への買い換えを行う．それによって電力需要の高い部門の売り上げは減退し，工業全体における比重を下げる．こうして工業構成の変化は電力需要に影響するであろう．また電力需要の高い部門でより効率的なエネルギー利用，電力利用が開発されれば，工業の電力需要は減退するであろう．これらの諸要因を数量的に検討した調査研究によれば，経済成長の鈍化による工業電力需要の減退，そして工業の中でエネルギー集約的な諸部門の停滞が非常に重要な要因であった．これら2要因で工業電力需要の減退の約80%を説明できる，としている．これらの諸要因に比べて，エネルギー効率を高める努力は，工業電力需要の減退の大きな要

因でないことが明らかにされた[6]．

このような状況において，電力会社は総計180億ドルの113機の原発投資を廃棄しなければならず，加えて67機の石炭火力発電所もキャンセルした．こうした削減にもかかわらず，電力産業の余剰発電能力は1973年の21%から10年後には約40%に拡大した[7]．電力産業は，急速な電力消費の成長に合わせて自らも急速に成長してきた産業であったが，同産業を特徴づけた投資パターンを全面的に見直さなくてはならなくなった．

従来までの電力産業

ところで，従来までのアメリカ電力産業の特徴は，どのようなものであったであろうか．表1-2は1980年当時の電力産業の所有タイプ別構成を示しているが，非常に多くの所有タイプによって構成されている．これは日本の電力産業と明瞭に異なっている点である．その中でも，自治体電力企業や州電力企業が2,248と多く，協同組合が960，そして連邦電力企業が6であり，発電量では順次，5.2%と3.8%，2.8%，そして10.3%と合計約22%を占めている．これらを「公的企業」と一括すれば，アメリカ電力産業においてはその比重が比較的高いことが特徴である．同産業生成期において，電力が公的機関によって供給されるべきか，民間会社によって供給されるべきかの論争があり，多くの自治体，州などが「公的企業」を選択した結果である．発展期には採算のとれない，あるいは利益の少ない農村部や小規模な自治体や地域には，民間会社が電力を供給しなかったからである．

「公的企業」は連邦営を例外

表1-2 アメリカ電力産業の所有タイプ別構成，1980年

所有タイプ	企業数	発電能力	発電量
民間	237	78.0%	78.0%
協同組合	960	2.5	2.8
連邦政府	6	9.6	10.3
自治体	2,248	5.6	3.8
電力区，州政府		4.5	5.2
合計	3,451	100.0	100.0

出所：Paul L. Joskow and Richard Sehmalensee, *Markets for Power : An Analysis of Electric Utilitiy Deregulation* (Cambridge, MA ; London, England : The MIT Press, 1983), p. 12より．

として一般的に小規模である．それらはしばしば自らは発電機能をもっておらず，民間電力会社あるいは連邦営の電力会社から電力を卸しで購入し，それを住民，企業などに配電しているものが多い．ニューディール期までは「公的企業」の果たす役割が増大したが，第2次大戦後から民間電力会社の勢いが復活し「公的企業」を圧倒した[8]．規制緩和が進展すれば，こうした「公的企業」が民営化される可能性もある．

　他方，民間電力会社も237社も存在し，全米の総発電能力の78.0%を，総発電量でも78.0%を占めていた．民間電力会社もその数が非常に多く，600万kWを超える発電能力をもつ電力会社はわずかその10%，つまり23社しかない．この上位23社の巨大電力会社に，アメリカ全体の発電能力のおよそ半分が集中してきた．発電量（1979年）でみた最大10社は上位からテネシー河域公社（TVA），次いでアメリカン電力，サザン・カンパニー，ボネビル電力庁，コモンウェルス・エジソン社，サザン・カリフォルニア・エジソン社，テキサス電力，ヒューストン電灯電力，デューク電力，そしてパシフィック・ガス電力である[9]．

　これら民間電力会社は，通常，ある地域においてフランチャイズを得て，独占的に営業することを認められてきた．発電，送電，そして配電という電力事業の主要3領域を垂直統合している場合が多い．それは電力事業では規模の経済性が働き，長期的に生産設備，つまり発電ユニット，送電線網，配電線網などの規模が拡張すると，電気の単位当たりのコストが逓減する，したがって自由な競争に委ねられると，規模の大きい電力会社が規模の小さな電力会社に打ち勝ち，自然に独占になってしまうと考えられたからである．その代わり，消費者保護の観点から政府規制の対象とされてきたのである．電力会社は地域的独占であるので，連邦規制より各州の公益事業委員会の規制が大きな役割を演じてきた[10]．

州の総括原価方式規制

　1920年代末にほぼ完成した各州の公益事業委員会による規制は，大枠で

公正報酬率 (fair rate of return) 規制, あるいは総括原価方式規制と呼ばれてきた. 州によって若干の相違はあるが, 通常, 特定の電力会社に電力小売り営業地域を排他的に独占させ, その営業地域の変更を認めない. また, その設備の建設・拡張を許可制にし, 電力料金水準を次のように規制した.

電力料金総額＝営業費用＋レートベース×公正報酬率

営業費用とは燃料費, 労働費, 減価償却費, 税金などである. レートベースとは電力生産に用いられる発電所や設備の価値で, 通常, 取得原価から減価償却費の累積額を差し引いたもので, そのときの資産価値とされるものである. そして, 公正報酬率とは社債利子, 株式資本の配当が可能なように, 公益事業委員会が定めることになっていた[11]. したがって, 資本コストを含めた平均費用決定原理によって料金が決められてきたのである. 平均費用決定原理はのちに大いに批判されることになる.

また, 料金構造（体系）の問題も重要である. 電力会社は許可された公正利潤率を確保できる総収入を決定した後, 商業, 工業, そして家庭という消費者クラスにその総収入を割り当て, 各クラス毎に料金を決定する. その際, 電力産業の草創期から生産費をカバーするために, 標準化された割引制度が発達してきた. 家庭と小規模消費者にたいしてはブロック逓減料金が適用されてきた. たとえば, バージニア電力会社は1954年から1960年までに,

最初の 50kWh までは, 1kWh 当たり 4.5 セント
次の 50kWh までは, 1kWh 当たり 3.7 セント
次の 100kWh は, 1kWh 当たり 2.7 セント
200kWh を超えれば, 1kWh 当たり 1.8 セント

という料金構造を採用し, 1970年まで基本的に変えなかった[12]. また, 大口商工業需要家の場合には, しばしば2部料金が適用された. 逓減する能力料金（最初の200kWにたいして1kW当たり4ドル, 次の200kWにたいしては1kW当たり3ドルなど）と, その他のすべてのコストをカバーする

ため消費に応じて 1kWh 当たり逓減する料金を含んでいた．これら料金制度の特徴は，消費量が増加するにつれ単位当たりの料金が逓減することであった．

　こうした料金制度が採用されたのは，電力の大量消費を促進し電力会社の販売量と利潤を増加させるためである．工業需要家は自家発電という別の選択肢をもっており価格が高ければ需要を大いに減らす（需要の価格弾力性が大きい）ので，消費促進のため低い料金が課された．家庭消費者は価格が高くとも需要を減らせない（需要の価格弾力性が小さい）ため，最初の需要には比較的高い料金が，次からは低い料金が課された[13]．このブロック逓減料金は後に，電力の大量消費の促進，大型発電所の建設，そして環境を破壊するものとして批判された．あるいは，限界費用に基づいた価格設定ではないという批判を受けるのである．

規制体制のメリット

　独占・規制体制には批判が多いが，消費者にとってそれなりのメリットもあったのである．それは第 1 に，電力会社はその営業地域のいかなる消費者にもサービスを供給する義務があったことである．一般に，電力会社はその営業地域のあらゆる消費者に電力を供給する義務を，そして工業，商業，家庭という各々のサービス・クラスのなかで，あらゆる消費者に同じ条件でサービスを供給する義務をもっている．これはユニバーサル・サービスといわれるもので，電話産業で重視されてきた概念である．

　第 2 に，需要における予想可能な増大を満たすことを含め，十分で安全なサービスを供給する義務，とくにピーク時の需要に応じるため，電力会社は余剰発電能力をもってこれに当たることである．したがって消費者はピーク時であっても，必要な電力供給を受けることができる．電力会社にとっては，余剰発電能力のために過大な設備に投資していなくてはならないが，これは電力会社の資産として計上され，これにたいしても利潤が保証された．アメリカでは約 20% の余剰発電能力を保持するのが普通であったという[14]．

第3に，電力会社は営業地域における競争から保護されほぼ一定の利潤が保証されたため，長期的な観点から大規模設備に巨額な投資ができたことである．1960年代までに火力発電所は100万kWを超えるものさえ出現した．原子力のような巨大な投資額を必要とする技術を利用することさえ可能になった．規模の経済性が働いた時期には，大規模発電所の建設によって単位当たりのコストが低下し，消費者には電力料金低下としてその経済性が還元された．

独占・規制への批判

　独占・規制体制にたいする批判には，以下のいくつかのタイプがあった．まず，料金に関するものであるが，ブロック逓減料金であると家庭用電力では最初のブロックに高料金が設定されるが，家庭では一般に大量電力を消費しないので高料金が課されることになる．他方，工業用電力の場合は，大量に電力が消費されるので単位当たりの料金は低くなる．そこで，家庭消費者から工業用消費者に内部補助がなされているのではないか，と批判された．
　次いで，地域的独占が認められコスト・プラスの料金が保証されているために，電力会社に経営改善のインセンティブが働かないという批判である．コストが容易に消費者に転嫁される体制のもとでは，役員特典と平穏な経営への魅力は弛みと運転コストの膨張に導く．これは長く指摘されてきたことであり，最もわかりやすい．
　第3に，電力会社は一般にいろいろな部門を兼営しており，規制された親会社の電力会社が関連会社から高料金で，燃料，建設関係資材を購入して，非規制の関連会社に高利益をもたらし，親会社ではこれらをコストに算入できるので，高料金が設定され消費者に転嫁される，コスト転嫁論である．
　最後に，電力生産のための資本額に一定の利益が認められるという点に着目して，電力会社はこの資本が大きければ大きいほど利益が得られるので，資本集約的な投資行動をするのではないか，という指摘である．燃料，労働費よりも資本費に大きな比重のある技術，たとえば原発投資に傾斜するのは

こうした理由ではないか,と主張された.

このように1960年代中期までには,伝統的な電力規制は多くの問題をもっていることが明らかとなり,電力規制が消費者のために有効に働いているという通説に多くの疑問が寄せられた.しかし,1960年代中期までは電力産業の黄金時代であり,電力料金は長期にわたって低下してきたために,実際にはそれほど問題にはならなかった.しかしながら1970年代には事情は一変する[15].

発電所大型化の問題点

発電所の,正確には発電ユニットの大型化は1950年代から60年代にかけて著しく進展した.図1-1に示すように,新規火力発電所の最大の発電ユニット規模は,1950年に約20万kW,65年に40万kW,75年に130万kWとなり非常に急速に拡大した.平均規模の場合には,1950年に約5万kW,65年に20万kW,75年に60万kWと急速に増大した.しかし,1960年代の初めから,発電ユニットが大型化すると意図しない停電率が高くなることが明らかになってきた.たとえば,有力な業界団体であるエジソン電気協会の調査によれば,1960-69年のデータでは,6万kWから8.9万kWの小規模発電ユニットの停電率は約1.5%であるのに,60万kW以上の大規模発電ユニットでは12%を超えていた[16].

さらに1976年の「アメリカ電力会議」においても,発電ユニットの大規模化と停電率との正の相関関係が確認された.1965年に平均的な発電ユニット規模は20万kW強であり,1975年にそれは60万kWに増大した.39万kWから59.9万kWの間の発電ユニットの停電率は5.6%であるが,60万kW以上になると停電率は9.3%になると報告された.また,別の調査では60万kW以上だと停電率は21.9%にもなるとされた.停電率が高ければ稼働率が低く,その間は電力生産できないのでコスト圧迫要因となった[17].

これらの原因は,まず大きな発電設備の設計に,より小さなそれの経験と学習を編入できなくなったことである.発電ユニットを拡大して行くときに

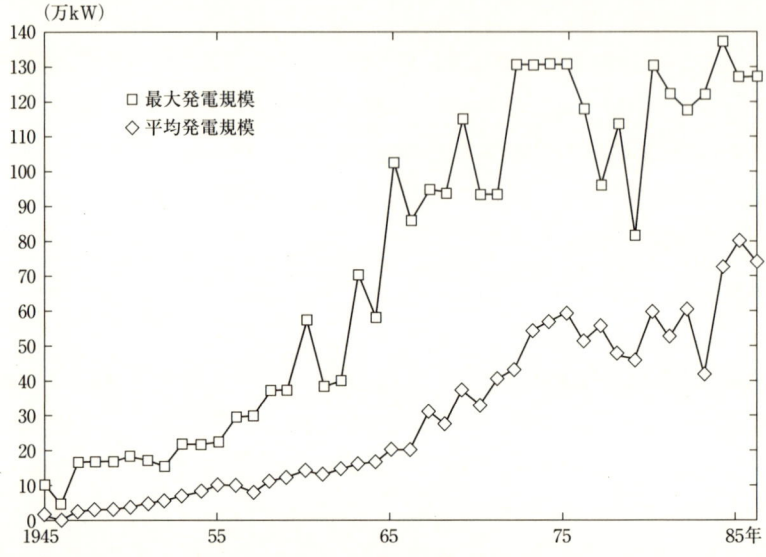

出所：Richard F. Hirsh, *Technology and Transformation in the American Electric Industry* (Cambridge, MA : Cambridge Univ. Press, 1989), p. 5, より.

図1-1　新規発電ユニットの最大能力と平均能力，1945-86年

は，より小規模のそれにおける操業・運転から多くの経験を学習し，それらを役立ててきた．ところが，急激すぎる規模拡大と大規模発電ユニットのリード・タイムの長期化によって，それができなくなった．巨大発電ユニットのリード・タイムは，石炭火力で8年，原発で10年に達し，前世代の発電ユニットの運転の経験を次世代のそれの設計・製作に生かすことができなくなった．

第2に，大規模発電ユニットはその構造が複雑で保守負担が重くなるからである．それは安全性や稼働率を上げるために多くのシステムが必要になり，これらのシステムを維持するために多くの従業員を必要とする．巨大発電ユニットは規模の経済性を示す一方で，注意深くタイミングを図った操業開始，リヒート（再加熱）とクールダウンが必要で，それには多大の時間を要する．停電に関するクールダウンとリヒートの時間は，電力を生産できない非生産

(セント/kWh)＊

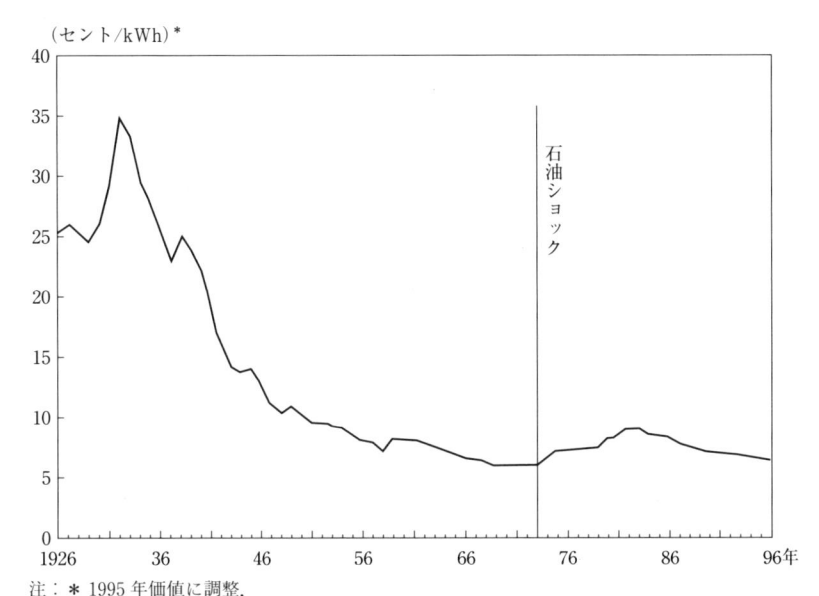

図 1-2 アメリカの平均電力料金, 1926-96 年

注：＊ 1995 年価値に調整.
出所：U.S. Dept. of Energy/Energy Information Administration, *Electricity Prices in a Competitive Environment : Marginal Cost Pricing of Generation Services and Financial Status of Electric Utilities*, DOE/EIA-0614, Aug. 1997, p. 2 より.

的時間である．ロバート・ゴードンは「進んだ技術」は高い熱効率をもたらすが，上記の観点からすると一般に非効率的である，と述べている[18]．原子力発電所も基本的には同じであり，非常に複雑な設計，システムのために建設，運転が非常に難しいのである．

要するに，発電ユニットは巨大化すると停電率が高くなり，巨大化のメリットを打ち消すデメリットが大きくなったのである．事実，図1-2に示すように，従来低下してきた平均電力料金は石油ショック以降上昇に転じた．こうした事態は，規模の経済性が枯渇しつつあるという議論に発展した．

規模の経済性の枯渇

1960年代から経済学界では電力産業において規模の経済性が働いている

かどうかの研究が盛んになった[19]．発電ユニットのレベルでは大方の主張は，50-60万kWのところで規模の経済性が枯渇するというものであった[20]．事実，石油ショックによる電力需要の減退によって，発電所建設の数が次第に減少するとともに，発電ユニットの規模も1972年から82年にかけて40-80万kWの範囲となった．こうして大規模化への傾向は停止し，逆転さえしたのである．

クリステンセンとグリーンは企業レベルでの研究を行い，1955年までは電力会社には規模の経済性が働いていたが，1970年になると電力会社の平均費用曲線はフラットになったとして規模の経済性の枯渇を主張する論文を公表した．1976年のことである．彼らは次のように結論づけた．つまり，1970年までに合衆国の電力生産は，本質的にフラットな平均費用曲線上で操業する企業によって行われている．平均費用曲線がフラットというのは，企業規模の拡張が電力の平均費用を引き下げないということである．そして，大規模な1社（アメリカン電力）は規模の不経済性を示した．効率的生産のために少数の巨大企業が必要とされず，電力の競争促進政策によって規模の経済性が犠牲になるわけではない，ということである[21]．

1978年には，火力発電を主力とする74社の企業レベルの平均費用曲線は160万kWを最低とするU字型である，とする論文が公表された．160万kWの企業の推定単位当たりの生産コストは10万kWの企業のそれよりも0.24セント低く，900万kWの企業のそれよりも0.1セント低い．つまり平均費用が160万kW以上になると上昇し，競争上不利になることを意味し，巨大電力会社である必要がなくなることを意味する．160万kWは当時の電力会社の規模からして相当小さく，競争導入による利益が大きいことを示している[22]．こうした論文の発表によって，規制改革の機運が高まってきたのである．

2. 2つの規制改革論と公益事業規制政策法

環境保護派の規制改革論

　石油ショック直後より多くの電力会社は，各州の規制当局に料金値上げを申請するようになっていた．各州規制当局もこれらの申請の多くを承認し，さらに建設仮勘定のレートベースへの算入を認めた．また，高騰する燃料費をその審査プロセスを待たずに自動的に運転コストに算入できる自動燃料調整条項も認められた．そこで電力料金が全国各地で大幅に上昇したのである．こうした1970年代の電力産業の混乱，およびその根底にある規模の経済性の枯渇という新事態を前に，従来からも存在した規制批判は新たな局面を迎えた．

　経済学界による規制批判とは別に，環境保護グループの電力会社批判が登場してきた．環境派の電力会社批判は1960年代末に始まった．環境派は，経済成長に伴う電力会社による大規模発電所の矢継ぎ早の新規建設を環境破壊の元凶として批判してきた．たとえば，環境保護基金（Environmental Defence Fund）は新規発電所の建設を阻止することを目標として活動を開始した．環境保護基金は発電所建設に関する規制委員会の認可プロセスに介入しそれを阻止しようとしたが，すべての新規発電所建設を阻止することはできなかった．

　そこで環境保護基金は発電所の建設阻止から，浪費的な燃料利用，浪費的な発電所建設を抑制する料金構造改革に方向転換した．これを環境保護基金の法律顧問であったバーリンは，次のように回想している．環境保護基金は1960年代末からエネルギー産業の環境問題に関する訴訟に関係してきたが，必ずしも成功してこなかった．そこで，バーリンは当時ウィスコンシン大学の経済学準教授シチッティ（のちにウィスコンシン州公益事業委員会委員長）に相談し，問題の立て方を供給側から需要側に移行し，浪費的燃料消費を助長するブロック逓減料金制度を批判し，これを改革するように主張するよう

になった．この戦略転換は1971年のことであった．環境派は一般的に料金構造に社会的費用が内部化されていないので，消費者に最適以上の電力消費を促進してきたと論じてゆくことになる．

こうした戦略のもと認可プロセスに環境保護基金が介入した最初のケースが，1973年のウィスコンシン州マジソン・ガス電力会社の料金問題であった．同州が実験州として選ばれたのは，同州が規制政策で全米を主導してきた州のひとつであったからである．このマジソン社の料金問題への介入によって環境保護基金は成功を収め，初めてブロック逓減料金を止めさせ，時間帯別料金，あるいはピークロード料金を採用させた．環境保護基金はこの問題を全国的問題とすべく，次いで1974年にニューヨーク州の大手電力会社ナイアガラ・モホーク社にターゲットを当てた．ここでも，環境保護基金は部分的に成功を収めた．こうして，環境保護基金は料金構造改革を推進する勢力として全国の環境派にたいして名声を確立しつつあった．こうした流れが環境派の規制改革論である[23]．

経済学界の規制改革論

ところで，経済学界では1970年代の電力産業の混乱を目前にして，規制改革論が一段と先鋭化してきた．そのなかでも，レオナード・ワイスは1975年に次のように主張した．まず1966年頃に熱効率の改善が停止し，規模の経済性が疑問になってきたので，電力産業は「自然独占」ではなくなりつつある．そこで，競争を導入することが可能であり望ましい．その際，最大限の競争を導入するには電力会社の配電部門から発電・送電部門を分離し，地域的独占である配電会社（あるいは大規模需要家）をめぐっていくつかの発電事業者が競争できるよう，公的・私的な地域的制限を除去するとともに，送電部門をもつ事業者に託送を義務づけることを提案した．託送とは送電線網をもつ発電事業者が，異なる発電事業者の電力供給を第三者である配電会社などに有料で送電することである．これは，電力会社の分離・分割を行うものであり，配電部門を独占・規制体制下に残すだけで，発電部門の競争を

構想している点で画期的なものであった．リストラクチャリング（再編成）という用語が用いられた．

　しかし，ワイスは徹底したリストラクチャリングはすぐには政治的に困難と判断し，短期的に達成できるセカンド・ベストも提案していた．それは託送を電力会社に義務づけ，異なった発電事業者が，電力会社から電力を購入してきた公的配電会社や協同組合に卸売り競争で販売できるようにすることであった．これは「1992年エネルギー政策法」の送電線開放と託送の義務づけによって将来実現する．また最大限の競争を導入するリストラクチャリングの議論は，1998年からのカリフォルニア州などの自由化につながる議論であり，こうしてワイスの議論は，のちにアメリカにおける電力の規制緩和の支配的潮流になるものであった[24]．

　この議論は先駆的であるがまだ現実の政策になるにはほど遠く，まず，エネルギー危機によって混乱した電力業界の料金改革が要請されたのである．前述したように，電力会社の料金構造は，消費量が増えれば増えるほど単位当たりの料金が低くなるブロック逓減料金であった．電力需要は時間によって異なり，昼間がピークであり，夜間がオフピークである．また季節別では，夏がピークで春秋がオフピークである．ピーク，オフピークの別によって料金が変わらないので，消費者はピーク時に需要を減じようとはしない．そのため，電力会社はピーク時のために多くの余剰発電能力を保持する必要があり，巨額の資金を必要とする．ピークロード需要にたいする平均的電力需要の比率が負荷率であり，負荷率が低いほど，電力会社は余剰能力を抱えて財務的に苦しむことになる．

　ブロック逓減料金のもとでは，むしろ消費量を増やそうというインセンティブが与えられる．規模の経済性が作用しているときは，電力会社は増大した消費量に応じて，新規の発電能力を拡大しコストを一層低下させることができた．しかし，その規模の経済性が枯渇し始めた1970年代には，このような料金制度は正当化できないものになってきた．

　経済学者は長く，効率性の観点からピーク時に電力を利用する消費者は発

電能力の限界費用を支払う必要があり，オフピーク時の消費者——電力システムの多くの発電能力が停止しているときの消費者——はその発電能力の費用を課される必要はない，と主張してきた[25]．この主張は図1-3に示される．同図ではピーク時とオフピーク時の2期間で，需要曲線と電力生産の限界費用（燃料，設備）が異なり，設備の拡張が必要な長期のケースを例にとっている．縦軸は料金単価と燃料・設備の限界費用を，また，横軸は電力需要量をそれぞれ示す．ピーク時とオフピーク時の需要曲線をそれぞれD_1，D_0とし，限界費用は一定と仮定されている．燃料はピーク時とオフピーク時の双方の需要に投入されるのにたいし，設備はピーク時の水準に合わせて作られる．資源配分効率の観点でみると，オフピーク時の料金P_0は燃料のみの限界費用C_Eに等しく，また，ピーク時料金P_1は燃料費用に設備の追加費用

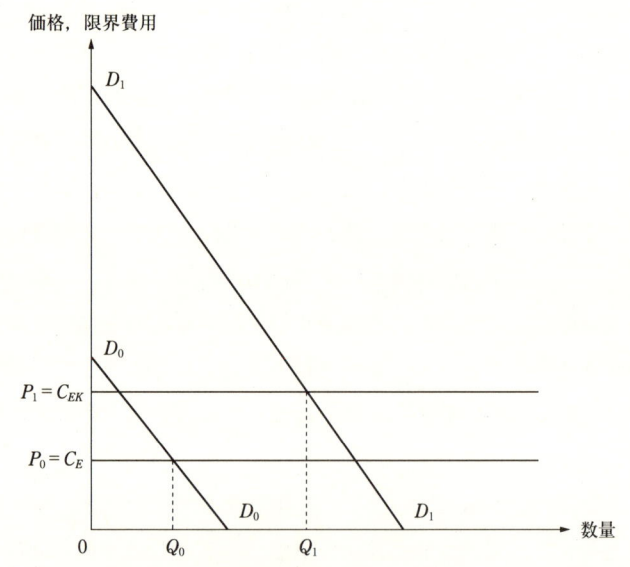

原資料：Michael A. Crew and Paul R. Kleindorfer, *The Economics of Public Utility Regulation* (London : Macmillan Press, 1986), p. 34.
出所：植草益・松川満「料金規制の理論と実際」植草編著『公的規制と産業①電力』NTT出版，1994年，179頁より．

図1-3　ピークロード料金

を加えた C_{EK} に等しく，それぞれ設定するのが最も効率的である．このとき，オフピーク時とピーク時の需要水準はそれぞれ Q_0 および Q_1 になり，設備水準はピーク時需要 Q_1 に相当する．設備はピーク対応で作られるから，設備関連の費用はピーク時需要がすべて負担し，オフピーク時におけるコスト負担は需要相応の燃料費のみでよい，ということになる[26]．

料金改革という点で重要な人物は，のちに民間航空委員会の委員長として航空産業の規制緩和に決定的な役割をはたした経済学者アルフレッド・カーンである．カーン博士はコーネル大学教授であり，1970 年に記念碑的大作である『規制の経済学』全 2 巻を上梓しいちやく有名になっていた．かれは限界費用に基づいた料金決定が重要であることを強調してやまなかった．そのカーン博士が，ニューヨーク州公益事業委員会の委員長に任命されたのである．1974 年 7 月のことである[27]．

ニューヨーク州の料金改革

ニューヨーク州では電力料金がとくに上昇し，1972 年から 74 年に 1kWh 当たり 2 倍となっていた．74 年春に，ニューヨーク州の大手電力会社コンソリデイテッド・エジソンは，燃料費などのコスト増のため経営危機に陥り，無配に転落し 2 つの未完成の原発を売却するところであった．また，ロングアイランド電灯会社（LILCO）も負荷率が 45% と低く，夏のピークロード需要は急速に増大していた．資金需要は膨張したが，LILCO は社債の利子支払いができなくなっていた．

カーン委員長は必要なのは一般的な料金値上げではなく，限界費用に基づくピークロード料金を導入することを主張した．これを実現するため，カーン委員長は一般公聴会を開催した．一般公聴会とは，個々の電力会社の料金値上げが適切であるかどうかに関わる公聴会ではなく，料金制度の改革に関する公聴会である．カーン委員長は一般公聴会の開催について，環境保護基金など環境保護団体の支持をえた．また，環境保護基金のバーリンは同州公益事業委員に任命されていた．1 年半にわたった一般公聴会では，環境保護

基金や経営危機に陥った電力会社がカーン委員長たちのいう限界費用を反映した料金制度に賛成し，ニューヨーク州公益事業委員会は全員一致で新料金制度に賛成した．

こうした事態の中で，LILCOがピークロード料金を公益事業委員会に申請し承認された．そこではピーク時は午前10時から午後10時と広く設定され，また，ピークの季節は6月から9月に設定された．このピークロード料金には特別のメーターが必要となるが，家庭消費者にはコスト負担が大きいという理由で，その適用は大規模商工業需要家だけに限定された．ピーク時の電力料金とそれ以外の時間のそれの比率は最大で4：1であった．最初は18：1から20：1という比率が検討されたが，LILCOがそれではピーク時の消費者の負担が大きいとして4：1で決着した．したがって，LILCOの新料金はそれほど厳密な意味でのピークロード料金とはいえないかもしれない．しかし，ここに初めてピークロード料金が，経済学者を委員長とする公益事業委員会によって決定され，環境保護基金など環境派，電力会社などの協力によって実施された．

こうした新料金は経済学界の主張によるものであるが，環境派の主張にも沿っていた．というのは，当初，新規発電所の建設阻止を目的としていた環境派にとって，ピークロード料金制度の導入は，ピーク需要を移動させ負荷率を上げ新規発電所の建設を抑制できるからである．ニューヨーク州におけるピークロード料金の導入は，カーンに代表される経済学界の主張と，環境保護基金の活動に代表される環境派の考えが合流したものであった．カーンが民間航空委員会委員長に就任するため，1977年6月にニューヨーク州公益事業委員会を去った．そのときまでには電力料金改革が全国的な政策課題となっていたのである[28]．

全国エネルギー・プラン

州レベルと同様に，連邦レベルでも1977年1月に発足したカーター政権が「全国エネルギー・プラン」を取りまとめつつあった（同年4月）．同プ

ランは石油ショックによるエネルギー危機を極めて重視し，中東など外国石油への依存度を削減しようとする計画であった．電力産業はそれほど石油に依存していなかったが，地域によっては石油への依存の高い電力会社も存在した．アメリカのエネルギー源は当時，石油に48％，天然ガスに27％依存し，合わせて75％も化石燃料に依存していた．アメリカは石油を埋蔵しているにもかかわらず，外国にその石油消費の約半分を依存していた．「全国エネルギー・プラン」の中心は，エネルギー保全と燃料効率の改善にあった．

そのために同プランは，第1に，エネルギー政策の改革が必要であるとした．連邦政府のエネルギー政策は人為的に価格を引き下げてきており，最も稀少な燃料，石油や天然ガスの過剰消費を促進してきた．全般的にエネルギー価格の適正化が必要であり，電力産業におけるブロック逓減料金も改善が必要である．そこで電力会社がブロック逓減料金を段階的に廃止し，ピークロード料金を導入するような料金改革がなされるべきである．そうすれば消費者がピーク時の電力消費を減らし，電力会社は追加的な発電能力への投資を控え，ピーク時に主に使われている石油・天然ガスを節約するであろう．

第2に，石油・天然ガスから石炭に転換することである．石油・天然ガスはアメリカの化石燃料の埋蔵量の8％を占めるにすぎないのに，エネルギー需要の75％も占めている．他方，石炭はアメリカの化石燃料の埋蔵量の90％を占めているが，エネルギー需要の18％を満たしているにすぎない．埋蔵量の少ない石油・天然ガスから埋蔵量の多い石炭に転換すべきである．この転換は，工業と電力産業の石油消費量を減らし石炭に転換することによって達成されるであろう．

そして第3に，再生可能エネルギー（renewable energy，以下，クリーン・エネルギーと訳す）を育成することである．クリーン・エネルギーとは，太陽光，風力，バイオマス，ゴミ焼却発電，地熱など比較的クリーンで，枯渇しない新エネルギー源をさす．こうした技術は，伝統的なエネルギー予測ではマイナーな役割しか認められていないが，分散型電力生産を可能にし大規模な中央発電所にとってかわる道を提供する．また，従来型の発電方式は熱

効率が約33%であり，残りの熱エネルギーは放出・浪費されていたが，これを利用する発電方式，コジェネも再生可能ではないが，燃料を大いに節約するものである．コジェネは1950年まで全米エネルギー生産の15%を占めていたが，当時わずか4%になっていた．コジェネはエネルギー価格の上昇につれて有利であるが，種々の規制がその発展を阻んでいる．この障害を取り除くために，電力規制の改革にとりくむべきである[29]．

カーター大統領は上記のプランを連邦議会に提示し，「全国エネルギー法」を制定しようとした．同法は非常に多くの分野に跨るため，5本の法律が作られた[30]．そのうち電力規制改革に関わるのが，公益事業規制政策法（Public Utility Regulatory Policies Act of 1978，以下，PURPAと略記する）であり，PURPAは1978年10月に成立した．

PURPAにおける料金改革

　PURPA第1部は電気エネルギーの保全，つまり電力会社による設備と資源の利用上の効率を増大させること，そして消費者にとって公平な料金の設定を目的としていた．同法第111条は，各州の公益事業規制委員会が次のような小売り料金設定基準を考案し検討するよう義務づけた．つまり，各クラスの電力消費者に課せられる料金は，各々のクラスに電力サービスを供給するコストを反映するよう設計されるべきである．第1に，電力会社が採用してきたブロック逓減料金を廃止すること．電力会社は総消費量が増大するにつれてコストが逓減することを示せないならば，そのような料金構造を続けることはできない，とした．第2に，時間帯別料金制度を導入しなければならない．各クラスの消費者にたいする料金は，時間帯別の電力サービスの供給コストを反映して，時間帯別で異なっていなければならない．同様に季節別料金を導入しなければならない，とした．

　したがってPURPA第1部の中心は，ブロック逓減料金からピークロード料金への転換を促進することであった．これはウィスコンシン州やニューヨーク州の料金改革の流れに沿ったものであり，1977年までに19州の規制

第1章 公益事業規制政策法の成立　　　43

委員会が限定的な時間帯別料金を実施するか，提案するようになっていた[31]．
ブロック逓減料金は規模の経済性が作用した時代には合理的であったが，その条件が失われたので供給コスト，つまり限界費用に基づいた料金決定が合理的となる．ピークロード料金は限界費用に基づいた料金決定方式に近い．ピークロード料金は経済学界と環境保護派によって推進され，PURPA 第1部に両者の考えが反映されたのである．

PURPA の分散型発電育成策

　PURPA の第2部は，クリーン・エネルギーとコジェネの育成策を取り扱っている．この点において，カーター政権は当時の経済学者と環境保護派より一歩も二歩も進んでいたことになる．1980年2，3月までに連邦エネルギー規制委員会（Federal Energy Regulatory Commission，以下，FERC と略記する）が，PURPA 第2部をより具体化なルールに作り上げた．その FERC ルールも含めて以下，説明しよう．
　第2部は小規模発電事業者とコジェネが一定の条件を満たせば，適格設備（qualifying facilities）に認定する．小規模発電事業者とコジェネは FERC に申請し，適格設備と認定を受けることができる．適格設備は当該地域で営業する電力会社の送電線網に接続できるようになり，他方，その電力会社は適格設備の余剰電力を購入することが義務づけられた．その際，電力会社は「電気エネルギーの増分費用」（incremental costs），すなわち「コジェネ，あるいは小規模発電事業者から購入しないとすれば，電力会社が発電するか，その他の電源から購入する電気エネルギーの費用」で購入しなければならないとした．適格設備は従来電力会社に課せられた総括原価方式規制とは全く異なり，電力を購入する電力会社の限界費用，ないし調達費用で販売するとされたのである．それは料金規制だけではなく，電力会社に課せられてきた煩雑な財務規制なども免除された．
　従来から小規模発電事業者とコジェネは障害を抱えていた．ひとつは，電力会社がしばしばかれらの電力を買い上げることを拒否したこと，あるいは

非常に不利な価格でしか買い上げないことであった．第2は，州および連邦の煩雑な電力規制を受けなければならなかったことである．PURPA 第2部はこうした障害を取り除いたのである．

PURPA は適格設備として2つのタイプに限定したが，そのひとつは小規模発電事業者であり，風力，水力，太陽光，木材とバイオマス，そしてゴミを電源とするもので，かつ8万kW以下であることと限定された．もうひとつがコジェネであり，従来からも工場などで利用されてきており送電ロスがなかった．その上，電気エネルギーだけでなく廃熱を熱エネルギーとしても利用するので，熱効率が電力会社の発電所よりも良好である．コジェネの場合，小規模発電事業者と異なり規模，および電源の限定はなかったが，そのエネルギー生産のうち5%以上を熱エネルギーで利用することが求められた．こうした条件は PURPA が小規模のクリーン・エネルギーとエネルギー効率のよいコジェネを育成しようとしたからにほかならない．

適格設備は当該地域の電力会社に PURPA のいう「増分費用」，あるいは FERC のいう「回避費用」（avoided costs）で電力を売ることができる．実際には，各州公益事業委員会が購入する電力会社から提出される資料に基づいて決定する．これは適格設備にとって最大の問題であった．というのは，とくに小規模発電事業者の場合，設備に相当の投資額が嵩むので，何年かにわたる価格保証が非常に重要であるからである．ほとんどの州公益事業委員会は，100kW 以下の小規模適格設備のために電力会社に「標準化された契約」を提案するよう指示したが，これは電力会社と適格設備の交渉力をバランスさせるためであった．「標準化された契約」の場合は，通常，電力会社は回避費用全額を支払うことになっている．このように各州公益事業委員会の多くは一般的に，適格設備に有利なようにルールを決めたので電力産業の反発を招くことになった．

回避費用は電力会社が発電するか，その他の電源から購入する電力費用であるが，経済学的には限界費用のことである．この回避費用を実際にどう算定するかが，最大の争点となった．というのは，適格設備が販売することが

できる電力と,電力会社がそれによって回避(節約)できる費用の性格によって計算が異なってくるからである[32]. 具体的な例で考えよう. ある小規模発電事業者,たとえば太陽光発電事業者はとくに夏に余剰電力をもつであろう. 一方,この電力を購入する電力会社はベースロード電力を十分にもち,夏のピーク電力が不足しているとしよう. この場合,電力会社が夏のピーク電力を購入するので,その電力会社がピーク発電所をもっていれば,その操業費用(通常,石油,あるいは天然ガスの費用と労働費用)が節約される. しかし電力会社がピーク発電所をもっていなければ,ピーク発電所の建設費用と操業費用が回避費用の算定基準となる[33]. また,コジェネの場合には余剰電力は季節に関係なく存在することが多いであろうから,ベースロード電力を販売し,電力会社はベースロード電力を一部代替できる. 通常,ベースロード電力は,燃料費の安価な石炭火力あるいは原発に依るので,その燃料および設備を含めた費用の節約が,回避費用の算定基準となるであろう. このようにケースによって回避費用の算定基準が異なってくるのである.

このほかにも相互接続ルールが問題となった. 相互接続は適格設備と電力会社の間の取引のため双方を接続することであるが,託送ができるのかどうかが争点となった. 託送とは,電力会社以外の電源が電力会社の送電線網を有料で利用して第三者,つまり他の電力会社や自治体電力,協同組合,そして大規模需要家などに電力を販売することである. 託送ができれば適格設備にとっての市場は格段に広がることになる. これは当然に電力会社の拒絶するところとなった. FERCルールでは託送は可能であるが,電力会社が合意したときにのみとされて,FERCが電力会社に託送を命令できるということにはならなかった[34]. このルールは電力会社に有利であったといえよう.

電力会社による適格設備の所有は制限を受けた. つまり,50%以上を電力会社に所有されるコジェネと小規模発電事業者は適格設備とは認定されない. エネルギー効率のよい電力生産を促進しようとしたPURPAにとって,電力会社によるこの分野への参入はむしろ歓迎すべきことであったかもしれない. それを制限した理由は,電力会社がコジェネと小規模発電の分野で独

占力を行使するのを防ごうとしたためである．ただし，適格設備の主要電源が地熱の場合は，電力会社は 100% 所有することが可能であった[35]．というのは，地熱が大規模発電を得意とする電力会社にとって適合的な技術と判断されたからである[36]．もちろん電力会社がコジェネと小規模発電に参入することは可能であったが，PURPA における適格設備の特権は認められなかった．

PURPA の画期的意義

こうして，PURPA は分散型電源の育成によって，電力会社の発電分野の独占に終止符を打ち，電力規制緩和の第一歩を踏み出したのである．PURPA はコジェネと小規模発電事業者の発展を阻害する規制を取り除き，適格設備にその販売市場を保証し，その発展を保証しようとしたのである[37]．PURPA 第1部においては，通常の経済学界の規制改革論と，環境派の改革論が合流し料金改革を推進した．同第2部では，カーター政権が環境派の改革論を大きく先取りし，分散型電源の育成に乗り出した．経済学界の改革論と環境派の改革論が，その後の電力規制緩和政策の流れの2大潮流となってゆくのである．

注
1) Richard Munson, *The Power Makers : The Inside Story of America's Biggest Business... and Its Struggle to Control Tomorrow's Electricity* (Emmaus, PA : Rodale Press, 1985), p. 118 ; Richard F. Hirsh, *Technology and Transformation in the American Electric Utility Industry* (Cambridge, London ; New York : Cambridge Univ. Press, 1989), p. 56.
2) John C. Moorhouse, ed., *Electric Power : Deregulation and the Public Interest* (San Francisco, CA : Pacific Research Institute For Public Policy, 1986), pp. 183-218.
3) Douglas D. Anderson, "State Regulation of Electric Utilities," in James Q. Wilson, ed., *The Politics of Regulation* (New York : Basic Books, Inc., 1980), p. 21. 石油ショックに際して，だからこそ外国の石油に依存しないエネルギー政策を推し進めるべきだという立場と，大規模の発電能力拡張計画を縮小すべきだ

第 1 章 公益事業規制政策法の成立　　　　47

とする立場に分裂した．前者がニクソン，フォード両政権の「エネルギー独立プラン」であり，200 機の原発，150 機の石炭火力発電所の増設計画であった．しかし，現実には電力産業は財務的危機から縮小の道を辿ることになる（Munson, op. cit., p. 124, より）．

4) Anderson, op. cit., p. 21 ; Paul L. Joskow and Paul W. MacAvoy, "Regulation and the Financial Condition of the Electric Power Companies in the 1970's," The American Economic Review, vol. 65, no. 2, May 1975, p. 297 ; U.S. Senate, Committee on Interior and Insular Affairs, Financial Problems of the Electric Utilities, Hearings, 93rd Cong., 2nd Sess., Aug. 1974, pp. 482-3.

5) Munson, op. cit., p. 21 ; Robert C. Marlay (U.S. Dept. of Energy), "Industrial Electricity Consumption and Changing Economic Conditions," in Ahmad Faruqui and John Broehl, eds., The Changing Structure of American Industry and Energy Use Patterns (Columbus and Richland : Battelle Press, 1986), p. 82.

6) Marlay, op. cit., pp. 77-114.

7) Munson, op. cit., pp. 5-6.

8) Ibid., pp. 107, 141.

9) Paul L. Joskow and Richard Schmalensee, Markets for Power : An Analysis of Electric Utilities Deregulation (Cambridge, MA ; London, England : The MIT Press, 1983), pp. 11-23, 25-6. 10 大電力会社については，Richard L. Gordon, Reforming the Regulation of Electric Utilities : Priorities for the 1980s (Lexington, MA : Lexington Books, 1982), p. 98, より．

10) Moorhouse, ed., op. cit., pp. 32-4. 歴史的には，政府規制の第 1 波は鉄道であり，電力は電話などともに第 2 波を構成する．続いて，航空など第 3 波，石油・天然ガスが第 4 波であろう．Martin G. Glaeser, Public Utilities in American Capitalism (New York : The Macmillan Co., 1957), chs. 4-10, を参照．

11) Douglas D. Anderson, Regulatory Politics and Electric Utilities : A Case Study in Political Economy (Boston, MA : Auburn House Publishing Co., 1981), pp. 64-5 ; Moorhouse, ed., op. cit., p. 45.

12) Hirsh, op. cit., p. 219.

13) Moorhouse, ed., op. cit., pp. 55-6.

14) U.S. Congress, Office of Technology Assesment, Electric Power Wheeling and Dealing : Technological Considerations for Increasing Competition, OTA-E-409 (Washington, D.C.: U.S. GPO, May 1989), pp. 41, 53 ; 林紘一郎他著『ユニバーサル・サービス』中公新書，1994 年．

15) Moorhouse, ed., op. cit., pp. 9-11, 56 ; Harvey Averch and Leland L. Johnson, "Behavior of the Firm under Regulatory Constraint," American Economic Review, vol. 52, Dec. 1962, pp. 1052-69.

16) 原子力発電所の平均ユニット規模も 60 年に 24 万 kW, 70 年に 100 万 kW,

80年に110万kWと急速に増大した．Hirsh, *op. cit*, pp. 5, 95 ; Edison Electric Institute, *Report on Equipment Availability for the Ten-Year Period 1960-1969* (New York : Edison Electric Institute, Nov. 1970), pp. 7, 12.

17) C.M. Davis, K.H. Haller, and M. Wiener, "Large Utility Boilers-Experience and Design Trends," *Proceedings of American Power Conference*, vol. 38, 1976, pp. 280-1 ; John H. DeYoung, Jr., and John E. Tilton, *Public Policy and the Diffusion of Technology : An International Comparison of Large Fossil-Fueled Generating Units* (University Park and London, The Pennsylvania Univ. Press, 1978), pp. 11-3.

18) Hirsh, *op. cit.*, pp. 102-3. 発電ユニット大型化の限界については，拙稿「アメリカの発電所規模・技術と発電コスト―電力規制緩和政策の展望―」『東京経大学会誌』211号，1999年2月，参照．

19) 規模の経済性が成立しない場合でも，単一の企業に生産を委ねたほうが総費用が安くなり自然独占が成立することもある．それは劣加法性であり，市場全体の需要量を単一の企業が一括して生産するほうが，数社に分割して生産するより総費用が小さいという性格である（新庄浩二「自然独占性と規模の経済性」植草益編『講座・公的規制と産業①電力』NTT出版，1994年，66-7頁）．しかし，ここでは規模の経済性を基準として議論を進めることにする．

20) Edward Berlin, Charles J. Cicchetti, and William J. Gillen, *Perspective on Power* (Cambridge, MA : Ballinger Pub. Co., 1974), pp. 8-11 ; Verne W. Loose and Theresa Flaim, "Economies of Scale and Reliability," *Energy System and Policy*, vol. 4, no. 1 & 2, 1980, p. 51 ; Paul L. Joskow, "Productivity Growth and Technical Change in the Generation of Electricity, "*The Energy Journal*, vol. 8, no. 1, 1987, p. 36.

21) Laurits Christensen and William Greene, "Economies of Scale in U.S. Electric Power Generation," *Journal of Political Economy*, vol. 84, 1976, p. 655.

22) David Heuttner and John Landon, "Electric Utilities : Scale Economies and Diseconomies," *Southern Economic Journal*, vol. 44, 1978, p. 892.

23) Moorhouse, *op. cit.*, p. 13 ; Anderson, *Regulatory Politics and Electric Utilities*, *op. cit.*, pp. 71, 74-5, 110-3.

24) Leonard L. Weiss, "Antitrust in the Electric Power Industry," in *Promoting Competition in Regulated Markets*, edited by Almarin Pillips (Washington, D. C.: The Brookings Institution, 1975), pp. 135, 146-7, 169-73.

25) Anderson, *Regulatory Politics and Electric Utilities*, *op. cit.*, p. 67.

26) 植草益・松川満「料金規制の理論と実際」植草編，前掲書，179頁．

27) Anderson, *Regulatory Politics and Electric Utilities*, *op. cit.*, pp. 67-8, 90.

28) *Ibid.*, pp. 69, 95, 111, 115, 132.

29) Exective Office of the President, Energy Policy and Planning, *The National*

Energy Plan (Washington, D.C.: U.S. GPO, April 1977), pp. viii-xii, 45-6. エネルギー保全を中心とした「全国エネルギー・プラン」は消極的であり，より積極的に「クリーン・エネルギーの育成」を中心にすえ，より強力に政策展開すべきだという批判〔Barry Commoner, *The Politics of Energy* (New York: Alfred A. Knopf, 1979)〕も存在した．

30) PURPA を別にすると他の 4 本の法律は，①全国エネルギー保全政策法（The National Energy Conservation Policy Act），②全国天然ガス政策法（The Natural Gas Policy Act），③発電所・工業用燃料法（The Power Plants and Industrial Fuels Act），そして④エネルギー税法（The Energy Tax Act）であった．

31) Paul L. Joskow, "Public Utility Regulatory Policies Act of 1978: Electric Utility Rate Reform," *Natural Resources Journal*, vol. 19, no. 4, Oct. 1979, p. 794.

32) David Morris, *Be Your Own Power Company: Selling and Generating Electricity from Home and Small-Scale Systems* (Emmaus, PA: Rodale Press, 1983), pp. 70-9, 88.

33) Thomas Hagler, "Utility Purchases of Decentralied Power: The PURPA Scheme," *Stanford Environmental Law Annual*, vol. 5, 1983, pp. 164, 166, を参照．

34) Morris, *op. cit.*, pp. 125-6.

35) Hagler, *op. cit.*, p. 173.

36) Murray Silverman and Susan Worthman, "The Future of Renewable Energy Industries," *The Electricity Journal*, March 1995, p. 18.

37) Morris, *op. cit.*, p. 88; Hagler, *op. cit.*, p. 174.

第2章 カリフォルニア州の分散型電源育成

前章で述べたように石油ショックが引き起こした混乱のなか、1978年にPURPA（公益事業規制政策法）が成立した。PURPAは電力料金改革を推進すると同時に、地域独占であった電力事業の発電分野の規制緩和を行い、電力会社以外の事業者による分散型電源の育成政策に乗り出した。こうして、規制緩和派と環境保護派が主張する電力改革の重要な一歩が踏み出された[1]。ただし1980年代まではPURPAの2潮流のうち、分散型電源の育成を課題とする環境保護の潮流が強かった。

本章では、こうしたPURPAによる規制緩和の性格を、カリフォルニア州の事例を通じて明らかにする。というのは同州がPURPAの分散型電源育成に最も熱心であり、最も大規模に取り組んだからである。そのため、カリフォルニア州は1980年代までにクリーン・エネルギーとコジェネ（熱電併給方式）の発展という点で全米で最も進んだ州となり、電源多様化にかなりの成功を収めるに至った。なお、分散型電源という場合は、クリーン・エネルギーとコジェネの双方を含んでいる。

1. 分散型電源の育成政策

カリフォルニア州の電力事情

PURPAを最も熱心に推進・実施したのは、カリフォルニア州であった。そこで、同州のPURPA実施を検討するが、その前に同州の電力事情を見ておこう。

同州における民間電力会社と公的企業の比重は,民間電力会社が工業電力供給の75%を占めていた(1982年)ので,ほぼ全国並みであったといえよう[2].公的電力企業としてはロサンゼルス水道電力局,サクラメント電力公社など自治体電力局が有力である.民間電力会社として有力なのは,同州北部のパシフィック・ガス電力会社(以下,パシフィック電力と略記する),同州南部のサザン・カリフォルニア・エジソン社(以下,サザン・カリフォルニア電力と略記する),そしてサンディエーゴ・ガス電力会社(以下,サンディエーゴ電力と略記する)であった.とくにパシフィック電力とサザン・カリフォルニア電力が最有力である.1982年にパシフィック電力が発電量で全米10位,サザン・カリフォルニア電力が全米6位であり,この2社は全国でも有数の大電力会社であった[3].

しかし,カリフォルニア州の電源構成は全国のそれと著しく異なっており,石油・天然ガスへの依存が非常に高かった.同州の電源構成は1970-82年の間に平均して,石油・天然ガスに66.1%を,次いで水力に26.5%を依存していた.ちなみに1970年の全国のそれは,石炭が46.1%,石油・天然ガスは36.3%であった[4].同州は石炭資源に乏しく電力産業の生成期から水力を利用し,大いに水力に依存して発展してきた[5].1950年代,60年代になると同州の主要電力会社は石油発電所に大いに投資し,石油発電の比重を高めた.1950年代には638万kWの石油発電所が,1960年代には1,041万kWの石油発電所が建設された.これら石油発電所の90%以上が天然ガスも燃料とすることができた.当時,石油価格は安かったので,石油発電所への依存は消費者に安価な電気を享受させてきた.原子力発電所が本格運転開始になるのは1980年代以降である[6].

こうした石油・天然ガスへの依存のために,カリフォルニア州の電力料金は全国に比較して非常に高くなった.1972年には同州の工業用電力は全国平均より1.8%低かったが,1982年には1kWh当たり6.86セントであり,全国平均の4.44セントより47%も高くなった.これは全国で6番目に高いものであったが,会社毎に見るとパシフィック電力の工業用電力料金は全国

で高い順に第8位,そしてサザン・カリフォルニア電力のそれは第9位であった.

同州の電力料金が高かった理由は,さらに,石油ショックのあとに電力会社が石油の長期購入契約を締結せざるをえなかったことである.当時,石油価格は高止まりすると予想され,長期契約の価格が高かったのである.大規模原発が完全稼働する1980年代中期までには,過度の石油・天然ガス依存が軽減され電力料金の低下が期待されていた.パシフィック電力のディアブロ・キャニオン原発は同州総発電能力の12%を,サザン・カリフォルニア電力のサンオノファー原発も10%を占め,これらへの期待は高かった.しかし,これら原発によって石油・天然ガス発電所の置き換えが実現しても,高い電力料金の是正は実現できなかった.逆に,原発コストは著しく上昇し,たとえば,ディアブロ原発が完全稼働する85年には,83年に較べてパシフィック電力の電力料金は12.5%上昇すると予測されるようになった[7].こうした事情のために,カリフォルニア州政府は電源多様化に向けてPURPA実施に熱心になったのである.

巨大電源開発計画をめぐる紛争

ところで,石油ショックにより石油・天然ガスという選択肢がなくなり,電力会社は危機感を抱き原子力への傾斜を深めていた.1975年にパシフィック電力は,1976年にその普通株に9.0%の,1980-84年には15%の利益を確保するような料金値上げを州公益事業委員会に正式に申請した.それは1975年からの10年間に大量の資金を調達し,1985年から89年にかけて毎年,原子力発電所を順次完成する予定であったからである.

パシフィック電力の料金値上げに関する公聴会で,その原発建設計画は環境保護基金などの環境保護団体の激しい攻撃にさらされた.同社は来る10年間に原発に巨額の投資を予定したが,エネルギー保全計画は皆無であった.当時のブラウン州知事や州公益事業委員会も,パシフィック電力の原発建設計画には批判的であった.当時のカリフォルニア州の総発電能力は2,800万

kWであり，パシフィック電力側は10年後までに2,080万kW分の電力消費増加が見込まれ，そのため198億ドルが必要となると予測していた．これにたいし，カリフォルニア大学のローレンス・バークレイ研究所の予測は，350万kW分の増加と35億ドルの資金需要を見込んだだけであった．両者の予測は非常に食い違っていたが，それは電力会社がエネルギー保全の効果を織り込んでいなかったからである．環境保護派は原子力発電所形態での巨額の資本の浪費を攻撃し，また，1973年以降の電力消費の現実は，年7％増加という予測と大いに異なって年2％増加でしかない点を指摘した．パシフィック電力側は原発の経済的優位性を主張したが，原発専門家の一部は原発はそれほど稼働率が高くなくせいぜい55％であり，それ以上の想定は楽観的すぎると指摘した．

　1977年中頃までに公聴会は環境保護派に有利に展開し，環境保護派が新しい提案をするようになっていた．それは後に大きく実現するが，電力会社が新エネルギーの開発者からその電力を購入するというものであった．当時，石油ショック以降始められてきた新エネルギーについての研究成果が出はじめ，それを環境保護基金はパシフィック電力に適用しようとする構想をもっていた．つまり，パシフィック電力は原発を建設するのではなく，地熱，風力，太陽電池，そして自家発電などの新エネルギーの開発者から電力を購入し，エネルギー保全と新エネルギーの開発を大規模に推進するというものであった．環境保護基金は小規模な発電ユニットは，原発などと異なって非常にフレキシブルで，電力消費予測がはずれてもそれほどの困難をもたらさず，財務的にも有利であると主張した．

　そうした状況のなかで，カリフォルニア州の州知事選挙が始まった．エネルギー政策では，現職知事ブラウンはエネルギー保全を支持し，対立候補ヤンガーは原子力発電所の建設によって石油ショックを乗り切ろうとしたのである．ブラウンが環境保護派を，ヤンガーが民間電力会社を支持したことになる．この選挙は現職知事ブラウンの再選に終わった．

　再選されたブラウン知事は有力な環境保護団体，天然資源保護協議会のブ

レーソンを州公益事業委員会の委員長に任命し，エネルギー保全政策を強力に展開することになった．ほぼ同時に連邦レベルでは PURPA が成立し，電力料金改革と分散型電源の育成政策が打ち出された[8]．

　こうして原発の建設は絶望的となり，電力会社側は次に巨大な石炭火力発電所を建設しようとした．パシフィック電力とサザン・カリフォルニア電力の 2 社で，カリフォルニア州内に 2 つの石炭発電所（80 万 kW）を，そして州外のネバダ州に地元のネバダ電力会社とこれら 2 社とで共同所有する 250 万 kW の石炭発電所を建設するというものであった．これがアレン・ワーナー河域プロジェクトである．ネバダ電力にとっては同社が所有するストリップ・マイン（露天掘り炭鉱）を開発し，その石炭をこの巨大プロジェクトに燃料として販売できる．またカリフォルニア州の 2 電力会社にとっては，州内では環境問題を回避しつつ巨大電源を開発・確保できるという利点があった．

　しかし，同プロジェクトも環境保護基金など多方面から攻撃を受けた．まず，それほどの電力需要が将来存在するかどうか．また，当初 16 億ドルとされた同プロジェクトの費用は，30 億ドル，さらに 50 億ドルにもなるとされ，費用の面でも批判された．さらに，こうした巨大プロジェクト，しかもストリップ・マインであるので，連邦内務省土地管理局が独自の環境影響評価を行う必要があった．同局はその環境影響評価のなかで，環境保護基金が推進する新しいエネルギー源を検討し，それが実現可能とする判断を下した．また，カリフォルニア州のエネルギー委員会も調査に乗り出し，アレン・ワーナー河域プロジェクトは不必要であり，代替的電源は実現可能であるという結論をだし，環境保護基金の主張を支持するものとなった．公益事業委員会もまた，調査により同プロジェクトが不必要という結論に達した[9]．

　こうした結果，2 大電力会社はアレン・ワーナー河域火力発電所計画を撤回した．両社は新しい電力需要をコジェネと新エネルギー（クリーン・エネルギー）で満たすことに合意した[10]．パシフィック電力は来る 10 年間について，500 万 kW はエネルギー保全，負荷管理，地熱，コジェネ，風力など

からとし、原子力と石炭からの新規発電はゼロとする決定を行った[11]。サザン・カリフォルニア電力も1980年までに，コジェネやクリーン・エネルギーを中心とする大胆な電源計画を採用するようになった．同社の当初の目標は，1990年までにその必要電源の3分の1（約200万kW）を分散型電源から調達するというものであった[12]．

スタンダード・オファー

こうした経緯をへて，カリフォルニア州は全国でも最も熱心にPURPAを実施に移していった．カリフォルニア州公益事業委員会は，PURPAの定める「回避費用」を非常に好意的に解釈し，分散型電源に有利な価格を設定しようとした．「回避費用」とは適格設備からの電力購入がないとしたならば，電力会社がそれ自身で発電するか，建設するか，あるいはその他の電源から購入する費用と定義された．回避費用は適格設備が電力会社から支払われる価格となるので，適格設備の成長にとって決定的に重要なものである．最終的に，公益事業委員会と諸電力会社は，適格設備が電力会社への電力販売の際に利用できる「スタンダード・オファー」と呼ばれる標準化された電力契約を案出するのに合意した[13]．

その際，公益事業委員会は回避費用を，購入する電力会社の限界費用で定義し，それを短期と長期の双方で考えた．短期では，適格設備からの電力によって電力会社が節約できるのは主に運営費（燃料費）だけとし，長期では運営費（燃料費）だけではなく発電所建設費も節約されると考えた．だから，短期限界費用に基づくスタンダード・オファー価格は，電力会社の限界運転費用に等しい「エネルギー支払い」からなっている．長期限界費用に基づくスタンダード・オファー価格は電力会社の限界運転費用という「エネルギー支払い」と，新規発電能力の建設費用という「発電能力支払い」からも構成された[14]．

こうした基本的考えに基づいて，公益事業委員会は同州の主要な電力会社にすべての適格設備が利用できるスタンダード・オファーを提出するよう義

務づけた．公益事業委員会と諸電力会社との協議の結果，1982年に短期的回避費用に基づく3つのスタンダード・オファーが承認された．まず，スタンダード・オファーNo.1は，ピーク時に安定的に電力を供給できないであろう適格設備のための電力契約であった．ここでは，「エネルギー支払い」は購入する電力会社の限界燃料費用を反映して変動するものであり，四半期毎に改訂される．

スタンダード・オファーNo.2は最長30年までの，夏のピーク時に80%以上の稼働率を維持することのできる適格設備のための電力契約であった．エネルギー支払いはスタンダード・オファーNo.1と同様である．ただし，ピーク時に稼働率80%を維持でき，電力会社の余剰発電能力の節約に寄与できるので，エネルギー支払いのほかにkWに応じて一定の発電能力支払いも受ける．スタンダード・オファーNo.3は，100kW以下の小規模な適格設備のためにスタンダード・オファーNo.1を簡素化した電力契約であった[15]．

これらの3つのスタンダード・オファーは，いずれも短期の価格変動を反映する契約であった．しかしそれでは，適格設備の経営・財務が不安定となり，資金調達に困難を来すのではないかと考えられた．長期の電力契約，つまり，「能力支払い」を組み込んだ電力価格，しかも固定価格での「エネルギー支払い」も必要と考えられた．電力会社にとっても長期契約がなければ，それ自身新規発電所を着工せざるをえなくなるであろう．そこで，1983年9月に「暫定スタンダード・オファーNo.4」が提案され承認された．「暫定」とされたのは，公益事業委員会が確定した長期契約ができあがるには数年を要すると判断したからであった[16]．

暫定スタンダード・オファーNo.4は最長30年間までの長期契約であり，エネルギー支払いについて3つのオプションを認めていた．オプション1は契約期間の1/3，最長10年間について，エネルギー支払いを予想される燃料価格に固定し，残りの期間は将来の実勢価格にするというものであった．オプション2は当初の期間，エネルギー支払いを予想される燃料価格より高

く設定し，残りの期間にはより低い価格を設定するというものであった．これらはクリーン・エネルギーの適格設備の電力契約に適用され，固定価格，あるいは高い燃料価格という有利な条件でクリーン・エネルギー発展へのインセンティブを与えるものであった．

　主に天然ガスを使用するコジェネは，そのエネルギー生産の20％以上を上記の固定価格で契約することを禁じられ，変動する価格での契約を行った．それがオプション3であり，エネルギー支払いを変動する天然ガスの実勢価格で支払われるものである．ただし，購入する電力会社の天然ガス発電所の熱効率を基準として計算されるので，電力会社の熱効率が低いほどコジェネは多くの支払いを受ける．そして，コジェネの熱効率が高いほど，高利益が上がるように設定されていたことになる[17]．これはコジェネの熱効率を引き上げさせるインセンティブであった．

　こうして，暫定スタンダード・オファーNo.4の固定価格契約はクリーン・エネルギーの成長を，熱効率を基準とした契約は天然ガス・コジェネの成長を刺激し，適格設備の技術タイプを多様化し，もって消費者にとってのリスクを分散させるものであった[18]．

実際の契約価格

　それではスタンダード・オファーの実際の契約価格は，どれほどの高さだったのであろうか．表2-1aによれば，1982年当時の短期回避エネルギー費用は，石炭による発電が最も低く1kWh当たり1.3セント，天然ガスはそれより高く，そして石油が最も高く1kWh当たり7.2セントであった．PURPAは，最も高い費用の発電所が基準となって適格設備に支払われるべきであるとしていたので，石油による発電費用が適格設備への支払いの基準となった．適格設備は，電力会社のピーク時に電力を供給することが多い．たとえ，電力会社が原子力発電所に強く依存しても，ピーク時にはほとんど石油発電所に依存する．だから，適格設備は石油発電所の運転費用を基準に高い価格が支払われるべきである，とする州もあった[19]．

表 2-1a　1982 年当時の電源別燃料費用

燃料別（単位当たり価格）	熱量換算 （百万 Btu）	必要熱量 (kWh)	発電費用 (kWh)
石炭（40 ドル/t）	1.3 ドル	10,000 Btu	1.3 セント
天然ガス（33 セント/立方フィート）	3.3	n.a.	n.a.
石油（33 ドル/バレル）	5.69	12,250	7.2

表 2-1b　パシフィック電力のエネルギー購入価格，1981 年 11 月～82 年 1 月

時期別	平均ヒートレート (Btu/kWh)	エネルギー費用 （ドル/百万 Btu）	エネルギー購入価格 (セント/kWh)
ピーク	11,850	6.5193	7.725
準ピーク	11,200	6.5193	7.302
オフピーク	10,000	6.5193	6.519
年間平均	10,860	6.5193	7.080

出所：表 2-1a，b ともに David Morris, *Be Your Own Power Company : Selling and Generating Electricity from Home and Small-scale Systems* (Emmaus, PA : Rodale Press, 1983), pp. 90-1, より作成．

　カリフォルニア州でも，適格設備に支払われる電力価格は石油による発電費用が基準とされた．たとえばパシフィック電力が適格設備に支払う短期回避エネルギー費用は，表 2-1b によれば，平均 1kWh 当たり 7.08 セントであり，ピーク時には 7.725 セントであった．この 7.725 セントは次のように計算された．1kWh の発電につき必要な Btu 数に，Btu 当たりの石油価格を掛けて得られる．表 2-1b のピーク時の事例を参照されたい．つまり，1kWh 当たり必要な Btu 数は 11,850 Btu/kWh であり，Btu 当たりの石油価格は 1 バレル 32.86 ドルから計算して百万 Btu 当たりでは 6.5193 ドルなので，これを掛け，百万で割ると 7.725 セントとなる[20]．

　カリフォルニア州の 1982 年の回避費用は 1kWh 当たり 7.0 セントから 8.5 セントの範囲であったとされる．また，別の文献ではパシフィック電力は 1985 年に 1kWh 当たり 7.2 セントを支払ったという[21]．逆に同州の適格設備の平均電力費用は 1kWh 当たり 6 セントと推定されたので，平均的な電力費用の適格設備にはかなりの利益が生じたことになる[22]．1983 年の別の

推計では，同州の回避燃料費用は1kWh当たり7.55セントであり，回避発電能力費用は同1.18セントであったので，合計1kWh当たり8.73セントであった．長期契約の場合には燃料費に加えて，回避発電能力費用，つまり新規発電能力の建設費が加算されるからである．回避発電能力費用が加算されれば適格設備の利益は一層増加したであろう．しばらくの間，電力会社と適格設備の契約交渉は1982年の石油価格，1バレル30ドルに基準をおいていた[23]．

したがって，カリフォルニア州ではPURPAの定める方針を非常に熱心に具体化したことになる．一連のスタンダード・オファーの案出や，電力契約価格にそれが表れている．カリフォルニア州がこのようにPURPAの具体化に熱心だったのは，同州が石油・天然ガスへの依存が高く，石油ショックの影響を強烈に受けたからである．当時の高い石油価格に連動したエネルギー支払いは適格設備に有利であり，非常に多くの適格設備の参入をもたらした．

しかし，石油価格が低落すると，電力会社にとっては適格設備が「過剰」と感じられるようになった．同州の経験は，PURPAの支持者から同法がいかに分散型電源を発展させるのに成功したかの例とされ，また，PURPAの批判者からは同法の欠点を示す例とされた[24]．

スタンダード・オファー契約の急増

ところで，カリフォルニア州公益事業委員会がスタンダード・オファーを定めたとき，せいぜい100万kW程度が契約されるにすぎないと予想し，適格設備の総発電能力の上限を制限していなかった．しかし，暫定スタンダード・オファーNo.4，とくにオプション3への天然ガス・コジェネの反応は相当のものであった．このオファーが採用されて1年後に260万kWの契約が行われた．この長期契約は，熱効率が購入する電力会社のそれよりも良ければ良いほど有利となったからである．その多くがパシフィック電力との契約であったため，公益事業委員会は同社の暫定スタンダード・オファー

No.4 のオプション 3 を中止にしたほどである[25]。

サザン・カリフォルニア電力も同様に適格設備との過剰契約問題を抱え込んだ。1984年中期から85年中期にかけて，400万kW以上の適格設備との契約が行われた。サザン・カリフォルニア電力も暫定スタンダード・オファー No.4 のオプション 3 の中止を申請し，認められた。合計で205のプロジェクトが同社の暫定スタンダード・オファー No.4 のもとで契約され，それらは合わせて360万kW以上の契約量であった[26]。

カリフォルニア州の主要電力会社の適格設備契約電力は，1985年第4四半期で，すでに稼働・送電されているのが288万kWであり，契約済みは1,287万kWとなった。当時の同州のピーク電力は3,800万kWであったので，その規模は相当に大きいものである。また，全国の適格設備は合計3,933万kWであり（1986年3月現在），カリフォルニア州は適格設備の規模の点で全国第1位となった。また，同州の場合，コジェネとバイオマスの比重が高く，次いで風力，水力，地熱，太陽の順となっている。翌86年にはカリフォルニア州の契約済みの適格設備の発電能力は1,500万kW以上，稼働・送電されているのが360万kWとなった。これは同州の総電力供給の約6％となったのである[27]。

連邦政府の R&D と投資減税

分散型電源がこれほどまで発展したのは，スタンダード・オファー契約によってだけではなかった。そのほかに連邦政府によるクリーン・エネルギー技術の研究開発（R&D）や，連邦と州レベルでの投資減税などの政府支援もあったからである。

前者について，風力エネルギーを例に述べよう。連邦政府は1975年という早い時期から総額3億ドルの風力エネルギー・プロジェクトを開始したが，その最大の試みはボーイング社を中心とした大型タービン Mod-2 モデルの試作であった。このモデルは羽根が直径300フィート，発電能力2,500kWであり，当時の通常の風力タービン能力の25倍であった。これは4機ほど

設置されたが，商業化には至らなかった．ボーイングを中心にカリフォルニア州において3,500kWのタービン36機を設置する計画であったが，これも実現しなかった．大型タービンを設置するコストは，小型タービンのそれよりも1kWh当たりで大きく，競争力がなく投資家を引きつけることができなかった．投資家を引きつけたのは小型タービンの方であった．したがって，連邦政府の巨額の助成による大型タービン開発は成功しなかった[28]．

　それにたいして連邦と州の税額控除は，分散型電源の発展に極めて重要なインセンティブを与えた．連邦レベルの税額控除は，PURPAと並んで全国エネルギー法の構成要素であったエネルギー税法に依るものである．これは従来の，通常の事業投資にたいする10％の税額控除に加え，さらに10％の税額控除を追加したもので，太陽発電，風力発電，そして地熱発電への投資に合計20％の税額控除を認めた．1980年には，連邦のエネルギー税額控除は合計25％に引き上げられ，その有効期限は1985年12月末まで延長された．それはのちにバイオマス，小規模水力，そしてコジェネも対象とするように修正された[29]．

　多くの州でもクリーン・エネルギー投資に各州独自のインセンティブを与えた．とくにカリフォルニア州では連邦とは別に，クリーン・エネルギー関連の投資に25％の税額控除を認めた．それによって，クリーン・エネルギーへの投資は，連邦の25％，カリフォルニア州の25％，合わせて50％もの税額控除を認められた．たとえば，小型タービン1機にたいする10万ドルの投資額は，5万ドルもの所得税額控除を認められた[30]．

　PURPAの具体化であるスタンダード・オファーは分散型電源に市場を与えたが，税額控除はクリーン・エネルギーへの投資家に，財務上のインセンティブを与えた．ある小規模発電事業者は次のように述べた．「PURPAによってアメリカで小規模発電事業が可能となったが，それだけでは十分ではなかった．議会によって定められた税制インセンティブがPURPAに追加された．これら2つの条件がともに存在することが是非とも必要であった」[31]，と．

2. 分散型電源の成長

地 熱 発 電

地熱発電は必ずしも小規模とは限らないが,クリーン・エネルギーの一形態である.地熱エネルギーは蒸気・熱水,加圧塩水,ホット・ドライロック,そしてマグマの形態で存在する.現在までは,もっぱら蒸気・熱水を利用して地熱発電が行われてきた.それは地中の熱をドリルによって蒸気・熱水の形態で取り出し,それらによってタービンを回し発電する.地表の比較的近くに地熱エネルギー源が存在する場合にのみ,経済的に利用できるだけなので,その立地は限定されている.地熱エネルギー源はアメリカの西半分,とくにロッキー山脈に集中して存在するが,優良な立地はゲイザーズ地区,イェローストーン国立公園などに限られている[32].現在(1995年)のところ,カリフォルニア州が全国の地熱発電能力の約2/3を占め,しかもそれはほとんど同州北部のゲイザーズ地区に担われている.

ゲイザーズ地区はアメリカはもちろん世界最大の地熱発電地域である.同地区の最初の発電は1923年に遡るが,1954年にマグマ電力会社――公益事業ではない――が設立され,地熱エネルギーの開発態勢が整った.地元のパシフィック電力はマグマ電力会社からの地熱エネルギー購入を当初ためらったが,マグマ電力会社が自治体や工業需要家に直接交渉しだしたので,パシフィック電力が地熱発電所を建設した.それが1960年であり,本格的な地熱発電の開始であった.マグマ電力会社が地熱エネルギーを開発,供給,販売し,パシフィック電力が地熱発電所を建設・操業した[33].

その後,マグマ電力会社は当初石油会社,ピュア・オイル社と,その後ユニオン・オイル社と提携して,ゲイザーズ地区の地熱エネルギーの開発を一層すすめた[34].そして大規模に地熱発電が開始されるのは,1980年代初期にカリフォルニア州の積極的なクリーン・エネルギー育成政策が始まってからであり,主にパシフィック電力がそれを担った.1996年末までに,ゲイ

ザーズ地区では合計 184 万 kW の地熱発電能力が設置され,そのうち 122 万 kW がパシフィック電力によって操業されてきた.残り 62 万 kW がサクラメント電力公社などによって操業されている.また,アメリカ海軍がカリフォルニア州コソ・ホット・スプリングス軍需工場の電源用の地熱発電所 (16 万 kW) を所有し,カリフォルニア・エネルギー社に委託し,同社がその余剰電力をサザン・カリフォルニア電力に売却している[35]。

地熱発電は,大規模な発電方式であり既存の電力会社がそのノウハウを発揮できる分野であり,PURPA における既存電力会社の分散型電源にたいする所有制限の例外とされ,100%所有を認められてきた.1980 年代中期までは一般的に民間企業が地熱エネルギーを開発し,地熱発電所を所有・操業する電力会社に蒸気・熱水を販売していたが,最近の地熱プロジェクトは非電力会社が開発,発電所建設,操業を行うようになり,非電力会社が地熱発電の 1/4 以上を占めるようになってきた[36]。

地熱発電はベースロード電力に利用できる点,その他のクリーン・エネルギーより有利である.発電コストも原子力と石油を下回っている.しかし,太陽熱,太陽光,風力ほど再生可能ではない.というのは,ドリルによって加圧された熱水・蒸気が得られるが,次第にその圧力が低下するからである.噴出した熱水・蒸気を再び地中に戻して圧力の減退を防ぐことができるが,その速度を緩慢にするだけである.ゲイザーズ地区でも,1990 年代に入って圧力が低下してきており,その発電量は 1987 年のピークから次第に下がってきており,最盛期の 1/2 に落ち込んでいる[37]。

ゲイザーズ地区でもアメリカ全体でも,地熱発電事業の停滞は,地元電力会社の需要の低下,資金調達の困難さ,低い天然ガス,化石燃料価格,そして R&D など政府支援の不十分さが挙げられる[38].現在では熱水や蒸気を噴出しないホット・ドライ・ロック方式の地熱発電が追求されているが,いまだ商業用に成熟していない.こうした不振によって,国内の地熱開発事業者は海外へ活路を求めている.連邦エネルギー省では,十分な政府支援があれば 2010 年までに地熱発電能力は 850〜4,000 万 kW になると推計している[39]。

風力発電

カリフォルニア州ではスタンダード・オファーの整備に先立って，風力発電投資などにたいして25%の税額控除が導入されていた．これと連邦税額控除25%を合わせると，風力発電への税額控除は50%にも達していた．このインセンティブが同州の富裕な投資家の風力発電会社への投資を刺激した．たとえば，1983年の，ある会社による「ウィンド・マスター・パートナー」という投資勧誘がその例である．これはカリフォルニア州の住民だけにウィンド・マスター社の200-22モデル（1機10万ドル）への投資プロジェクトの有限責任パートナーになることを勧める企画であった．これに投資すれば，10万ドルの投資につき5万ドル分の税額控除が受けられた．風力発電事業は税額控除ばかりでなく，エネルギー省，住宅・都市開発省，中小企業庁，農民住宅庁などを通じての低利融資も受けられた[40]．

こうした支援策に，最も反応して風力発電事業を担ったのは民間の小企業であった．早くも1981年までに38社が土地をリースし，資本を調達し，パシフィック電力，サザン・カリフォルニア電力との契約にこぎ着けた．たとえば，1980年代末に最も有力な企業となるケネテック・ウィンドパワー社（初めUSウィンドパワー社と称した）は，環境保護主義者であり起業家でもある創業者によって1976年に創設された．ケネテックは風力タービンを開発・製造しつつ，ウィンド・ファームを開発・操業する企業であった．同社は，PURPAと連邦税額控除に関する法律が通過するのを予想・確認しつつ，風力発電事業を推進した．1978年に資金調達に成功し，ニューハンプシャー州でその30kWモデル20機を設置し，地元電力会社の送電線網に接続・販売した．これが風力発電の電力会社への販売の，世界で最も早い例であった．このプロジェクトの投資額は，約25名の投資家からの120万ドルであった[41]．

ケネテック社は次いで56フィートの羽根の50kW規模のモデル56-50を開発し，カリフォルニア州のアルタモント地域に同モデルを設置した．同社は1980年頃から，10万kWのウィンド・ファームの建設・操業を構想する

ようになった.10万kWというと,個々のタービンが100kWとしても1,000機のタービンを設置することになる.同社は1983年から,56フィート,100kWのモデル56-100を同地域に設置し,パシフィック電力との間の電力契約を獲得した.同社は非常に有利なカリフォルニア州を拠点とするようになり,同州に4,400機を建設・操業するに至った.同社は1980年代末,90年代初期に世界最大の風力タービン・メーカーになった[42].

　カリフォルニア州では風力発電にとって重要な立地は,主に3地域である.そのひとつは上記の同州北部のアルタモント地域(Altamont Pass)である.ベイエリアからロサンゼルス南部へかけての地域である.ここに立地した風力発電事業者はパシフィック電力に電力を販売する.もうひとつが同州南部に立地するテハチャピ地域(Tehachapi Pass)であり,世界で最も風力のある地域である.サンゴーゴニオ地域(San Gorgonio Pass)はさらに南部に立地している.これら2地域に立地した事業者はサザン・カリフォルニア電力に電力を販売する.これら3地域で風力発電ブームが始まると,ドイツ,ベルギー,デンマーク,オランダ,そして日本の企業が参入してきた.

　当初,アメリカ企業がタービン製造をめぐる競争で優位にあったが,デンマーク企業が勝利した.ケネテック・ウィンドパワー社などは自社製のタービンを用いているが,1985年までにデンマーク製のタービンのシェアは50%以上となった.デンマークのメーカーはもっぱら3枚羽根のタービンを製造している.シーウェスト,ゾンド,フロウィンドなどの風力発電事業者は主にデンマーク製のタービンを用いた.ベスタスやミーコン,ボーナスなどすべてのデンマークのメーカーは,カリフォルニア州の風力発電事業で有名になった.

　カリフォルニア州では,1981年には風力タービンが150機建設され,83年にそれは4,732機となり,風力発電事業は急速に成長した.1980年代前半のブームの停止は,税額控除措置の切れた1986年にやってきた.税額控除を復活させようとする試みは成功しなかった.レーガン政権のもとでは税額控除の復活は困難で,石油価格の低落とともにワシントンにおけるクリー

ン・エネルギー育成への熱意が消滅していった．

　住民，環境保護団体から反対された風力プロジェクトもある．クリーン・エネルギーといえども，完全に環境に影響を与えないようなエネルギー生産の形態はない，ということであろう．たとえば，テハチャピ地域で最有力なゾンド社の新規風力発電所はコンドルの生息地ということで反対を受けた．風力発電が環境に配慮した発電方式であることが一般的に理解されても，自宅の5マイル以内にそれが建設されるとなると事情は異なってくる．1980年代末までに大規模な風力発電設備は，住宅地の付近には許可されなくなった．

　こうした問題を抱えながら，カリフォルニア州の風力発電ユニットは94年に12,533機，計91.1万kWとなり，同州はアメリカの風力発電能力の96％をもつに至った．1980年代末までに同州の風力発電事業は十分な発達段階に達した，とされた．同州エネルギー委員会の報告によれば，1988年の風力発電能力は前年比14％減少したが，発電量は87年の17億kWhから88年に18億kWhに増加した．平均の稼働率（capacity factor）は大いに上昇し，サンゴーゴニオ地域で20％，アルタモント地域で17％，そしてテハチャピ地域で15％となった．カリフォルニア州の経験は，風力発電が電力生産に重要な役割を演じることができることを明らかにしたのである[43]．

　しかし，アメリカ最大の風力タービン・メーカーとなったケネテックは，期待された次世代タービンで失敗した．それは33mの風速変動対応マシンであり，開発に4年，7,000万ドルを要したものである．この新機種KVS-33はケネテック社が社運を賭けたものであり，1,000機ほどの生産・販売を見込んだが，ほんのわずかしか販売できなかった．それはまず，期待されたほどの技術的優位性をもっていなかったことである．他方，KVS-33の風速変動対応技術は，制御システムの電子ハードウェアとソフトウェアのためにコストが嵩んだ．そのため，当時目標となっていた1kWh当たり5セントの低コストで操業できなかった．当時，タービンのパフォーマンスにはほとんど差がなかったので，風力タービン・メーカーの競争上の優位性は，むし

ろその組織的な経験，低コストの資本へのアクセスであった．新機種はトラブルが多発し[44]，タービンの性能にたいする信頼性などについての疑念ももたれた[45]．ケネテック社はこの新機種のために純資産をはるかに超える借り入れをしており，1996年春に財務的困難のため同社は破産に至った[46]．

ケネテック以外のウィンド・ファームの開発事業者，操業者は，外国製とくにデンマーク製のタービンを用いて操業を開始したものが多い．第2位のシーウェストはデンマーク製や三菱製のタービンを用いて，主にテハチャピ地域でウィンド・ファームの開発に携わったが，そのファームは他会社によっても操業される．シーウェストの建設した風力タービンは2,252機，計37.1万kWであった．第3位はゾンド・パワー・システムズ社であるが，これは主にテハチャピ地域で事業を展開し，主としてデンマーク製のタービンを使用し，2,600機，計26万kWの風力タービンを設置した．ゾンド社は自らもタービン設計，製造に乗り出している[47]．第4位はファイエッタ・マニュマクチャリング社であるが，アルタモント地域に非常に良好なウィンド・ファームを所有している．

第5位はフロウィンド社であるが，同社はアメリカで唯一の垂直型タービンを開発・製造している．その設置タービン862機のうち512機が垂直型タービンである．垂直型タービンはどの方向から風が吹いても調整の必要がないという利点をもっている．同社のモデルAWT-26は，当初，ボーイング社で大型風力タービン開発に携わったロバート・リネットの設計による．ATW-26は2枚羽根で設計が単純で，そのうえ非常に軽量である．フロウィンドは北西部の公的電力企業のコンソーシアム（Conservation and Renewable Energy Systems）の競争入札電力契約（2.5万kW）を獲得したが，その契約価格は1kWh当たり5.3セントであった．同社はこれより低い価格で生産できると予測していた．ただし，デンマーク製のタービンなどとの競争は厳しく，資本へのアクセスが重要であるとの認識から，カイザー航空・エレクトロニクス社と提携し，ATW-26を製造している[48]．

カリフォルニア州公益事業委員会は過去7年間で風力エネルギーの資本費

用は半分となり,そのパフォーマンス(設置能力当たりの電力生産量)は2倍となったと推定している.1990年代末,1kWh当たり4セントで生産でき,将来3セントになるであろうという予測もあった[49].

太陽熱発電

太陽熱発電の分野では,ルッツ・インターナショナル社(1979年設立)が最初の大規模な開発と商業生産の例である.1980年夏までに制作された同社の試作機は,常に太陽の方向に向くようにコンピュータ制御される非常に多くのガラス製ミラー(エネルギー・コレクター)で熱を集め,熱を伝導する液体の入ったパイプを熱する.この液体が熱を伝導し,蒸気を発生させタービンを回すというものであった.最初の試作品は蒸気の温度が不足していた.そこで,同社はこの液体をより熱伝導性の高い液体に代え,またパイプを耐熱性の高いセラミック製にするなど改良に成功したが,当初は顧客がなかなか見つからなかった.

しかし,1983年頃サザン・カリフォルニア電力と協議すると,同社はルッツに非常に協力的で,ルッツが自ら資金調達するならば電力契約を行うこと,そして最初の発電所の用地を提供することを約束した.その用地はカリフォルニア州南部モジャブ砂漠であった.同社は発電所規模1万kWという当初の予定を1.38万kWに拡大し,コスト削減を狙った.必要資本は4,000万ドルと見積もられたが,すべてゴールドマン・サックス投資銀行によって調達することができた.それでも2つのリスクがあった.それは予定されるパフォーマンスを達成できるかどうかという技術的問題と,1984年末までという契約期限に間に合うかどうかという問題であった.ルッツ社のこの第1発電所はタービンに送られる蒸気の温度を引き上げるために,天然ガス利用・燃焼によって補完されたが,それは発電量の20%に限定された.タービン建設のために三菱の技術チームも参加し,この第1発電所は予定通り84年末に完成した.これが世界最初の商業用太陽熱発電所であり,送電を開始した.

第2章 カリフォルニア州の分散型電源育成

これに続いて，ルッツ社は第2発電所の電力契約も獲得し，モジャブ砂漠にさらに5つのそれぞれ3万kWの第3～7発電所を建設することになった．第3発電所から第7発電所までは，暫定スタンダード・オファーNo.4契約が利用された．第8発電所以降は8万kWの規模に引き上げられた．

しかし，第8発電所以降の電力契約のときまでに石油価格は低落しており，電力会社はクリーン・エネルギーの購入に際して長期固定価格での契約を望まなくなった．そこで，第8，第9発電所からは，スタンダード・オファーNo.4の価格保証なしで立ち向かわねばならなくなった．第8発電所のための資金調達は困難を極め，第9発電所の完成にはルッツ社は煩悶した．電力会社のスタンダード・オファーNo.4の固定価格契約の消滅に加えて，1986年から連邦税額控除も縮小されつつあった．

ルッツ社は第8発電所をかろうじて完成させたが，第9発電所の場合は1989年に連邦議会が税額控除を，それまでは通常12月末であった期限を9月末に変えたため，どうしても9月末までに建設し終えねばならなくなった．通常1年かかる建設を早めたため，第9発電所の建設費は膨張し，ようやく調達した資本の多くを失い財務的危機に直面した．1990年には第10発電所の建設に進んだが，そのための社債2億2,000万ドルを引き受けることになっていたスイスの2つの銀行が社債引受を中止した．そこで，1990年7月ルッツ社は第10発電所の建設停止を余儀なくされた．同社はさらに30万kWに上る電力契約を獲得していたが，財務危機によって1991年末破産を宣告された[50]．

ルッツ社は結局，第9発電所までで合計34.7万kWを建設し，アメリカの太陽熱発電所の98％を占めていた[51]．第8と第9発電所は，1kWh当たり8セントから9セントを実現するに至っていた．現在は，第3～7発電所をクレイマー・ジャンクション社が操業している[52]．ただし，スタンダード・オファー契約の再交渉では非常に不利になるであろう．

太陽光発電

太陽光を電気エネルギーに転換する太陽電池（Photovoltaic）は当初，軍事用衛星のために開発され，1954年に6％の効率の太陽電池が発明された．その後，コンピュータと宇宙産業のために行われた大規模なR&Dによって，太陽電池の確固とした技術的基礎が作られ，1990年代中期までにシリコン太陽電池の効率は25％に達した[53]．

太陽電池産業のトップ企業は，STI（Solar Technology, Inc.），のちのARCOソラー社である．もともとSTIは，宇宙産業で太陽電池を開発していた技術者イェークスが，1975年にベンチャー企業としてカリフォルニア州に設立したものであった[54]．STIの製品は当時モトローラの製品より優れており，大規模な工場を造ればkW当たり5ドルを実現できたが，それには百万ドルの投資が必要であった．そこで，1977年に大手石油企業アトランテック・リッチフィールド社，つまりARCOが買収した[55]．ARCOは太陽光エネルギーが将来有望な技術と考えSTIを買収し，STIはARCOソラー社となったのである．ARCOはARCOソラーへ多額の投資を行った．

しかし，ARCOは半導体についてほとんど知識がなく，STIを創業したイェークスがARCOソラーの社長に就任することによって，太陽電池生産は成功裏に展開した．ARCOがSTIを買収してから2年後にカリフォルニア州に大規模工場が建設され，1980年末には1.7万kWの太陽電池を生産し，エクソン，アモコ，そしてモービルの太陽電池子会社を凌駕し，ARCOソラーは世界最大の太陽電池・メーカーに成長した．

ARCOソラーは，1982年にカリフォルニア州に0.1万kWの太陽光発電所を建設し，その発電所は地元電力会社，サザン・カリフォルニア電力に電力を販売した．発電費用はkW当たり18ドル（1992年ドル）で相当高く，サザン・カリフォルニア電力は1989年に1kWh当たり4.5セントしか支払わなかった．それにもかかわらず，州と連邦の税額控除によってARCOはその投資に13％もの利益を確保できた．この発電所の完成によってARCOは大胆になり，次に0.65万kWの発電所建設に着手し，パシフィック電力

に電力販売する予定であった．しかしそれは成功しなかった．太陽電池の開発・製造でもARCOはさまざまな方向を模索したが，いずれも成功しなかった．太陽電池生産への大手石油企業の参入の失敗例となった．ARCOはARCOソラーを1990年2月，ドイツの総合電子企業，シーメンスに売却し，同社はシーメンス・ソラー・インダストリーズと改称した．同社はアメリカの47％のシェアをもっており，世界最大の太陽電池企業である[56]．

これに次ぐのは，カリフォルニア州の企業ではないが，ソーラレックス・コーポレーション（メリーランド州）である．同社は1973年に，コムサットの太陽電池事業に従事する2名の技術者によって創業され，同年8月には製造を開始した．当初は太陽電池による計算器等を製造した．多くの太陽電池小企業と同様に経営は苦しかったが，1970年代末にヨーロッパ資本の導入に成功し，続いて石油大手アモコが出資した．その後同社は成長し始め，1983年に売り上げは2,500万ドルとなった．

ソーラレックスはアモコの後援で，同社の太陽電池を用いた発電所をシカゴに建設し，700万ドルを投じて太陽電池の大規模工場の建設に乗り出した．この工場はウェスト・バージニア州に造られるが成功せず，ソーラレックスは数百万ドルを喪失し経営危機に直面した．そこでアモコの直接の救済が必要とされ，アモコは1983年ソーラレックスへ39％の資本参加を行った[57]．

その後，レーガン政権によるクリーン・エネルギー・プロジェクトの規模縮小，税額控除の縮小などにより，1986年までにソーラレックスも規模縮小した．アモコの資本参加はソーラレックス製品の信頼性を高めたが，ソーラレックスはアモコの資本参加の10年後になっても利益が出せていない．しかし，94年以降は業績が上向いている．700～800万ドルの工場を建設後，生産は3倍となり，バージニア州に2,500万ドルの工場を計画している．また，同社は天然ガス大手のエンロンと提携し，インドで5万kWの太陽光発電所を建設計画している[58]．ソーラレックスは全米第2位の太陽電池企業であり，全米の28％のシェアをもっている[59]．

上位2企業ほど大きくないが，利益を上げている唯一の企業は，ソーレッ

ク・インターナショナル社であり，現在，三洋・住友が資本出資している．同社は小規模ではあるがシリコン結晶インゴットを製造し，ウェハをスライスして太陽電池を製造している．ソーレックはシングルクリスタル・シリコンに焦点をあて，カーター政権の太陽光プロジェクトによってその製品が購入された．ARCOの攻撃的な戦略で多くの企業が倒産したが，同社はニッチ市場に特化して80年代を生き延びた．現在，利益をだせる唯一の太陽電池企業である．1994年初期にシェア拡大を望み三洋・住友と提携し，同年，サクラメント電力公社の競争入札を獲得した．1998年までに1kWh当たり15セントを実現できるとしている[60]．

1995年に19の企業が存在したが，上位2社で78％，上位5社で99％を生産している．年10万kWの太陽電池を生産できれば，1kWh当たり8セントを実現できるが，首位のシーメンスでさえ，年間生産1.7万kWであるにすぎない．10万kWは95年の市場規模の約2倍であり，量産がコスト削減の鍵である．量産ができないために，コスト削減ができないでいる．とはいえ，世界の太陽電池生産は1993年に6.1万kWに達し，これは1987年の2倍以上であった．アメリカでも，太陽電池出荷高は1986年の0.6万kWから96年の3.5万kWに増大する傾向にある．太陽電池生産は95年に前年比で36％成長し，発電量は15％増となった．1kWh当たり10セントになると電力会社に販売する電力としてふさわしいが，太陽光発電の競争力がつくまで，あと10年か20年を要するであろう[61]．

コジェネとガス・タービン

適格設備として最も有力なコジェネは，一般産業が自家発電用に設置する熱電併給方式のものであり，最も普及しているのが天然ガス・タービン発電である．なかでもコンバインド・サイクル方式のガス・タービンは，通常の火力発電所がボイラーでの蒸気発生によってタービンを回すのにたいし，天然ガスの燃焼によって直接タービンを回す．その後，その廃棄ガスを用いてボイラーで蒸気を発生させ再び発電し，さらに余剰の熱を工場プロセス用な

第2章　カリフォルニア州の分散型電源育成　　　　73

どに用いる多段階利用の熱効率の高い発電方式である[62]。

　1980年代に，5〜15万 kW のガス・タービンが最も安価な発電方式であることが明らかになってきた[63]。その後の調査では，最も効率的な発電ユニットは GE 社の LE 6000 という航空機エンジンの派生物で，4万 kW のガス・タービン発電機であるとされた。将来は，0.1万 kW から1万 kW の間のガス・タービンになるとされる[64]。他の多くの文献が，小規模ガス・タービンの効率性を認めている[65]。連邦エネルギー省の調査（1996年）は，電力産業の再編成はガス・タービンの技術的改良によって推進され，この改良が電力産業における規模の経済性を変化させている，としている。「規模の経済性を得るのに100万 kW の発電ユニットを建設する必要はない。コンバインド・サイクルのガス・タービンでは4万 kW で最高効率に達し，航空機エンジンの派生物では1万 kW でもかなりの効率に達する」[66]と。

　小規模ガス・タービン発電の特徴は，まず，適格設備や一般産業がメーカーから前もって組み立てられた固定価格の発電ユニットを購入できることである。通常の発電ユニットは kW 当たり 2,000 ドルであるが，ガス・タービンの場合はそれが 500 から 800 ドルである。また，通常の大型発電所のリード・タイムは10年前後であるが，ガス・タービンのそれは1年以下である。過去には発電所を設計・建設・創業するのにエンジニアリングの専門知識を必要としたが，ガス・タービンの場合それほど必要ではなくなった。従来，電力会社は発電プロセスで発生する熱から電気エネルギーを生産し，熱エネルギーを放出・浪費してきたが，ガス・タービンでは熱エネルギーも利用するので熱効率が高い。石炭火力発電所では発生した熱エネルギーの35%程度を電気に転換するが，ガス・タービンは40%以上，コンバインド・サイクルでは60%にも達している。さらに，二酸化炭素（CO_2）の排出は低く，二酸化硫黄（SO_2）を事実上排出しないので，環境上の利点をもっている。このためもあって都市部に立地することが可能であり，送電ロスの回避により一層燃料を節約して，エネルギー効率が高いのである[67]。

　このガス・タービンの発電費用は1994年に 1kWh 当たり 4〜5 セントで

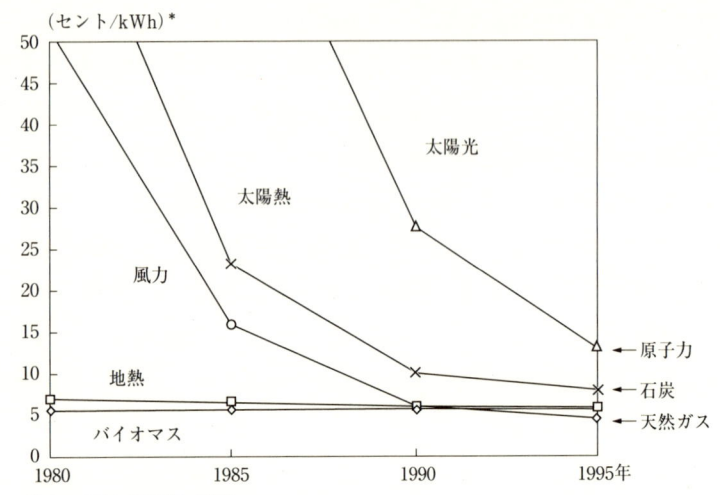

図 2-1　クリーン・エネルギーの発電費用

注：＊1990年価値に調整．
原資料：U.S. Dept. of Energy, Energy Foundation.
出所：Ed Smeloff and Peter Asmus, *Reinventing Electric Utilities : Competition, Citizen Action, and Clean Power* (Washington, D.C.: Island Press, 1997), p. 72, より．

あり，最も安価なものになっていた．当時の石炭発電は1kWh当たり5〜6セント，風力が同5〜7セント，太陽熱が同8〜10セント（ただし，バックアップ用として天然ガスを利用する），原子力は同10〜21セントであった[68]．また，1980-95年の電源別費用の推移を扱った図2-1によれば，95年現在，最も安価なエネルギーは天然ガスであり，1kWh当たり約4セントである．従来までの主要電源では，石炭が同約7セント，原子力は約13セントである．クリーン・エネルギーでは，太陽光発電は非常に高価であったが，95年には1kWh当たり約14セントとなって，原子力とほぼ競争できるようになってきた．太陽熱も同約9セントとなり，石炭と競争可能になってきた．風力は同5セントとなり，従来から安価となっていた地熱，バイオマスより安価となってきている．

ガス・タービン発電費用についての最近の推計はさらに低くなってきてい

る。運転・維持費用と資本費用を含めた総費用について，新しいコンバインド・サイクルのガス・タービン技術は1kWh当たり平均して3セントである。通常の石炭発電が同6〜7セントであるので，およそ半分というのが大方の推計の一致した評価である[69]。しかもベースロード電力として利用可能である。つまり，時間，季節に関係なく電気を供給できる電源である。発電費用やその他の条件を比較すると最も有利であり，規制緩和の進展によって競争が激化すれば，最も有望な電源ということになろう。事実，最近の新規発電能力の半分をこのガス・タービンが占めている。

分散型電源の到達点と局面変化

カリフォルニア州では，連邦・州税額控除やスタンダード・オファーによって，1980年代前半以降，地熱，風力，太陽熱，そして太陽電池などのクリーン・エネルギー，およびコジェネは大いに発展を遂げた[70]。図2-2に示すように，1990年代初期までに適格設備の発電能力は合わせて1,000万kWを超え，多い順にコジェネ（自家発電も含む），風力，バイオマス・ゴミ焼却，地熱，太陽となっている。この数字はより大きいものになろう，というのは電力会社も地熱発電をはじめクリーン・エネルギーとコジェネに若干進出したからである。

1991年には，全米では発電量に占める非電力会社の割合は8%であったが，カリフォルニア州では非電力会社が33.5%を占めるに至っていた[71]。また，カリフォルニア州はクリーン・エネルギー発展においてアメリカの先端に位置してきた。地熱発電では全国の約90%を，太陽熱発電では95%以上を占めている。また，太陽光では全国最大の発電所をもち，風力エネルギーでは全国の100%に近い発電所をもっている[72]。

しかし，1980年代中期より，石油価格の低落が引き金となって，クリーン・エネルギーにとって不利な状況が起きている。1982年頃まで第2次石油ショックの影響によって非常に高かった石油価格は，その次の年より低落が始まった。カリフォルニア州の電力会社が適格設備から購入する電力価格

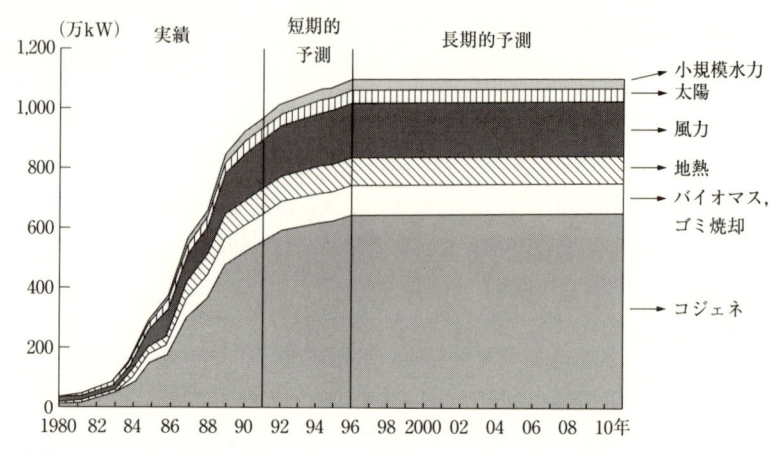

出所：California Energy Commission, *1992 Electric Report*, Jan. 1993, p. 36, より.

図 2-2　カリフォルニア州の適格設備の発電能力とその予測

は，当時の高い石油価格に連動しており，とくにスタンダード・オファー No.4 の長期契約では最初の 10 年間はその高い価格に固定されていた．そこで，電力会社が不満を抱くようになり，たとえば，パシフィック電力は 1990 年に適格設備に 8 億 5,700 万ドルもの過剰支払いをすることになろうと推定した[73]．カリフォルニア州公益事業委員会が 1985 年 7 月に，暫定スタンダード・オファー No.4 を中止して，実状に合わせた最終スタンダード・オファー No.4 を定めた．最終スタンダード・オファー No.4 の考え方は，電力会社が追加的発電能力を必要とした場合のみ電力購入契約が行われる，というものであった[74]．

　連邦レベルでも，カリフォルニア州でも，クリーン・エネルギー育成政策は大いに後退することになった．まず，クリーン・エネルギーへの投資にたいする税額控除の縮小である．税額控除はスタンダード・オファーに劣らぬクリーン・エネルギー育成の重要な柱であった．その税額控除が，連邦レベルでも，カリフォルニア州レベルでも縮小された．さらに，連邦政府の R&D 支援予算が縮小された．連邦エネルギー省の全クリーン・エネルギーに関

第2章 カリフォルニア州の分散型電源育成

するR&Dは，1980年から90年にかけて5億5,700万ドルから8,100万ドルへ急減した[75]．

PURPAの運用においても分散型電源を育成するという観点は後退し，電力会社が必要な発電能力，ないし電力をより安価に入手しようとする競争入札制が登場しつつあった．カリフォルニア州の最終スタンダード・オファーNo.4も，競争入札制につながってゆくものである．長期の電力契約をすでにもっている適格設備は，当面の間，競争圧力から保護されるが，新規の電力契約獲得は価格を中心とする好条件の提示が必要となった．こうして局面は，分散型電源の育成から，エネルギー間競争の側面が強くなってきた．PURPAに流れこんだ通常の規制緩和論と環境保護派の規制改革論のうち，通常の規制緩和論が前面に登場してくるのである．それは「1992年エネルギー政策法」と96年の送電線開放命令に示され，電力規制緩和の第2局面が始まるのである．

注

1) 拙稿「アメリカ電力産業の規制緩和とクリーン・エネルギー(1)―2つの規制改革論―」『東京経大学会誌』213号，1999年7月，本書第1章，参照．
2) Burnet D. Brown, California Energy Commission, *Analysis of Industrial Electricity Prices and Industrial Growth : A Comparison of California and the United States*, Sept. 1984, p. 10.
3) 拙稿，前掲論文，7頁．
4) Brown, *op. cit.*, pp. ii, 26 ; 拙稿，前掲論文，4頁．
5) Thomas P. Hughes, *Networks of Power : Electrification in Western Society, 1880-1930* (Baltimore and London : The Johns Hopkins Univ. Press, 1983), pp. 262, 265-6.
6) Brown, *op.cit.*, pp. 23-4, 26.
7) *Ibid.*, pp. ii, 6, 10, 26, 36, より．
8) David Roe, *Dynamos and Virgins* (New York : Random House, 1984), pp. 9-10, 23-6, 28, 37, 59-60, 64, 69-71, 85-6, 88, 104-5, 119, 125, より．
9) *Ibid.*, pp. 157, 175-7.
10) *Ibid.*, pp. 157, 175-7 ; Robert W. Righter, *Wind Energy in America : A History* (Norman and London : Univ. of Oklahoma Press, 1996), p. 195.

11) Roe, *op. cit.*, p. 215.
12) *Independent Power Producers : Hearing* before the Subcommittee on Energy Conservation and Power of the Committee on Energy and Commerce, House of Representatives, 99th Cong. 2nd Sess, June 1986, p. 643.
13) Thomas A. Staar, "Legislative Incentives and Energy Technologies: Government's Role in the Development of the California Wind Energy Industry," *Ecology Law Quarterly*, vol. 15, no. 1, 1988, p. 134.
14) Robert W. Kent, Jr., "Long-Term Electricity Supply Contracts Between Utilities and Small Power," *Stanford Environmental Law Annual*, vol. 5, 1983, pp. 178-9.
15) *Ibid.*, pp. 178-9 ; *Independent Power Producers, op. cit.*, p. 645.
16) Kent, Jr., *op. cit.*, p. 184 ; *Independent Power Producers, op. cit.*, pp. 401, 403-4, 410, 645.
17) *Independent Power Producers, op. cit.*, pp. 410-1, 416. のちに固定価格契約が切れるいわゆる11年問題に直面するのは，コジェネはなく主にクリーン・エネルギーの適格設備であることがこれによって明らかとなっている．
18) *Independent Power Producers, op. cit.*, pp. 416. ただし，標準化されない契約も存在した（Kent, Jr., *op. cit.*, pp. 187, 190）．
19) David Morris, *Be Your Own Power Company : Selling and Generating Electricity from Home and Small-Scale Systems* (Emmaus, PA : Rodale Press, 1983), p. 90.
20) *Ibid.*, pp. 92-3.
21) Daniel M. Berman and John T. O'Connor, *Who Owns the Sun? People, Politics, and Struggle for a Solar Economy* (Vermont : Chelsea Green Publishing Co., 1996), p. 37. パシフィック電力は1987年にこの価格が高すぎるとして，カリフォルニア州公益事業委員会に値下げを申請し，1kWh当たり3.05セントとすることを認められた．
22) *Independent Power Producers, op. cit.*, p. 248.
23) Righter, *op. cit.*, p. 233.
24) *Independent Power Producers, op. cit.*, p. 246.
25) 中止は1984年10月であり，5万kW以上の石油・天然ガスのコジェネが対象となった（*Independent Power Producers, op. cit.*, p. 647）．
26) *Independent Power Producers, op. cit.*, pp. 648-53.
27) Staar, *op. cit.*, p. 135.
28) *Ibid.*, pp. 120-4 ; Righter, *op. cit.*, pp. 175-80.
29) Staar, *op. cit.*, pp. 116-7.
30) *Ibid.*, p. 119 ; Righter, *op. cit.*, pp. 207-8.
31) Staar, *op. cit.*, p. 124.

第2章　カリフォルニア州の分散型電源育成　　　　　　　79

32) U.S. Office of Technology Assessment, *Renewing Our Future Energy*, 1995, pp. 152-3 ; U.S. Dept. of Energy/Energy Information Administration, *Renewable Resources in the U.S. Electricity Supply*, Feb. 1993, pp. 48-9.
33) John J. Berger, *Charging Ahead : The Business of Renewable Energy and What It Means for America* (New York : Henry Holt and Co., 1997), p. 225.
34) *Ibid.*, p. 229. ユニオン・オイル社は1994年までにマグマ電力会社にその投資分を売却し，地熱エネルギー事業から撤退し，代わってカリフォルニア・エネルギー社が1994年12月にマグマ電力会社を吸収した（J. Mandelker, "Geothermal's Hot Prospects," *Independent Energy*, Nov. 1993, pp. 16-9, および, "Cal. Energy Hot for Magma But the Latter is Resisting, "*The Electricity Journal*, Nov. 1994, pp. 5-6 を U.S. OTA, *op. cit.*, p. 155, より）．
35) U.S. DOE/EIA, *Renewable Energy Annual 1996*, March 1997, pp. 113-5.
36) U.S. OTA, *op. cit.*, p. 155
37) Berger, *op. cit.*, p. 236 ; U.S. DOE/EIA, *Renewable Energy Annual 1996, op. cit.*, pp. 115-6.
38) U.S. OTA, *op. cit*, p. 155.
39) Berger, *op. cit.*, pp. 232, 235, 239.
40) Righter, *op. cit.*, pp. 207-9.
41) *Ibid.*; Berger, *op. cit.*, pp. 141-50.
42) Berger, *op. cit.*, pp. 140, 150-6, 161.
43) Righter, *op. cit.*, pp. 210-1, 215-6, 218, 224, 235-40, 263-5.
44) KSV-33の設計と開発は，ケネテック，電力研究所，ナイアガラ・モホーク社，そしてパシフィック電力からなるコンソーシアムの技術的，資金的援助で行われたものであった（Berger, *op. cit.*, p. 159）．
45) 1993年のカリフォルニア州公益事業委員会による競争入札においてケネテックはパシフィック電力，サザン・カリフォルニア電力との94.5万kWに及ぶ電力契約を獲得した．しかし，その入札内容に疑問がもたれ，それはキャンセルされた（Berger, *op. cit.*, p. 168）．
46) *Ibid.*, pp. 165-9.
47) ゾンド社は1996年末，ミネソタ州ノーザン・ステーツ電力会社から10万kWの風力電力契約を獲得した．このプロジェクトでは，700kWのゾンド製タービン143機が設置される予定である（Berger, *op. cit.*, p. 172 ; U.S. DOE/EIA, *Renewable Energy Annual 1996, op. cit.*, p. 42）．
48) Berger, *op. cit.*, pp. 173-6.
49) *Ibid.*, p. 170. 3セントと予測したのは，カリフォルニア州エネルギー委員会である．アメリカの風力発電事業は停滞しているが，ヨーロッパにおいては活発に成長している（*Ibid.*, pp. 182-7）．
50) *Ibid.*, pp. 23-35, 41-5, より．

51) ルッツ社以外では，エネルギー省とサザン・カリフォルニア電力，その他6電力会社の共同事業があり，1980年代の「ソラー・ワン」プロジェクトとそれを改良した「ソラー・ツー」(1万kW) がある．立地はカリフォルニア州モジャブ砂漠である (U.S. DOE/EIA, *Renewable Energy Annual 1996*, *op. cit.*, pp. 51-2).
52) Berger, *op, cit.*, pp. 23, 35, 44-6 ; "Luz's Cost-Cutting Efficiencies Propel Solar Thermal to the Threshold of Cost-Effectiveness," *The Electricity Journal*, Dec. 1990, pp. 8-11.
53) Berger, *op. cit.*, pp. 49-50, 55.
54) STIの創業者イェークスは，テクストロン社の子会社スペクトロラボ社で太陽電池の開発に携わっていたが，1975年にテクストロンがスペクトロラボをヒューズ・エアクラフト社に売却した際，解雇になった．そこで，自ら太陽電池を製造するためSTIを創業した (*Ibid.*, p. 76).
55) U.S. OTA, *op. cit.*, p. 162, より．
56) Berger, *op. cit.*, pp. 82-7, より．
57) *Ibid.*, pp. 110-3, 114-7.
58) *Ibid.*, p. 118. アモコ・ソーラレックスとエンロンは1994年に，ネバダ州で10万kWの太陽光発電所を建設すると公表し，電力販売価格は1kWh当たり5.5セントを実現するとしていた (*Ibid.*, p. 55).
59) Berman and O'Connor, *op. cit.*, p. 193.
60) Berger, *op. cit.*, pp. 65-71.
61) Berman and O'Connor, *op. cit*, p. 193 ; U.S. OTA, *op. cit.*, pp. 162-3 ; U.S. DOE/EIA, *Renewable Energy Annual 1997*, vol. 1, Feb. 1998, DOE/EIA-0603 (97)/1, p. 28 ; Berger, *op. cit.*, p. 50.
62) Ed Smeloff and Peter Asmus, *Reinventing Electric Utilities : Competition, Citizen Action, and Clean Power* (Washington, D.C.: Island Press, 1997), p. 20, Fig. 1-2.
63) Charles E. Bayless, "Less is More : Why Gas Turbin will Transform Electric Utilities," *Public Utilities Fortnightly*, Dec. 1, 1994, p. 24.
64) Thomas R. Caston, "Electric Generation : Smaller is Better," *The Electricity Journal*, Dec. 1995, pp. 35-6.
65) Richard E. Balzhiser, "Technology—It's Only Begun to make a Difference," *The Electricity Journal*, May 1996, pp. 35-6 ; Henry Linden, "Operational, Technological and Economic Drivers for Convergence of the Electric Power and Gas Industries," *The Electricity Journal*, May 1997, p. 17.
66) U.S. DOE/EIA, *The Changing Structure of the Electric Power Industry : An Update*, 1996, p. 38.
67) Bayless, *op. cit.*, pp. 21-2.

第2章 カリフォルニア州の分散型電源育成

68) Christopher Flavin and Nichlas Lenssen, *Power Surge : Guide to the Coming Energy Revolution* (New York and London : W.W. Norton & Co., 1994), p. 251.
69) U.S. DOE/EIA, *The Changing Structure of the Electric Power Industry : An Update*, *op. cit.*, p. 38 ; H. Linden, "The Revolution Continues," *The Electricity Journal*, Dec. 1995, p. 55 ; Balzhiser, *op. cit.*, p. 36 ; H. Linden, "Operational, Technological and Economic Drivers," *op. cit.*, p. 18.
70) バイオマス，ゴミ焼却発電については，資料の制約により記述できなかった．
71) U.S. DOE/EIA, *The Changing Structure of the Electric Power Industry 1970 -1991* (Washington D.C.: GPO, March 1993), p. 85 より．
72) U.S. DOE/EIA, *Renewable Resources in the U.S. Electricity Supply*, *op. cit.*, p. 10.
73) "Regulatory Cases will Determine Future California QF Market," *Alternative Sources of Energy*, Nov. 1987, p. 13.
74) "California's New Standard Offer," *Alternative Sources of Energy*, Oct. 1986, p. 22.
75) Berman and O'Connor, *op. cit.*, pp. 37, 194.

第 2 部　自由化の進展とクリーン・エネルギーの将来

第3章 エネルギー政策法と送電線開放命令

1978年のPURPA（公益事業規制政策法）の施行以来，カリフォルニア州を中心に分散型発電方式，つまりクリーン・エネルギーとコージェネレーション（コジェネ）が急速に成長してきた．しかし1980年代後期に入ると，連邦および州政府レベルにおいて，政策的に分散型電源を育成しようとする雰囲気が失われた．電力会社の送電線を開放させ，電力会社発電部門，クリーン・エネルギー事業者，コジェネ事業者，そしてその他の発電事業者を競争させ，それによって電力料金を低下させようとする規制緩和の第2局面に入るのである．そこで，本章は1980年代後期以降の電力産業の諸問題，1992年のエネルギー政策法，そして1996年の送電線開放命令（オープン・アクセス命令）を中心に検討する．

なお，本章以降では，日本の電力自由化において，それほど問題にされてこなかった重要な問題を取り上げて明らかにしたい．というのは，わが国では電力自由化によって電力料金を引き下げることに主な関心が寄せられているが，非常に重要な一般消費者の選択権，安定供給のしくみ，原発のコスト高，そして環境に優しいエネルギー源の育成などがほとんど議論されていないからである．一般消費者の選択権の保証や，安定供給のしくみの整備は電力自由化の基本と思われるが，具体的に論じられてはいない．また，これまで電力の規制緩和とクリーン・エネルギーの育成が，全く関係のない事柄のように扱われているように思われる．さらに，原発についても規制緩和と関係がないように思われてきたが，規制緩和によって高コストの原発の新設が困難となることが，ようやくマスコミでも報道されるようになった[1]．

日本では2000年3月から大口小売り自由化が始まり，2007年までに自由化の拡大が予定されているが，その電力自由化はもっぱら大口商工業需要家の要求によって推進されているように思われる[2]．商工業需要家，電力会社，コジェネなど潜在的競争者，そして政府・通産省（現在は，経済産業省）だけがプレーヤーであり，消費者団体や環境保護団体はほとんど登場していない．これでは市民の関心が盛り上がらないのも当然であろう．

1. 1980年代後半以降の電力産業

PURPA体制の動揺

1978年のPURPAは従来電力会社が独占していた発電分野に，規制を受けない事業者が参入することを認めた．コジェネとクリーン・エネルギー事業者が一定の基準を満たせば，それらを適格設備として認定し，地元電力会社にそれらからの電力購入を義務づけたのである．この電力買い取り制度と減税措置などによって，カリフォルニア州などの特定の地域を中心に，コジェネとクリーン・エネルギー事業者が急速に成長を遂げた[3]．PURPAによって分散型電源の育成がはかられた体制を「PURPA体制」と呼ぶことにしよう．

PURPA体制の成果を1986年3月までの適格設備計画のFERC（連邦エネルギー規制委員会）への登録データでみると，全米で2,511件，その発電能力は合計3,933万kWに達していた．このうちカリフォルニア州が1,112万kWと首位に立ち，以下，テキサス，ペンシルバニア，ニューヨーク，ルイジアナ，マサチューセッツ，そしてニューハンプシャー州と続いている．カリフォルニア州を別にすれば，ニューイングランド，中部大西洋沿岸，そしてメキシコ湾岸の諸州に集中していた．また同時点で，これら適格設備の電源別内訳は多い順に，コジェネ，バイオマス，小規模水力，地熱，風力，ゴミ焼却，そして太陽熱・電池，その他であった．コジェネが登録ベースで適格設備の総発電能力の約70%を，バイオマスから太陽熱・電池までのクリ

ーン・エネルギーが約30%を占めていた[4].

　しかし1980年中期以降，これら分散型電源の発展に逆風が吹き始めた．それは第1に，石油価格が低落したことであった．石油価格は1983年頃から低下し始め，それを算定基準としていた回避費用も低落した．というのは，回避費用は石油価格に連動していたからである．回避費用の低落は今度は適格設備の収入を減少させた．こうして回避費用の低落は新規の適格設備にとっては，建設に踏み切れるかどうかという問題となり，電力契約をすでにもっている適格設備にとっても将来の経営不安の要因となった．回避費用は全国的にみて半分程度に低下した．たとえば，ニューハンプシャー州では回避費用は1985年まで12.0セントという高さであったが，87年までに3.5セントから5.0セント付近に低下し，バーモント州では従来まで9.2セントであったが，87年に7.0セントに低落した[5].

　第2に，電力会社が適格設備からの電力の購入を嫌がるようになり，PURPAへの批判を強めたことである．当時，電力諸会社は35%の余剰発電能力を抱えるに至っていたからでもある．それを考慮し，各州の公益事業委員会が，PURPAの運用について消極的になったことである．たとえば，カリフォルニア州公益事業委員会は，スタンダード・オファーを一部停止し電力会社が追加的電力を必要とするときに限って，適格設備が競争し合う競争入札制度を検討しつつあった．これはPURPA体制における回避費用による電力買い上げ制度と矛盾する[6].

　第3に減税措置が縮小・廃止されたことである．レーガン政権の1986年税制改革法によって，従来まで分散型電源が受けてきた減税措置が縮小・廃止された．小規模水力，太陽熱・光，地熱，およびバイオマスについての減税措置は，概ね1986年から88年にかけて段階的に縮小された．たとえば，太陽熱・電池への減税率は1986年は15%に，87年に12%へ，そして88年に10%へ，そして翌年，減税措置は全廃された．他方，一般的に競争力の強いコジェネ，ゴミ焼却発電についても減税措置は1986年に全廃されていたのである[7].

クリーン・エネルギーとコジェネ

こうした理由により，一般的には分散型電源の発展にブレーキがかかるのであるが，そのタイプによって事情は異なっていた．その発展に一時ブレーキがかかったのはクリーン・エネルギーの方であり，コジェネにはそれほどの影響がなかったのである．

まず，クリーン・エネルギーについてであるが，1986年当時はその将来展望は明るかった．独立系開発事業者によるクリーン・エネルギーは，1984年以降88年末頃までに発電量で2.5倍に達した．しかし，1988年に石油価格が10年来の低さとなり，1980年にカーター政権下でピークに達していたクリーン・エネルギー関連の政府R&Dは約1/5に縮小し，クリーン・エネルギーへの民間投資も激減していたのである．クリーン・エネルギーの電力会社による電力買い上げ契約は1984年，85年に集中して行われ，88年を例外として急速に下火となっていた．90年代初期にはその停滞が来るであろうと予想された．環境に優しいクリーン・エネルギーに市民の関心が急速に高まっているときに，そうした発電所建設の停滞が始まったのである[8]．

前述したように，適格設備のなかではコジェネが1980年代末にはその70%近くを占めるに至っていた．しかし，表3-1に示すように1986年までは，クリーン・エネルギーの発電量は天然ガス方式のコジェネ（コジェネは天然ガスを主な燃料とする）の発電量を凌駕していた．翌年（87年）より両者の比重は逆転した．クリーン・エネルギーの発電量は1989年に減少し，その後，その伸びはやや緩やかになるのにたいし，天然ガス・コジェネの発電量はそれ以降も急速に成長したのである．そして，1995年には，天然ガス・コジェネの発電量が非電力会社の総発電量の約77%となったのにたいし，クリーン・エネルギー発電量はその23%に止まった[9]．

コジェネ発展の代表州のひとつはテキサス州であり，同州はカリフォルニア州とトップの座を争うほどであった．同州のコジェネの総発電能力は，1980年代末頃に550万kWに達していた．同州は石油・天然ガスの主産地であり，テキサス大学の調査によれば，コジェネの潜在的な発電能力は

1,500万kWと推定された。1980年代末にテキサス州のほぼ全域において、総発電量の8%がコジェネによるものであり、同州の2大電力会社は1988年にそれぞれの電力供給量の10%、および15%をコジェネから得ていた。同州のコジェネは相対的に過剰なので、その電力は回避費用より安価に電力会社に販売され、消費者は低コストの電力を享受できた。

同州では1940年代からコジェネが発達し、石油価格が高騰した1970年代末にPURPAが成立し、石油化学工業がコジェネに投資する大きな刺激となった。これらのコジェネは工業プロセスのために低コストのエネルギーを供給し、電力会社の回避費用より低コストでエネルギーを生産できた。だから、PURPAによる電力会社の買い上げのために、コジェネは一層有利な市場を手に入れ、利益を十分に上げることができた。天然ガス価格がその他の燃料に較べて上昇しないかぎり、コジェネは電力会社の回避費用より安価な電力とエネルギーを供給できた。同州の湾岸沿岸には豊富なコジェネ能力が存在し、一方、ダラス＝フォトワース地域では発電能力の不足が加速している。送電線ネットワークによるコジェネ電力の託送が、同州のほとんどの地域で電力の安定供給を維持する鍵になっていた[10]。

全国的には、分散型電源への逆風はとくにクリーン・エネルギー事業者に厳しく、その多くは生き残りのための経営努力を余儀なくされた。天然ガス・コジェネは順調な発展を続けた。

表 3-1 アメリカ非電力会社の燃料別発電量
(単位：10億 kWh)

年	天然ガス	クリーン・エネルギー（とゴミ焼却発電）	その他合計
1978	n.a.	n.a.	79.0
1979	n.a.	n.a.	71.3
1985	33.6	39.7	98.5
1986	40.0	46.0	112.0
1987	56.8	53.5	146.6
1988	70.0	67.2	174.3
1989	98.9	49.4	187.4
1990	116.7	58.2	217.2
1991	131.3	65.0	248.4
1992	158.8	75.3	296.0
1993	174.3	81.0	325.2
1994	192.2	85.0	354.9
1995	210.3	85.7	374.4

出所：U.S. Dept. of Energy/Energy Information Administration, *The Changing Structure of the Electric Power Industry : An Update*, Dec. 1996, p. 132, Table C 7, より作成。

原発問題の概観

　他方，電力会社の方はどのような問題を抱えていたのだろうか．1970年代から80年代初期にかけて，電力会社の最大の問題は石油ショックによる経営危機であったが，80年代中期には原子力発電所に関する経営危機となった．アメリカでは原発は1953年にその発注が始まり，96年までに累積253機が発注された．50年代と60年代には原発についての楽観主義が支配し，1965年から74年までの約10年間に原発への集中的発注が行われた[11]．

　これだけ大量に原発が発注されたのは，1970年代初期の電力需要が年7％で伸びるという予測が支配的であり，その伸び率では電力需要は10年間で2倍になるからである．1970年代中期までには新規原発は，石油，天然ガス発電所よりコストが安いと予想されていた．新規原発と石油・天然ガス発電所のコストは非常に異なるので，電力会社は石油，天然ガス発電所を恒久的に停止し，原発で置き換えようとしたのである[12]．

　しかしながら，1970年代から96年にかけて累積117機もの原発がキャンセルされ，それはほとんど1985年までに集中的に起きていた[13]．そこで，アメリカの原発事業は歴史的失敗とさえ論じられた．その理由は，ひとつには石油ショックとその後の電力料金上昇に伴い電力消費需要が鈍化したことである．次いで原発建設費の高騰であり，原発は石炭火力発電所はもちろん石油火力発電所にたいしてもコスト競争力を喪失したことである．一般的に最近になって建設・着工される原発ほどコスト面での有利さを追求して大規模になり，最大級の原発ユニットは130万kWとなった．しかし，そのことが逆に原発を非常に複雑な構造にし，建設管理，操業管理面での困難さ，そしてコスト高をもたらした[14]．1983年に完成した原発は計画当初の10倍にも費用が膨張し，1機約30億ドルも要し，完成に平均12年を要するものになっていた[15]．たとえば，ニューヨーク州のロングアイランド電灯会社（LILCO）のショーラム原発の費用は，1965年の2億4,100万ドルから84年に40億ドルとなった．ミシガン州のコンシュマー電力会社のミッドランド原発の費用は，1969年に2億6,700万ドルであったが，84年には44億ドル

となった．そしてインディアナ州のパブリック・サービス・オブ・インディアナ社のマーブル・ヒル原発の費用は，1978年に14億ドルであったが，84年に70億ドルに膨張した[16]．

このように過剰な発電能力が形成され，1983年の余剰発電能力（発電能力からピーク時発電能力をひいたもの）は32％であり，従来まで必要とされた16〜21％という余剰発電能力水準から相当高いものとなった[17]．電力会社は原発建設によって必要以上の余剰発電能力を抱え，そのうえ非常に割高になってしまった原発を，完成途上，あるいは完成後でさえキャンセルしたのである．

過剰となった原発，とくにキャンセルされた原発への莫大な投資額は，電力会社のレートベース（料金決定のための算定基礎となる電力資産額のこと）に組み入れられるべきかどうかの問題に発展した．従来の規制方式では，電力設備への投資額は全額レートベースに組み入れられてきた．しかし，これほど膨大な投資額が組み入れられれば，料金は大幅に上昇するが，キャンセルされた原発の場合はそれに対応した発電能力も発電量も伴っていない．したがって，キャンセルされた原発の投資額は，レートベースに組み入れることには異論があり，従来の料金規制方式に大きな疑問が寄せられるようになった．1970年代以降，規制当局が電力会社の発電設備の相当部分をレートベースに算入するのを拒否したため，電力会社は発電所をほとんど建設しなくなった[18]．

原発事業失敗の原因

こうしたアメリカ原発事業の失敗の原因は何であったのであろうか．『フォーブス』誌の記事によれば，原発計画の日常的な管理に失敗し，それが課している規制の経済的コストを考えようとしない連邦政府（原子力規制委員会）や，原発計画とその大規模な支出にたいして不十分な監督しかできていない州公益事業委員会が，重大な要因とされている．また，コストと建設スケジュールに何があろうと改善しない電力会社の経営者，原発を火力発電の

一種としてしか認識していない設備製造業者,そしてコスト・プラス契約によって効率的に仕事を進めるインセンティブをもたない1次下請業者,2次下請業者,設計者,エンジニア,そして建設管理者も挙げられている[19].

確かに,連邦政府（原子力規制委員会）は1979年のスリーマイル島（TMI）原発事故のあと格段に多くの安全性規制を公表し,これが電力会社の原発の建設と操業に大きな制約を課したことは事実である.また,州公益事業委員会の従来からのコスト・プラスの規制方式が安易な原発投資を促し,その大規模化を促進し複雑化させてコストの上昇[20]や事故の多発を招いた.したがって,連邦政府や州政府の監督や規制が,アメリカの原発事業の失敗の要因とされるのも故なしとしない.

しかしながら,原発の建設や操業に政府の監督や規制が全く存在しない国はないのであり,アメリカ原発事業の失敗をすべて政府の監督などの不適切さに求めるだけでは不十分である.むしろ,安易に原発に乗り出した電力会社経営者,設備製造業者,そして1・2次下請業者など民間部門に最大の原因があったと考えるべきであろう.しかも,原子力に直接関する技術における能力の不足ではなく,通常の建設技術における管理能力の不足であった.基底にある原因は,電力会社の原発プロジェクトの管理能力の不足である.「原発技術は崩壊したが,原子力技術そのものではなく,信じがたいほどの通常の建設技術においてである」[21].原発技術は,ハイテクの原子力によって沸騰する水を,何万個所におよぶ溶接作業によって鋼鉄製の原子炉圧力容器と数千万本のパイプという「ローテク」によって密閉しなければならないという特質を持っている.私はかつて溶接など「ローテク」に問題があれば,原発の建設や安全操業は無理であるという論証を試みたことがある[22].これらの理由によって,1980年代後期までに,数多くの原発が技術管理,操業,そして財務上の重大な困難を抱えるに至ったのである.

原発問題の事例

原発問題が規制政策の変更に甚大な影響を与えた.それはたとえば,ショ

第3章 エネルギー政策法と送電線開放命令

ーラム原発とシーブルック原発の例で明らかである．ショーラム原発はニューヨーク州にあり所有者は LILCO であった．また，シーブルック原発はニューハンプシャー州にあり所有者はニューハンプシャー公益事業会社（PSNH）であった．ニューヨーク州，あるいはアメリカ北東部は，石炭や石油の主産地から遠くエネルギー資源に恵まれておらず，電力料金の最も高い地域のひとつである．そのためこれら地域は原発に大いに傾斜したが，ニューイングランド地域では原発依存度が全米平均23%を遙かに超えて53%にもなっていた[23]．それらの原発はそれぞれ問題を抱えていたが，とくにショーラム原発とシーブルック原発の失敗は有名である．両原発は，とくに緊急時避難計画の杜撰さを指摘され運転開始の許可が下りず，あるいは運転開始が遅れていた[24]．

　ショーラム原発がこうした事態に陥ったことによって，北東部の電力供給に不安が発生した．そこで，原発なしでは同地域の電力供給には不安があるという立場と，必ずしもそうとは限らないという立場が対立した．一般的に原発推進勢力は前者を，また原発反対勢力は後者の立場を支持した．原発推進勢力は，ショーラム原発の早期運転開始を主張した．

　ニューヨーク州公益事業委員会は1987年末頃から上記のショーラム原発論争の解決に乗り出し，この論争に終止符を打つべく利害関係者と解決案を模索しつつあった．そして1989年2月には，LILCO の料金問題について，次のような「解決案」を採択するに至った．この「解決案」は主に，①ショーラム原発の閉鎖と売却，②LILCO の財務的危機を回避する料金値上げ，③ショーラム原発なしでの信頼性ある電力供給サービスの確保のための電源開発計画，から構成されていた．LILCO 首脳部とニューヨーク州知事が，ショーラム原発の廃炉・解体を確認する新協定に署名した．LILCO はショーラム原発をロングアイランド電力公社に引き渡し，同電力公社は今度はニューヨーク州電力庁と同原発の廃炉・解体について契約を交わすことになっていた．一方，その費用が40億ドルに膨張したショーラム原発が運転開始できないために何の収入をもたらさないのであるから，LILCO の財務的危

機を回避するため何らかの料金値上げプランが必要となる．それが当初3年間5％の値上げ，続く7年間に4.75％の値上げを行うプランであった[25]．

　他方，ショーラム原発が廃炉になることによって，代替の電源開発やその他の手段が模索された．まず，積極的なデマンド・サイド・マネジメントが追求された．これは消費者がその電力消費量を制限したり，消費時間帯を変えたりするように誘導する電力会社の計画，方策，そしてモニター活動のことである[26]．また，ピーク用電源として23万kWのコンバッション・タービンを建設すること，ニューヨーク州電力庁がそれぞれ30万kWの3機のコンバインド・サイクルの発電所を1997-99年に各々1機ずつ完成すること，また1997年までに新規の独立電力生産者による25万kWの能力増加が計画された．コンバッション・タービンもコンバインド・サイクルもコジェネの有力な発電方式である．これらがすべて建設されれば，138万kWの発電能力の増加であり，ショーラム原発の発電規模を上回る．そしてロングアイランド地域への送電線の近代化・追加と新規建設によって，同地域への周辺地域からの送電を一層可能にし，電力供給の安定確保を狙った．

　とくに新規の独立電力生産者による発電能力の増加は，必然的に何らかの競争入札制の導入を必要とする．事実，ニューヨーク州公益事業委員会は1988年の命令によって，同州の電力会社に入札実施を要請した．競争入札の結果，これらの比較的小規模な発電所が選択されるであろう[27]．こうして原発事業失敗の問題は，分散型電源の育成と関連してくるのである．

　競争入札の結果，価格が最重要な要因となって天然ガス・タービン方式のコジェネが選択され，クリーン・エネルギーが不利になろう．ただし，競争入札制といっても環境への影響，燃料構成など非価格要因を考慮することもできる．その場合はカリフォルニア州でのセット・アサイド方策——入札対象発電能力の一部をクリーン・エネルギーのために割当てること——に通じるので，単に価格要因だけで新電源が決定されるわけではない．ニューヨーク州で計画中の独立電力生産者のプロジェクトの多くは天然ガスを燃料とするガス・コジェネである．そこで，それを支える天然ガスのパイプライ

ンの増設が必要となった[28]．原発の閉鎖は，新電源（クリーン・エネルギーやコジェネ）の開発，競争入札制の導入，そして天然ガス・パイプラインの増設などへと発展することになるのである．

他方，ニューハンプシャー公益事業会社のシーブルック原発も緊急避難計画の杜撰さを指摘され運転開始ができなかったが，そのためその所有者，ニューハンプシャー公益事業会社は社債による資金調達ができず，1988年に破産した[29]．これは1930年代の大恐慌以来の電力会社の初めての大型破産であった．同社はニューイングランド最大の電力会社，ノースイースト電力会社（コネチカット州）に買収されるが，次のような問題を惹起した．

ノースイースト電力はニューハンプシャー公益事業会社を買収することによって，メイン州とニューハンプシャー州に至る送電線を手に入れ，ニューイングランドからニューヨーク州に至る送電線網の72％を所有するに至った．そうすると，たとえば反トラスト法の問題などが起きてくるが，ここでは電力不足のニューヨーク州に電力を販売したいと思うコジェネや独立電力生産者が，ノースイースト電力の送電独占を問題にし始めたのである[30]．原発経営の不調が電力会社の破産，有力電力会社による送電線独占拡大をもたらし，ここでも結局，送電アクセスや分散型電源が問題になったのである．

競争入札制の導入

1980年代後半以降のアメリカ電力産業は，次のような事情にあった．第1に，PURPAのもとで部分的に競争が導入されたとはいえ，PURPAは分散型電源の保護育成の性格をもっていた．そのため，電力料金がそれほど下がっておらず，大規模需要家を中心に不満が高まっていたことである．第2に，クリーン・エネルギーはまだ価格競争力が十分ではなかったが，コジェネは既存の電力会社を脅かす勢力になっており，本格的な規制緩和に耐えられるようになってきつつあったことである．

第3に電力会社の側では，いくつかの原発の不調・閉鎖のために，発電資産が消滅するのに料金値上げがされるようになったことである．これは伝統

的料金決定方式から逸脱しており，伝統的規制からの逸脱になっている．事実上，規制緩和が進行していたのである．第4に，電力会社が子会社形態でとくにコジェネ分野に進出しており，電力買い取りの際にその子会社を独立系のコジェネより優先的に扱うという事態が起きていたことである[31]．そのような事情であるならば，一気にPURPAを改正して，独立系と電力会社の子会社を同等に扱う規制緩和を行うべきだという議論が高まった[32]．

これまでは主に適格設備について述べてきたが，潜在的な電力生産者はほかに大規模需要家，つまり金属，化学，製紙，その他の製造業[33]や大きな百貨店，ホテル，病院のようなサービス産業などがあり，それらは自家発電を行ってきた産業である．これらが電力会社をバイパスして独立電力生産者(Independent Power Producers)と電力契約するか，もしくは自ら独立電力生産者となるか，既存の電力会社システムから離れるようになってきていた．ここで独立電力生産者とは適格設備に認定されないものをいい，主に素材型産業がその自家発電設備の余剰能力を利用して電力販売事業に乗り出したものをいう．1980年代後半以降になると，適格設備よりもこの独立電力生産者が脚光を浴びるようになってきた．

こうした事情を背景に1980年代中期より，実際に複数の州で競争入札制度が導入されていた．競争入札制度とは，これまでの電力会社による分散型電源からの電力買い上げ保証（主に適格設備からの回避費用での）ではなく，電力会社が必要とする電力を分散型電源が相互に競争し入札を獲得する制度である．だから，競争の一層の導入になるのである．ニューイングランドのメイン州が最初に競争入札制度を導入し，マサチューセッツやニュージャージー，バージニア，ニューヨーク，カリフォルニア州などが続いたのである[34]．

1992年までに競争入札は25州において行われ，合計100件，その総計の発電能力は2,500万kWに達した．競争入札が活発に行われたのは，上記のようにニューイングランド，中部大西洋沿岸，そして太平洋沿岸の諸州であった．これらはエネルギー資源に比較的恵まれず，電力料金の高い，そして

適格設備がかなり発展してきた諸地域である．競争入札を実施していないその他の地域では，電力会社が過剰能力を抱えており，新規の電源を必要としていなかったケースが多い[35]．

真の競争入札制度の定着のためには，すべての発電事業者が地元電力会社の送電線を公平な条件で利用できることが是非とも必要であった．電力会社の入札を獲得した発電事業者が，その電力会社の営業地域の内部に立地しているとき，送電アクセスの問題は発生しない．そうではなく，入札を獲得した発電事業者が電力会社の営業地域の外部に立地しているとき，送電アクセスの問題が発生する．入札を獲得した発電事業者が購入する電力会社に送電するためには，それらの間に入る電力諸会社の送電線へのアクセスが可能でなければならない．もし，入札を獲得した発電事業者がそうしたアクセスを得ることができないならば，電力会社の営業地域外の潜在的入札者は入札に応札できないし，電力会社も営業地域外からの入札を営業地域内のそれと同様に扱うことはないであろう．このために，入札要請に応じる入札者が減少し，電力会社は最低価格で電力・電源を調達できなくなるであろう．競争入札制度は送電アクセスがなければ十分に機能できないのである[36]．こうして規制緩和の新局面は，PURPAによる発電分野の一部自由化に続いて，送電分野が問題の焦点に踊りでてきた．規制緩和の第2局面が始まったのである．

2. エネルギー政策法と送電線開放命令

託送をめぐる論争

こうした状況の中で，1987年から当時のFERCの委員長はすべての非電力会社，つまり適格設備と独立電力生産者の競争入札を支持する発言を行うようになった[37]．すべての電源間競争の推進である．

当然にも，非電力会社と電力会社の間で託送（wheeling）をめぐる論争が生じた．託送とは，電力会社がそれ以外の発電事業者の電力を第三者に有料で送電することである．非電力会社にとっては電力会社の送電線を使用して

第三者，つまりその他の電力会社，自治体電力組織，そして大規模需要家などに電力を販売することである．託送ができれば非電力会社にとっての市場は格段に拡大することになる．だから，託送は競争上，非電力会社に有利なのである．PURPA に基づいた FERC ルールでは託送は可能ではあったが，電力会社と適格設備が合意したときのみ，つまり，自発的，任意のものとされて，FERC が電力会社に託送を命令できることを意味していなかった．この FERC ルールは電力会社に有利なものであったことになる[38]．

託送を推進した勢力は非電力会社のなかでも，電力契約によって守られている適格設備というよりも，それ以外の独立電力生産者であった．化学・金属・製紙工業などのように電力を大量消費し，自家発電しつつ余剰電力を販売している大規模需要家も，その発電設備が適格設備として認められなければ，独立電力生産者となっているケースが多い．コジェネや独立電力生産者の所属する団体の主張は，送電線開放が競争入札制にとって決定的に重要であり，当時の任意託送ではなく電力会社に託送を義務づけよ，というものであった[39]．

というのは託送が義務づけられない場合，非電力会社は地域独占の電力会社にその電力を販売するしかなく，電力会社は「シングル・バイヤー」となって著しく交渉力を増すからである．その結果，非電力会社の電力は電力会社の「送電線の壁」に遮られ，電力会社以外の消費者に直接販売することができない．競争入札では一般に，非電力会社は入札する電力についてどうしても落札しなければならないというプレッシャーを受ける．そのプレッシャーのため，非電力会社のなかにはコスト以下でその電力を入札するものもあった．当時の電力会社による買い手独占という状況では，非電力会社は電力会社以外の電力購入者を探すことが出来なかったのである[40]．

これにたいして電力会社側の主張は，託送は当時の現行の自発的な，任意のままにしておくべきである，というものであった．民間大手電力会社の伝統的な業界団体であるエジソン電気協会などの主張も，PURPA 体制下の FERC ルールのままにしておくべきである，というものだった[41]．託送の自

発的制度が送電線網の信頼性を維持しつつ,電力生産のコストを引き下げるのに有効であったというのである.この論拠は,PURPA体制下では適格設備の発電費用が高すぎ,消費者にコスト負担を強いているという以前のかれら主張と矛盾する.

さらにエジソン電気協会は,送電アクセスの増大のコスト・ベネフィットの不確実性を指摘した.競争入札の経験は,強制的託送が競争的電力市場にとって必ずしも必要ではないことを示していると主張した.その経験は託送が義務づけられなくとも,電力会社がその必要をはるかに越える入札を受け入れてきたと主張した.強制的託送には電力連携システムを維持するための技術的な懸念が存在することも主張した[42].こうして,独立電力生産者を中心とする非電力会社と,大手を中心とする電力会社の対立が深まったのである.

エネルギー政策法

そうしたなかで,電力自由化を推進するブッシュ政権はPURPA体制を大胆に見直して,1992年10月に「エネルギー政策法」を制定した.同法は電力産業の一層の競争促進を目的としたが,その中心は送電分野,とくに強制的託送の条項であった.従来まではPURPA体制のもとで,電力会社の託送は任意であったが,同法は次のような条項を含んでいた.卸売りと小売りのために電力を生産している個人(会社)から申請があった場合,FERCは原則として電力会社に送電サービス(託送)を命じることが出来るとしたのである.これによって,卸売り託送と小売り託送が可能になった.電力会社からすれば送電線網を開放し,自分自身の発電所と競争する非電力会社の発電設備に利用させることであった[43].

同法によってFERCは,必要に応じて電力会社に送電能力の増強も命じることが出来るようになった.また同法は,送電サービス(託送)料金について,経済的コストを含むが,経済的に効率的な送電と発電を促進するよう設定されるべきである,とした.つまり,託送料金はコストをカバーしつつ,

託送を促進するような安価な料金であるべきだとしたのである[44]。

さらに，全電源による競争を目指したために，同法は適格設備以外も視野に収めるべく，新たに「非規制卸し発電事業者」（Exempt Wholesale Generators）というカテゴリーを導入し，適格設備以外の独立電力生産者と電力会社の関連電力生産者が卸売り・小売り電力市場に参入するのを承認した（図3-1参照）。同法制定以前には，電力会社，および非電力会社は，PURPAの適格設備の条件を満たさない卸売り電力設備へ関与することを厳しく制限されてきた[45]。だから，たとえば1989年までに適格設備以外の発電所はアメリカの非電力会社の能力の5％以下でしかなかった。エネルギー政策法の成立によって，適格設備以外の発電事業者の発展の主要な障害が取り除かれるであろう。そして，競争的電力調達メカニズムが電力業界の標準的慣行となるにつれて，適格設備からの電力も重要性を減じることになろう[46]。

こうして，卸し・小売り電力託送の義務化と適格設備以外の発電事業者の法的承認によって競争が激化するであろうが，エネルギー政策法はそれによ

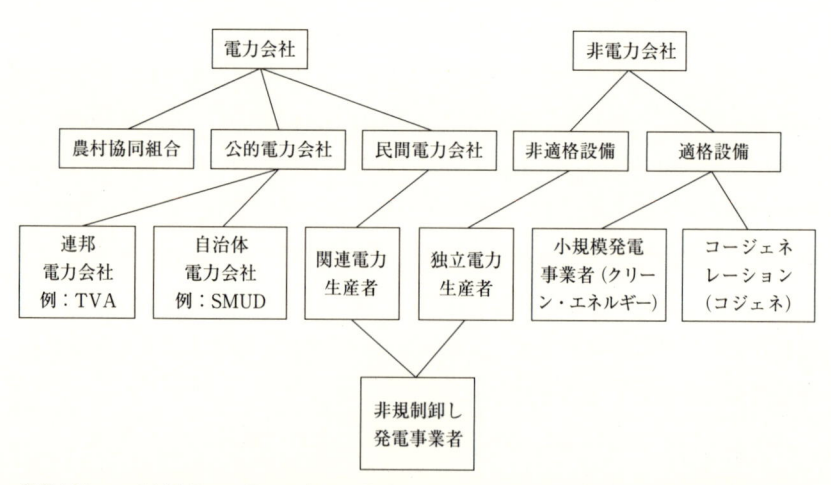

出所：Masayuki Yajima, *Deregulatory Reforms of the Electric Supply Industry* (Westport, Connecticut ; London : Quorum Books, 1997), p. 70, より作成。

図3-1　アメリカ電力会社，非電力会社の諸カテゴリー

って不利益をこうむるであろうクリーン・エネルギーと原子力発電にも配慮を見せていた．それは，同法が1993年度に2億900万ドル，94年度に2億7,500万ドルのクリーン・エネルギー技術開発支出を承認したからである．これらはクリーン・エネルギー生産を1988年レベルにたいして，75％増大させようとして支出されたものである．さらに同法は，クリーン・エネルギー技術にたいして補助金と税額控除というインセンティブを与えた．連邦エネルギー省は新規のクリーン・エネルギー設備を用いる発電事業者に1kWh当たり1.5セントを支払うこととされた．こうした条項は，のちの議会による予算支出承認を条件として実施されるとされた．つまり，実効性の薄い条項であったのであるが[47]．

また，エネルギー政策法では，電力会社の電源計画決定に公益事業委員会など多くの公的機関が加わり，かつ，さまざまの要素を含めて調整される「統合電源計画」も重視されていた．したがって，同法は非常に包括的なエネルギー関連法であり，「その役割は競争を促進しながらも，より多くの政府の関与を含む」[48]とも評価されたが，PURPAに較べればはるかに競争促進の性格が強くなったというべきであろう．

回収不能費用の問題

1992年エネルギー政策法の卸売り・小売り託送の条項にしたがって，FERCはその具体的ルールを作り上げることになった．しかし，実際にFERCが具体的な命令を出すのは，96年になってからである．それほど長く時間がかかったのは何故であろうか．それは全米各地域で託送に関する紛争が起き，その解決のためにFERCのルール形成が非常に時間のかかるものになったからである．託送紛争の代表的な例をメイン州のセントラル・メイン電力会社のケースで見てみよう[49]．

セントラル・メイン電力会社の顧客であったマジソン自治体電力会社はエネルギー政策法制定後の93年8月に，従来まで4.5万kWの電力を購入していた同電力会社を切り替えて，ノースイースト電力会社と電力購入契約を

取り交わすことになった．マジソン自治体電力に送電される電力は，ノースイースト電力が発電し，セントラル・メイン電力は送電サービスだけを，つまり託送することになった．マジソン自治体電力は，購入する電力を地元の製紙工業など最終消費者に配電する．

マジソン自治体電力はセントラル・メイン電力の総負荷の3％を占めていたので，セントラル・メイン電力の発電設備は遊休化し収入はそれだけ減少し，その社債の格付けが下がることになった．そこで，セントラル・メイン電力はノースイースト電力にたいして年々480万ドルという高い託送料金を支払うよう要求し，FERCにたいしてもその申請を行った．一方，ノースイースト電力とマジソン自治体電力は，セントラル・メイン電力の要求を拒絶する旨の申請をFERCに行った（94年3月）．マジソン自治体電力は高い託送料金が遊休化した発電設備，つまり回収不能投資費用を転嫁したものだと主張した．ノースイースト電力はFERCへの申請のなかで，セントラル・メイン電力の要求する高い託送料金が当時と将来の卸売り電力競争に水を浴びせるものだと付け加えた．

この託送料金をめぐるセントラル・メイン電力と，ノースイースト電力，およびマジソン自治体電力の紛争は，次のように決着した．つまり，マジソン自治体電力はセントラル・メイン電力に託送してもらい，ノースイースト電力から1994年9月から9年4カ月にわたって電力を固定料金で購入する．セントラル・メイン電力への支払いはこの期間に，1,000万ドル（年換算で107万ドル），そのうちの約85％をノースイースト電力が，残り約15％をマジソン自治体電力が支払うことになった．

マジソン自治体電力はこの託送料金負担を計算に入れても，1kWh当たり3セントを節約でき，メイン州で最も低い電力料金を享受できるようになった．ノースイースト電力はセントラル・メイン電力から大規模な顧客を奪って，その収入を高めることになった．そしてセントラル・メイン電力は顧客を失ったが，託送料金として年107万ドルを得ることになった．一般に，託送によって顧客を失う電力会社は，投資額を回収できなくなる不稼働の発電

設備を抱えこむことになる．託送料金を高く設定できれば，その投資額を一部回収できるであろう．

その他の例としては，全米最大級のアメリカン電力の託送の例がある．同社は従来までの顧客，バージニア州のある自治体電力公社がイリノイ州のPSIエネルギー社に切り替え，その託送だけを担当することになった[50]．最大級の電力会社でさえ需要家を失う競争の時代に入ったのである．

こうして，託送によって競争力のない電力会社は顧客を奪われ，「回収不能費用（stranded costs）」が発生する．とくにコスト高の原発を抱える電力会社にとって，それは巨額のものになる．セントラル・メイン電力のケースでは高い託送料金という方式で回収が図られたわけである．全国的に頻発する託送紛争を前に，FERC は回収不能費用の回収方式について一般的原則を確立しなければならなくなった[51]．

この問題は全国的関心の的となり，全米の電力会社に発生する回収不能費用についてさまざまな推計が発表された．回収不能費用の推定は低くは1,000億ドルから2,000億ドル，高くは5,000億ドルというように，採用される仮定と計算方法によって大きく異なっていた．回収不能費用とは，平均的発電費用と短期限界発電費用との差であると定義する調査機関もあった．それは電力会社の平均費用とこれから建設される新規発電設備の低い発電費用との差が，回収不能費用であると考えていることになる．それらをどう推定するかによって，回収不能費用の規模が大きく異なってくるのである．

これから建設される発電設備は，燃料調達可能性など一定の制約はあっても最新の技術で建設可能なので，全米どこでもそれらの費用はそれほど変化がなく，1kWh当たり3.7〜4.1セントである．電力会社の平均発電費用は地域によって大きく異なり，北西部では1kWh当たり4.2セントであるのに，カリフォルニア州では9.2セント，そしてニューイングランド諸州では9.9セントであった[52]．カリフォルニア州とニューイングランドの電力会社に大きな回収不能費用が発生することが予想された．

事実，調査会社，データ・リソーシズ社は回収不能費用1,630億ドルのう

ち，730億ドルが発電設備であり，ニューイングランド諸州とカリフォルニア州に集中していると推計した．また，ムーディーズ投資家サービス社は，全米114大電力会社の総回収不能費用は1,350億ドルであり，それらの40％以上が北東部と西部の電力会社に集中していると推計した[53]．

回収不能費用の主要部分は原子力発電であり，ある調査によれば原発資産の未償却部分，約1,200億ドルのうちのおよそ60％，約700億ドルが競争的環境のなかでは回収不能となる，とされた[54]．上記のデータ・リソーシズ社の730億ドルが発電設備であるという推計が正しければ，そのほとんどが原発資産であるということになる．したがって，原発にたいして特別な対策が打たれなければ，電力会社が破産し大規模な連邦政府の救済策がとられることになろう．原発は，電力会社が破産に直面し，連邦レベルでの解決策が必要になるかもしれないという回収不能費用論争の核心部分となった[55]．

電力会社の側からは，競争への回収不能費用を処理するいくつかの方法が提示された．第1は競争状態にして何もしないこと．このケースでは電力料金が急激に下がるであろうが，電力会社の財務状態は危機的となる．そのため電力会社が実施してきたデマンド・サイド・マネジメントやその他の社会的プログラムができなくなってしまうであろう．第2は電力会社のコスト削減の努力に委ねること．このケースでは，電力会社は長期にわたってこの問題を解決できないであろう．第3は電力会社のコストを分散させ，つまり，電力会社システムに残る需要家や，他の発電事業者から購入するためシステムを離れる需要家，そして託送によって新たに需要家へアクセスをえた発電事業者から料金をとること．第4は，競争のペースを遅らせることであった[56]．それは一定期間，競争を制限することによって，電力会社に回収不能費用を回収させることを意味する．この提案には需要家から強い批判があった．

この回収不能費用は，電力会社システムを離脱する需要家か，あるいはそれに残る需要家によって負担されるか，あるいはまた，電力会社の株主によって負担されるしかない．FERCはどれかを選択しなければならなかった．

同時に，FERC は回収不能費用の回収を保証しなければ，電力会社は熱意をもって託送の実施に協力しないことを認識するに至っていた．つまり，電力会社が送電線開放に応じないということである．

送電線開放命令

　FERC は回収不能費用と送電線開放を同時に扱う最終ルールを決定・公表した．それが，1996 年 4 月の 888 号命令であった．送電線開放についてのこの命令の第 1 の目的は，送電にたいする独占力の排除である．この目的を達するために，州際にわたって送電設備を所有・支配・操業するすべての電力会社に，無差別の託送料金を FERC に申請することを義務づけた．命令 888 号は，同時に電力会社が正当で，かつ検証しうる回収不能費用を連邦レベルでも，州レベルでも完全回収 (full recovery) できる権利があるという原則を承認したのだった[57]．さらに小売り託送についても同様に電力会社が回収不能費用の完全回収をできることを承認した[58]．これらによってようやく，電力会社は無差別の託送料金を申請し，卸売り電力託送，そして小売り電力託送に協力すると考えられたのである．

　託送料金の申請は 1996 年 7 月が期限であったが，州際送電に携わる 166 社の中には延期要請した電力会社もあり，最終期限は同年 12 月末に延期された[59]．電力会社の申請する託送料金の FERC による精査は，電力会社がその関連会社を含めて発電・送電分野で市場支配力をもたないように，また参入障壁とならないようにするために行われる．また，FERC は電力会社による自発的な独立送電機構 (Independent System Operation) の設立に関するガイダンスも提供した．電力会社の自発的な再編成が起きるであろうと認識されているが，再編成が義務づけられているわけではなかった[60]．

　さらに FERC の 889 号命令は，送電能力の余裕状態に関する情報を公開する電子的システムの確立を電力会社に義務づけた．これは既存の利用者と潜在的なそれに電力会社が享受している送電情報への同等のアクセスを与えるようなリアルタイムの情報システムを開発・維持することであった[61]．

上記の2つのFERC命令は合わせて，卸売り電力取引の競争の障害を取り除き，全国の消費者により効率的で，低コストの電力をもたらすことが期待された．FERCはこれらの命令が州際取引における送電サービスの過度の差別を緩和し，競争的な卸売り電力市場への移行をもたらすであろう，としている．電力会社はそれ以外の発電事業者に，かれら自身が提供する送電サービスと同様の送電サービスを提供しなければならなくなったということである[62]．

こうして，1996年のFERC命令によって，卸売り電力，および小売り電力に関する託送が連邦レベルで可能とされたのである．78年のPURPAによって発電分野が一部規制緩和されたが，92年のエネルギー政策法と96年送電線開放命令によって，電力産業の規制緩和は第2局面に入ったのである．

競争導入後の諸問題

こうして卸売り託送と小売り託送が，連邦法制上可能となった．卸売り電力の競争を実効あるものにするために，独立送電機構の設立も確認された．これに伴い電力会社の再編成も必要となるであろうとされた．小売り託送や電力会社の再編成の具体的なあり方の決定は各州に委ねられた．エネルギー政策法と送電線開放命令は，アメリカ各州，各地域の電力産業の一層の競争を推進して行くであろう．

ただし，同時に回収不能費用の完全回収が認められたので，一定期間はあらゆる消費者から一定の額の競争移行期料金が徴収されることになった．つまり，4年から9年にわたる比較的長期の競争移行期の設定によって，本格的な競争の開始を遅らせるということなのである．したがって，卸売り電力価格が競争導入によって下がっても，競争移行期料金などの徴収のため小売り電力料金が大いに下がることはないであろう．これを別にしても，競争導入後には少なくとも次の2つの大きな問題が予想される．

その第1は，送電部門の機能的分離から卸売り電力の競争が促進されるが，卸売り電力市場について，電力プール（電力取引所）と相対取引のどちらを

重視するのがよいのか，また，小売り競争を導入するとしたら大口消費者だけに認めるのか，どの消費者にも認めるのか，どんなテンポで進めるのか，などの問題であろう．つまり，市場ルールをどう設計するかということである．なかでも，卸売り電力市場に関してイギリスのような電力プールを採用する場合，それは事実上，スポット市場なので卸売り電力価格の不安定性，乱高下をもたらすのではないかという懸念が生じる．あるいは，電力会社や発電事業者には電力会社に従来課せられてきた供給義務がなくなるので，電力の安定供給はどう保証されるのか，という問題も生じるのである．

というのは，電力は現在のところ貯蔵不可能なサービスであり，その安定供給のためには電力需要に電力供給を一致させねばならないが，ピーク時など需要が拡大したときに供給義務を課すことのできない自由競争のもとでそれは困難だからである．電力供給が常に電力需要を満たすようなしくみが設定されなければ，ピーク時には電力価格は急騰するであろう．技術革新のもと発電費用が低落しているので，卸売り電力価格を低下させる可能性はあるが，この問題を解決しなければならないであろう．

第2は，市場における価格だけの競争となった場合，クリーン・エネルギーの育成課題をどうするのかという問題である．というのは，PURPAのような電力買い上げ制度によるクリーン・エネルギー育成策がなくなるであろうからである．小売り競争が一般消費者にまで拡大されれば，一般消費者のエネルギー選択が可能になるので，クリーン・エネルギー政策は必要でなくなるのであろうか．それとも，長期的なエネルギー多様化を重要な課題であるとする立場にたてば，競争下でも独自のクリーン・エネルギー育成政策がやはり必要とするべきなのであろうか．それとの関連で，1992年エネルギー政策法がそのなかに含んだ「統合電源計画」や「クリーン・エネルギー補助」はどう具体化されるのであろうか．

ところで，クリーン・エネルギー育成策が不確実になるなかで，クリーン・エネルギーは深刻な危機に直面しつつあった．1980年代を通じてPURPAのもとで，約1,000万kWのクリーン・エネルギー・プロジェクト

表 3-2 クリーン・エネルギー発電能力の推移

(単位:万 kW)

	バイオマス	地熱	風力	太陽熱	合計
1989 年	784	260	170	26	1,240
1990	880	267	191	34	1,372
1991	963	263	198	32	1,456
1992	970	291	182	34	1,477
1993	1,005	298	181	34	1,518
1994	1,047	301	175	33	1,556
1995	1,028	297	173	33	1,531
1996	1,056	289	168	33	1,546
1997	1,054	285	158	33	1,530
1998	1,027	292	170	37	1,526
1999	1,101	290	225	37	1,653

出所:U.S. EIA/DOE, *Renewable Energy 2000 : Issues and Trends*, Feb. 2001 (http://www.eia.doe.gov/cneaf/solar.renewables/rea_issues/ 062800.pdf,March 24,2001) p. 10 ; U.S. EIA/DOE, *Renewable Energy Annual 2000*, March 2001 (http://www.eia.doe.gov/cneaf/solar. renewables/page/rea_data/rea.pdf,March 24,2001), p. 7, より作成.

はすべての適格設備の発電能力の約 40% を占めていた.しかし,競争入札制のもとではクリーン・エネルギーは,入札を獲得した総発電能力のわずか 12% にすぎなくなった.それにたいして,天然ガスを利用するものが,競争入札を獲得した総発電能力の 54% を占めるようになった[63].

1990 年代の全米のクリーン総発電能力は表 3-2 に示すように,94 年をピークとしてその後は停滞・減退している.バイオマスは 96 年をピークにそれ以降微減し,地熱は 94 年をピークに,風力は 91 年をピークに,そして太陽熱は 93 年をピークに微減している.一層の競争導入はクリーン・エネルギーにとって不利なのであり,何らかのクリーン・エネルギー育成策が採られなければ,この減退に拍車がかかるであろう.

以上,電力の自由化はさまざまな問題を孕んでおり,自由化の進展とその問題点を,常に自由化の先頭を切ってきたカリフォルニア州を事例にとり次章で検討しよう.

注

1) 「エネルギー政策10年振り見直し：問われる原発の位置づけ：コスト負担の議論必要」『日本経済新聞』2000年5月1日付, を参照.
2) 「電力小売り：自由化拡大 強まる風圧」『日本経済新聞』2000年4月8日付；「電力自由化：拡大へ論争スタート」『朝日新聞』2001年8月24日付, を参照.
3) Michael D. Devine, *et al.*, *Cogeneration and Decentralized Electricity Production : Technology, Economics, and Policy* (Boulder and London : Westview Press, 1987), pp. 281-4.
4) Donald Marier and Larry Stoiaken, "Surviving the Coming Industry Shakeout," *Alternative Sources of Energy*, No. 91, pp. 9-10 ; Devine, *et al., op. cit.*, p. 48.
5) "The Challenge to PURPA, "*Alternative Sources of Energy*, no. 91, May/June 1987, p. 10. パシフィック電力会社の回避費用は1984年に1kWh当たり9セント弱であったが, 86年には4セント以下に低落した (California Energy Commission, *Energy Development*, June 1986, p. 20, Fig. 5, を参照).
6) Marier and Stoiaken, *op. cit.*, p. 9 ; "Regulatory Cases will Determine Future California QF Market," *Alternative Sources of Energy*, no. 95, Nov. 1987, pp. 8-9. パシフィック電力などは適格設備の成長を停止させるよう要求したが, 独立電力生産者側はそれは電力会社の原発を守るという動きであると見なした ("The Challenge to PURPA," *op. cit.*, pp. 8-9, 12).
7) "Beyond Tax Reform," *Alternative Sources of Energy*, no. 91, May/June 1987, p. 22.
8) "Renewables at a Crossraods," *Independent Energy*, Nov. 1989, pp. 21-5. ただし, この雑誌記事は, クリーン・エネルギーは短期的には苦境にあるが, 長期的には環境負荷が小さいという意味で将来有望である, と展望している.
9) U.S. Dept. of Energy/Energy Information Administration, *The Chainging Structure of the Electric Power Industry : An Update*, Dec, 1996, p. 132, Table C 7, を参照.
10) Devine, *et al., op. cit.*, p. 53 ; Jay Zarnikau, Bill Moore, and Martin Baugham, "Wheeling Nonutility Power : The Texas Experience," *The Electricity Journal*, Aug./ Sept. 1989, pp. 33-4 ; U.S. DOE/EIA, *Natural Gas 1996 : Issues and Trends*, Dec. 1996, p. 8, を参照.
11) James Cook, "Nuclear Follies," *Forbes*, Feb. 11, 1985, p. 84. なお, 電力会社の初期の原発への投資決定について, あまりにも安易で楽観的な予測に基づいており, それが後の失敗の出発点となったと主張する文献に, Irbin C. Bupp and Jean-Claude Derian, *Light Water : How the Nuclear Dream Dissolved* (New York : Basic Books, Inc., 1978), がある.
12) Richard J. Pierce, Jr., "The Regulatory Treatment of Mistakes in Retro-

spect : Canceled Plants and Excess Capacity," *University of Pennsylvania Law Review*, vol. 132, no. 3, March 1988, pp. 500-2.
13) "Nuclear Power's Fate on the Line in Utility Deregulation Debate," *Congressional Quarterly : Weekly Report*, Jan. 11, 1997, p. 126.
14) Cook, *op. cit.*, pp. 83-4.
15) Pierce, Jr., *op. cit.*, p. 503.
16) Evan D. Flaschen and Michael J. Reilly, "Bankruptcy Analysis of A Financially-Troubled Electric Utility," *Houston Law Review*, vol. 22, no. 4, July 1985, p. 969.
17) Pierce, Jr., *op. cit.*, p. 527.
18) Marier and Stoiaken, *op. cit.*, p. 8. 1980年代に適格設備が急速に発展できたのは，電力会社が発電設備への投資を控えたという理由もあったからである．
19) Cook, *op. cit.*, p. 83.
20) 当時，1988年の原子力発電コストの予想は1kWh当たり4.78セントで，石炭のそれの3.92セントを上回っていた〔Charles Komanoff, *Power Plant Cost Escalation : Nuclear and Coal Capital Costs, Regulation, and Economics* (New York : Van Nostrand Reinhold Co., 1981) p. 281〕; また，1995年にはそれは約13セントで，石炭の6〜7セントよりはるかに高くなっている〔Ed Smeloff and Peter Asmus, *Reinventing Electric Utilities : Competition, Citizen Action, and Clean Power* (California : Inland Press, 1997), p. 72 の Fig. 3-5, より〕．
21) Cook, *op. cit.*, p. 90.
22) 拙稿「TVA原子力事業の危機とリストラ」金田重喜編著『苦悩するアメリカの産業』(創風社，第7章として所収)，1993年9月，298-300頁，参照．
23) Vito Stagliano, "Restructuring, the New England Way," *The Electricity Journal*, July 1997, p. 22, Table 1, より．
24) 両原発の問題点については，たとえば，Joseph P. Tomain, *Nuclear Power Transformation* (Bloomington and Indianapolis : Indiana Univ. Press, 1987), pp. 47-54, にショーラム原発の問題点が述べられている．また，シーブルック原発については，Henry F, Bedford, *Seabrook Station : Citizen Politics and Nuclear Power* (Amherst : The Univ. of Massachusetts Press, 1990), が詳しい．
25) *U.S. Electricity Supply and Demand—The Noutheastern Region : Hearing* before the Committee on Energy and Natural Resources, 101st Cong. 1st Sess., April 13, 1989, pp. 62, 64.
26) U.S. Dept. of Energy/Energy Information Administration, *U.S. Electric Utility Demand-Side Management 1996* (Washington, D.C.: GPO, Dec. 1997), pp. 1, 96.
27) *U.S. Electricity Supply and Demand—The Noutheastern Region, op. cit.*, pp. 56-7, 62-5.

28) *Ibid.*, pp. 56-7, 57-62. だから，規制緩和は新規の競争者の発展を支えるインフラが必要になる．必要なインフラを整備しないで競争の発展がないという議論は一面的であろう．
29) Bedford, *op. cit.*, pp. xix-xxi, 163.
30) Susan L. Whittington, "NU's Takeover of PSNH Would Make It the 800-Pound Transmission Gorilla in New England," *The Electricity Journal*, Jan./Feb. 1990, p. 5.
31) Cynthia S. Bogorad, "Self-Dealing : The Case against Removing PUHCA Retriction on Utility-Affiliated Power Producers," *The Electricity Journal*, Jan./Feb. 1991, p. 46.
32) たとえば，サザン・カリフォルニア電力は，ゲッティ石油会社（テキサコ系）との共同子会社として全米最大級のコジェネ会社，ケルン・リバー・コージェネレーション社を所有し，その電力をサザン・カリフォルニア電力が購入していた（U.S. DOE/EIA, *The Changing Structure of the Electric Power Industry : 1970-1991*, March 1993, p. 6 ; Paul Gipe, "Kern County Cogeneration," *Alernative Sources of Energy*, no. 84, Oct. 1986, p.9).
33) U.S. DOE/EIA, *The Changing Structure of the Electric Power Industry : An Update, op. cit.*, p. 5. たとえば，エクソン社は同社のテキサス州の石油精製および石油化学の工場において自家発電を行っていた（*Ibid.*, p. 9).
34) U.S. Office of Technology Assessment, *Electric Power Wheeling and Dealing : Technological Considerations for Increasing Competition*, 1989, pp. 137, 139, 141 ; James Plummer and Suan Troppmann, eds., *Competition in Electricity : New Markets and New Structures* (California : Public Utilities Reports, Inc., Virginia and QED Research, Inc., 1990), p. 103, より．
35) Blair G. Swezey, *The Impact of Competitive Bidding on the Market Prospects for Renewable Electric Technologies* (National Renewable Energy Laboratory, 1993), p. 4, を参照．
36) Kenneth Rose, *et al.*, *Implementing A Competitive Bidding Program for Electric Power Supply* (National Regulatory Research Institute, The Ohio State Univ., 1991), pp. 78-9.
37) *Pubic Utility Regulatory Policies Act : Hearings* before the Subcommittee on Energy and Power of the Committee on Energy and Commerce, U.S. House of Representatives, 101st Cong., 1st Sess., Sept. 1987, p. 478.
38) 「PURPAは託送を許可したが，もし電力会社と適格設備がそれに合意しなければ，託送を義務づけていない」〔David Morris, *Be Your Own Power Company : Selling and Generating Electricity from Home and Small-Scale Systems* (Emmaus, PA : Rodale Press, 1983), p. 125〕．
39) *Pubic Utility Regulatory Policies Act, op. cit.*, pp. 485, 578, 629-31.

40) *Ibid.*, pp. 629-30.
41) *Competitive Wholesale Electric Generation Act of 1989 : Hearings* before the Committee on Energy and Natural Resources, U.S. Senate, 101st Cong., 1st Sess., Nov. 1989, p. 123.
42) *Ibid.*, pp. 128-30.
43) これはエネルギー政策法第721条であり,連邦電力法第211条を改正したものである.Kenneth W. Costello, *et al., A Synopsis of the Energy Policy Act of 1992 : New Tasks for State Public Utility Commissions* (National Regulatory Research Institute, The Ohio State Univ., June 1993), pp. 23-4.
44) *Ibid.*, p. 27.
45) ここで,電力会社と非電力会社の定義を明確にしておきたい.電力会社とは民間,農村協同組合,および公的(連邦,自治体)所有のものを指す.非電力会社とは適格設備と非適格設備に分けられ,適格設備はコジェネと小規模発電事業者(その多くがクリーン・エネルギー事業者)である.非適格設備がいわゆる独立電力生産者である.Masayuki Yajima, *Deregulatory Reforms of the Electric Supply Industry* (Westport, Connecticut ; London : Quorum Books, 1997), p. 70, を参照.
46) Costello, *et al., op. cit.*, pp. 37-9.
47) *Ibid.*, pp. 49-50.
48) *Ibid.*, pp. iii, 13, 15.
49) この託送のケースについては,"Stranded Investment Armageddon in N.E.," *The Electricity Journal*, April 1994, pp. 3-4 ; "Stranded Investment : NU Forges Model Pact to Compensate Utility for Loss of Customer," *Electric Power Alert*, June 8, 1994, p. 4, を参照した.当事者のひとつである Madison Electric Works はその名から製造業のように思われるが,活動内容からして公的電力会社であることが明らかであるので「マジソン自治体電力会社」と訳した.アメリカでは自治体が配電を中心業務とする電力会社をもっているケースが多い.
50) Kennedy P. Maize, "AEP Loses on Muni Access," *The Electricity Journal*, Dec. 1993/Jan. 1994, pp. 23-4.
51) "As FERC Readies to Craft Generic Rules," *Electric Power Alert*, Feb. 2, 1994, p. 1.
52) U.S. DOE/EIA, *Changing Structure of the Electric Power Industry : An Update, op. cit.*, pp. 79, 80, table 6, より.
53) *Ibid.*, pp. 79-81 ; "Consultant Says Stranded Cost is $163 Billion—$730 Billion for Generation," *The Electricity Journal*, March 1995, p. 5 ; "Moody's Weighs Utilities' Stranded Cost Baggage," *The Electricity Journal*, Oct. 1995, pp. 4-5, を参照.
54) U.S. EIA/DOE, *The Changing Structure of the Electric Power Industry : An*

Update, op. cit., p. 79.
55) "Nuclea Power : As Regulators Consider Transition Measure..... Stranded Nuclear Assets May Trigger Multiple Bankruptcies," *Electric Power Alert*, May 10, 1995, p. 17.
56) "Stranded Investment—$300 Million Anchor, or 'Toinya Harding' Issue?" *The Electricity Journal*, March 1994, pp. 17-8.
57) U.S. EIA/DOE, *The Changing Structure of the Electric Power Industry : An Update, op. cit.*, pp. 54-5.
58) *Ibid.*, pp. 58-9.
59) *Ibid.*, pp. 57-8.
60) *Ibid.*, p. 58.
61) *Ibid.*, p. 57.
62) *Ibid.*, p. 57.
63) Swezey, *op. cit.*, p. 9.

第4章　カリフォルニア州の規制緩和・再編成法

　連邦レベルにおけるエネルギー政策法と送電線開放命令は，電力自由化の第2局面を切り開いた．焦点は1980年代のようにクリーン・エネルギーとコジェネを育成することから，一層の競争導入のための送電線網中立化，それに伴う電力会社の機能上の発・送電分離という再編成に変化した．

　熱心にクリーン・エネルギーとコジェネの育成をしてきたカリフォルニア州も大きくスタンスを変え，1998年に送電部門の中立化と電力再編成を行う競争移行期に入ることになる．アメリカ北東部と並んで，同州はこうした最初のケースとなった．同州におけるエネルギー政策法と送電線開放命令の具体化の内容は，回収不能費用の回収のための4年間の競争移行期の設定，電力会社発電所の分離・売却，独立送電機構の設立による送電線の中立化，電力取引所における，また相対取引による卸売り電力の競争，電力会社配電部門と電力小売り業者の競争の開始，そしてクリーン・エネルギー助成策の変化などである．

　本章では，カリフォルニア州における卸売り電力市場の競争ルールが安定供給と矛盾，のちに電力危機を引き起こす重大な欠陥を内包していたことを示唆する．また，小売り市場が真の競争をもたらすように設計されていたのかどうか，を検討する．そして，クリーン・エネルギーの育成策がどのように競争移行期に組み込まれ，それが十分であるのかどうかを検討する．

1. 電力産業の諸問題

1990年代の概観

1990年代初めのカリフォルニア州のエネルギー源構成は，電力生産に用いられるエネルギー源という点において，世界で最も多様化したものになった．それは同州がもともともっぱら水力に頼っていたという歴史的経緯，50年代から大規模な天然ガス・石油発電所の建設を行ったこと，北西部・南西部からの電力移入に依存してきたこと，70年代以降に原子力発電に傾斜したこと，そして80年代に公益事業規制政策法（PURPA）を熱心に実施してコジェネやクリーン・エネルギーを育成したからであった．その結果，天然ガス・石油（1992年の構成比は35％）を中心にしながら，水力（同9％），電力移入（同15％），原子力（同16％），石炭（同13％），そしてクリーン・エネルギー（同11％）と非常に多様化している．11％というクリーン・エネルギー依存率はアメリカでは最も高く，世界でもおそらく非常に高い比率であろう．

電力移入が多いのはカリフォルニア州が工業州であり，低コストの大量電力が北西部，南西部から移入されたからである．ワシントン州など北西部は余剰電力を移出することができる巨大な水力発電能力をもっている．アリゾナ州など南西部の石炭火力発電所も，数カ月にわたって余剰電力を移出できる[1]．

非電力会社の発電量は1980年代末までに急激に増加し，地熱，風力，バイオマス，太陽電池，そして太陽熱を含むクリーン・エネルギーが大いに発展してきた．それでも天然ガスを燃料とするコジェネが，非電力会社の発電量のほとんどを占めていた．他方，電力会社の発電量については，1980年代初期よりほとんど拡大していない．原子力発電量も1980年代以降，ほとんど増加していない．電力会社の発電量は1983年に総電力供給量の70％を占めていたが，それ以降低下して96年現在，55％に低落している．電力会

社以外の勢力が拡張したからである.

カリフォルニア州の電力料金は,全米でもニューイングランド諸州などと並んで最も高い. 1995年の小売り電力料金の全米平均は1kWh当たり6.9セントであるにたいして,ニューヨーク州が11.1セント,コネチカット州が10.5セント,ロードアイランド州が10.4セント,そしてカリフォルニア州は9.9セントであった[2]. カリフォルニア州の電力料金が高い理由は,第1に,同州が石油ショック以降価格の高騰した石油を主力とするエネルギー源構成になっているということ. 第2に,70年代以降,原子力発電所が稼働したが,予想より遙かにコストが高騰したこと. そして,第3にPURPA以降,適格設備からの電力を石油価格にペッグされた,高い固定価格で電力会社が購入しなければならなかったからである[3]. 次いで,カリフォルニア州の原発問題と電力買い上げ制度に絞って検討してみよう.

原子力発電のコスト算定問題

カリフォルニア州の原発問題は,パシフィック電力のディアブロ・キャニオン原発(以下,ディアブロ原発)とサザン・カリフォルニア電力のサンオノファー原発に象徴されていた[4]. パシフィック電力はそのディアブロ原発1号機について1968年に, 2号機について72年に建設許可を得ていたが, 2号機の建設許可を得てから11年しても(1983年現在—著者),どちらも操業されていなかった. この遅延には3つの原因が複合していた. 第1に,原子力規制委員会がスリーマイル島原発事故のあと,原発建設に広範囲な安全規制を課し,それをクリアするまでディアブロ原発の運転開始の許可を遅らしたことである. 第2に,地震の断層がディアブロ原発の用地からわずか2.5マイルのところに発見され,その結果,同原発が地震に耐えられるように再設計されることになったためである. しかし第3に,地震断層の発見のあとに設置された,耐震構造の設計にミスが発見され修正されなければならなかったことである.

新規の原発の完成が遅延したとき,電力を全く生産せず収入を生まない大

第4章 カリフォルニア州の規制緩和・再編成法

規模投資の負担が電力会社に2種類の費用となってのしかかる．ひとつは，電力会社は電力需要を見込んで建設に踏み切ったのであるから，その増加した電力需要を満たさなければならないので，外部の電源から電力を購入しなければならない．第2の費用は，引き延ばされたプロジェクトのための利子費用である．ディアブロ原発の利子支払いは1年で約2億3,725万ドルである．そこで，州公益事業委員会はディアブロ原発の完成の遅れのゆえにパシフィック電力に生じている費用を，従来までの総括原価方式に従って電力料金に転嫁することはできなくなった．パシフィック電力の地震断層に関する不注意から生じた費用のすべてを消費者に負担させるのは，アンフェアであろうからである[5]．

この問題の解決はディアブロ原発がようやく運転開始にこぎ着けた3年後になされた．つまり1988年に，パシフィック電力と公益事業委員会が次のような解決案で合意に至った．パシフィック電力の収入の一部はディアブロ原発の生産する電力量に結びつけられた．ディアブロ原発がたとえば稼働率64%で操業されれば，同原発の資本費用58億ドルのうちの44億ドルを電力料金に算入する．40%の稼働率であれば資本費用のうち18億ドルしか電力料金に算入されない，という解決案である．この解決方式は不調の原発の電力料金ケースで最大の差引額となった．したがって，原発に関しては従来までの総括原価方式ではなく，一種のパフォーマンス・ベース料金規制となったのである．原発の不調のために規制緩和が事実上進行したのである[6]．

他方，サザン・カリフォルニア電力が80%の，サンディエーゴ電力が20%の持ち分を所有するサンオノファー原発の2つの原子炉に関する問題点について述べよう．サンオノファー原発の2つの原子炉に関する論争で，1995年頃に問題となっていたのは同原子炉の回収不能費用の処理問題であった．サザン・カリフォルニア電力とサンディエーゴ電力は公益事業委員会に，競争増大によって生じる回収不能費用の加速度償却を認めるよう要求した．競争が始まれば競争力のないサンオノファー原発の資本費用を早期に回収しておきたいということである．公益事業委員会の解決策は，これら電力

会社に12年ではなく8年で，つまり2003年までに27億ドルの未償却投資額の回収を許すということだった．

しかし，消費者グループ，産業界，そして環境保護派は，競争力のない原発の資本費用を前倒しして電力料金に組み込む解決案は，競争によって生じる電力料金の低下を2003年まで引き延ばすことだと反論した．そこで1996年の最終解決案では，加速度償却を認める代わりに同原発の電力料金に組み入れられる利潤を9.8％から7.78％に，さらに7.4％に引き下げた．この解決方式によってサザン・カリフォルニア電力の同原発の電力料金は，当時のレベル，1kWh当たりおよそ8セントを維持することになる．この加速度償却によって早期に資本費用が回収されるので，2004年からは両電力会社は競争市場で原発からの電力を販売することができるであろうと考えられた[7]．

環境保護派と消費者グループはサンオノファー原発の解決策が，全米の不経済的な原発のための資本費用回収のモデルとなることを懸念した．この措置のために原発が競争力がないのに操業され続け，新規の，より効率的なコジェネや環境に優しいクリーン・エネルギーの導入を妨げることになるであろう，と．しかし，サザン・カリフォルニア電力の2つの原子炉への投資は加速度償却でカバーされ，市場競争の原則から一時的に保護されたことになったのである[8]．

競争入札制と統合電源計画

他方，コジェネやクリーン・エネルギーを育成したカリフォルニア州の政策について，どのような問題が進行していたのか．同州では電力会社に適格設備のコジェネとクリーン・エネルギー事業者から，暫定スタンダード・オファー No. 4 契約などを通じて電力購入を義務づけていた．このことが新エネルギーの育成策となってきたのである．1980年から87年にかけてカリフォルニア州の発電能力は1,300万kW増加したが，そのほとんどはこれら適格設備によって担われ，電力会社自身は新規の発電設備への投資を行わなかった[9]．

ただし，電力会社は関連子会社の形態で，とくに天然ガス発電に投資・進出していた．たとえば，サザン・カリフォルニア電力はミッション・エネルギー社という関連会社を所有し，この関連会社はテキサコ石油会社と共同でケルン・リバー・コージェネレーションという100万kWの天然ガス発電会社を経営していた．競争入札制導入の機運のなかで，電力会社が外部から電力を調達する際に独立系よりも関連会社を優先するのではないかという問題も生じつつあった[10]．

多くの適格設備が契約を獲得した1985年には，それらによる大規模な過剰能力が問題となり，暫定スタンダード・オファーNo.4契約は中止となっていた．新規契約は中止となったが，それ以降の10年間，すなわち1990年代中期までは電力契約は継続するので，電力会社の購入義務はそれまで続くことになっていた．電力会社は高コストの原子力発電を棚に上げ，これらの新エネルギー買い上げが消費者に負担を与えていると批判した．1986年に公益事業委員会は最終スタンダード・オファーNo.4を公表し，電力会社が発電能力の増設を必要と認めた場合にのみ適格設備との電力購入契約が行われ，しかも競争入札制が導入されることになった[11]．これはPURPA体制からの逸脱を意味していた．

ところが，1980年代末に環境問題，とくに地球環境問題への懸念が広がり，電源計画にますます影響を与えるようになった．カリフォルニア州は州独自の「1988年大気浄化法」を制定し，同州が直面する大気質問題に対処しようとした．州の規制は自動車や産業設備からの排出物と発電所からの排出物を対象とした[12]．また，同州エネルギー委員会の電力報告書は次のように述べた．「環境上の懸念が電源計画を形成するうえでますます重要な要素となりつつある」．「もし科学者・研究者が石炭・石油・天然ガスの燃焼と地球温暖化とのより直接的な関係を明らかにすれば，化石燃料発電所にたいするより厳しい制限が始まるであろう．カリフォルニア州は新規電源の追加量と建設時期を選択するのに競争価格の導入と同時に，これら（化石燃料に由来する地球温暖化—著者）とその他の環境懸念を考えなければならない」[13]と．

競争入札を導入しつつ環境保護の課題も達成できるように，1989年に公益事業委員会は電源計画を進める方法として隔年電源計画改訂というプロセスを考案した．隔年電源計画改訂とは，2年に1度改訂・公表される同州エネルギー委員会の電力需給見通しに基づいて電力会社が電源計画を作成し，公益事業委員会の承認を経て競争入札を行う電源計画実施の方法である．具体的には，エネルギー委員会の1990年電力報告書の公表，それに基づいた電力会社の電源計画の提出（91年），公益事業委員会によるこの電源計画の承認（92年），そして最終スタンダード・オファー No.4 の公表（92-93年）と電力会社の入札要請（93年）という複雑なプロセスを経るものとなった．これは，州の関連委員会が民間電力会社の電源計画と競争入札に関わることによって，環境保護も加味した電源計画を実施することを意味したので，「統合電源計画（Integrated Resources Planning）」と呼ばれた[14]．

こうしたプロセスのなかで，1992年に公益事業委員会は3大電力会社に合計145万kWの競争入札を行わせるよう決定した．これは暫定スタンダード・オファー No.4 が1985年に中止されて以来初めての契約であった．このうち一部の発電能力はクリーン・エネルギーから供給されることになっていた．しかし電力会社は，とくに最も多くの発電能力の入札を決定されたサザン・カリフォルニア電力はこれに抵抗する構えを見せた[15]．というのは表4-1に示すように，パシフィック電力もサザン・カリフォルニア電力もすでに外部とくに適格設備から非常に多くの電力を購入しており，主要な電力会社のなかで電力調達量が最も多かったからである．電力調達量も含めた電力供給量ではそれぞれ全米6位，7位であるのに，発電量で見るとそれぞれ12位，13位である．電力会社はこのプロセスの節目節目で抵抗したため，この競争入札のプロセスは非常に長いものになった．

電力会社の抵抗にあって，公益事業委員会は決定を修正しつつ進まねばならなかった．1993年には入札する発電能力は134万kWに引き下げられ，この競争入札は最初で最後のものになると決定された．ようやく94年にパシフィック電力は入札を終えてコジェネなどとの契約に進んだ．サザン・カ

表 4-1 主要電力会社の発電量，電力調達量，および電力供給量，1995 年

(単位：100 万 kWh)

電力会社名	発電量	電力調達量	電力供給量
テネシー河域公社（TVA）	131,610	3,793	135,273
コモンウェルス・エジソン	94,997	4,086	91,353
テキサス電力	83,877	10,700	89,063
デューク電力	74,165	6,941	76,737
フロリダ電力電灯	68,653	16,660	78,924
ジョージア電力	64,310	11,255	72,263
アラバマ電力	58,129	5,024	59,227
バージニア電力	54,763	18,080	68,953
ヒューストン電灯電力	53,447	10,453	61,076
パシフィコープ	52,698	11,204	59,543
パシフィック電力	49,671	31,089	75,493
サザン・カリフォルニア電力	48,568	34,315	74,296

注：電力供給量は，正確にではないが発電量に電力調達量を加えたものである．
出所："Trends: Top 40 Generators (1995)," *Public Utilities Fortnightly*, Oct. 1, 1996, p. 18, より作成．

リフォルニア電力もケネテック・ウィンドパワー社と 50 万 kW の風力発電の購入に契約した．サザン・カリフォルニア電力の消費者はもしクリーン・エネルギーを購入したいと思えば，若干高い料金（グリーン料金）を支払うことになった[16]．しかし，他方でこうした競争入札の強制を嫌っていたサザン・カリフォルニア電力は FERC（連邦エネルギー規制委員会）に異議を申し立て 1995 年に認められたため，これらの契約は実行されなかった．また，ケネテック・ウィンドパワーの入札内容に問題が発覚した．それは開発する風力発電所のコストを低めようとして稼働率を高めに設定していたのである．契約が実行されなかったため，ケネテック・ウィンドパワーは破産を申請した[17]．こうして，公益事業委員会内外において競争重視の機運が盛り上がり，結局，すべての契約が破棄されたのである．時代は一気に電力産業の再編成と競争移行期の設計に向かって動き始めた．

2. 電力再編成・競争移行期の設計

ブルー・ブックの公表

1994年4月になるとカリフォルニア州公益事業委員会は「ブルー・ブック」を公表し、電力業界と社会を驚かしていた。というのは、ブルー・ブックは競争入札制による適格設備や独立電力生産者という電力生産者間の競争を大きく超えて、同州の全消費者が2002年までに新規参入する電力小売り業者を通じて、徐々に電力会社以外の発電事業者から購入できるようにすることを提言したからである[18]。1992年エネルギー政策法は卸し、小売り電力の託送を承認しており、FERCが送電線開放命令を出すのがほぼ確実な情勢になっていた。「ブルー・ブック」はこれらを具体化した電力再編成を実施し、電力サービス・プロバイダという送電・配電線網をもたない電力小売り業者を小売り市場に新規参入させ、自由化を一層推し進めるという内容を含んでいた。送電・配電線網をもたない電力小売り業者を、同州では電力サービス・プロバイダと呼ぶ。

ブルー・ブックは大規模産業だけでなく一般消費者にも電力小売り業者の選択を可能にすることを提案したが、これはいままで小売り託送と呼ばれてきたものである。ブルー・ブックは消費者が電力小売り業者を選択して電力料金を低下させえること、従来の電力会社を選び続ける消費者も保護すること、そして電力会社の財政状態を維持するため、消費者がその他の電力小売り業者を選択する場合に、競争移行期に限って不経済な電力資産が回収不能になることを防ぐために課徴金をかけることを提案した。当然のことであるが、大規模産業需要家のために電力料金を下げ、小規模産業需要家と家庭消費者を電力料金の負担増から保護し、なおかつ電力会社の財務状態にも配慮するという敗者なしのプランが可能かどうか、という疑問が寄せられた。

ブルー・ブックの提案は、同州の大規模産業の低い電力料金を求める要求を背景にしていた。ブルー・ブックの最も強い支持者は、カリフォルニア州

大規模エネルギー消費者協会であった．これは1980年代初期に設立され，セメントや鉄鋼メーカーなどから構成され，ロビー活動を行ってきた協会であった．この協会の目標は地元の電力会社をバイパスして，より安価な電力をえることであった．それには成功しなかったが，この協会のメンバー企業は電力会社から小規模企業と家庭消費者が支払う電力料金の半分以下，つまり1kWh当たり4.5セントというディスカウント料金で電力供給を受けてきた．大規模産業需要家は自家発電という選択肢をもっているので，電力会社がその要求に応じざるをえなかったのである．1985年から94年まで，パシフィック電力とサザン・カリフォルニア電力の産業向け電力は16％低落したのに，家庭用電力は36％も上昇した[19]．

一般消費者はブルー・ブックは政治力のないグループに犠牲を転嫁することになると疑問を投げかけた．環境保護派はブルー・ブックが，クリーン・エネルギー育成やエネルギー効率を高める諸政策に冷水を浴びせるのではないかと見なした．ブルー・ブックは「公表と同時に，この案は大規模産業に有利で，独立電力生産者，クリーン・エネルギーにとって不利である」と評価された．また，「天然資源保護協議会のカバナー（Canavagh）は，この提案は純粋に価格に基づく競争に導くのであり，エネルギーの多様性，保全，そして供給の選択が環境に及ぼす結果を無視している」[20]と批判した．

最も反対したのは電力会社であり，電力会社はパフォーマンス・ベース料金規制で十分であると反論した．ブルー・ブックによる提案では，消費者としては一般消費者より大規模需要家が有利となり，また，電力供給者としてはコストの低いコジェネは有利となる．さらに原発などを抱える電力会社と環境に優しいがまだコストの高いクリーン・エネルギーが不利となり，プロジェクトでは統合電源計画，デマンド・サイド・マネジメントなどは実施困難となるであろう[21]．

回収不能費用と競争移行期の設定

電力再編成の最大の問題のひとつは，電力会社の回収不能費用の取り扱い

であった．1991年の時点で，カリフォルニア州はアメリカで4番目に電力料金が高い州であったが，それは第1に，1960，70年代に原子力発電に大規模な投資を行ったこと，第2に1980年代に積極的にクリーン・エネルギーからの固定価格での電力買い上げ制度を実施したこと，そして第3に，公益事業委員会が一部修正されているが指令型規制（Command and control）によって，総括原価方式料金規制に固執してきたことなどによる．

電力会社は，カリフォルニア州の高料金の最大の原因は原発であるが，しかし1980年代中期に契約された適格設備からの電力も同様に高価であると批判した．これらの契約下で適格設備の電力に電力会社が支払う価格は，上昇していた当時の石油価格と結びついており，なかには1kWh当たり13セントの契約をもつ適格設備さえあった．ただし，こうした高い価格は10年間しか保証されていない．11年目には，電力の価格は電力会社の短期限界費用にまで低落するが，それは電力会社が卸売り電力市場から調達できる価格水準である．1990年代にカリフォルニア州では，卸売り電力価格は3セントに低落していた．1990年代中期に，ほとんどの適格設備のもつ電力契約価格が大幅引き下げを迎えることになる．

パシフィック電力のディアブロ原発は建設費が55億ドルに膨張しており，1988年にディアブロ原発の収入はその稼働率にリンクされるようになった．つまり，従来までの包括原価料金方式の修正が行われているが，それでも，同原発からの電力料金は1994年に1kWh当たり12セント以上であった．アメリカ西部の卸売り電力市場では当時3セントであり，ディアブロ原発の電力料金は競争が導入されれば決して維持できる水準ではない．サザン・カリフォルニア電力のサンオノファー原発についても，前述のように加速度償却と低い利潤率の算定の組み合わせで2003年までほぼ従来通りの電力料金を維持することになっていた．何かの工夫された制度が導入されなければ，競争の導入によって，原発のような高価な設備は回収不能となるであろう．回収不能費用は，カリフォルニア州で80～320億ドルと推定された[22]．

そこで，2大電力会社は競争移行期を設定して自由化を遅らせ，そしてそ

の期間，回収不能費用の回収を認めるよう主張した．パシフィック電力は6年から12年の移行期を提案し，自由化を遅らせようと主張した．パシフィック電力の社長S.スキナーは「ディアブロ原発の20億ドルの加速度償却額を含む移行費用を主に回収するために，小売り自由化実施にむけた日程を2008年までに延ばすことを勧告した」[23]．また，サザン・カリフォルニア電力も，1998年からの競争移行期料金（Competitive Transition Charge）の設定と，卸売り電力プールの設置を提案した[24]．卸売り電力プールはのちに電力取引所・独立送電機構として実現するものである．

電力プール vs 小売り自由化論争

パシフィック電力は長期の競争移行期と回収不能費用のための課徴金と同時に，当初一部の消費者に小売り自由化を認め，6年から12年かけてすべての消費者にそれを認めるという提案を行っていた．パシフィック電力の提案は，小売り自由化を段階的に拡大して，全面的な小売り自由化を実現しようというものであった[25]．小売り自由化とは，消費者が新規参入する電力小売り業者を通じて，電力会社以外の発電事業者から電力を購入することである．

パシフィック電力は，電力プール市場を作ろうとするサザン・カリフォルニア電力とサンディエーゴ電力の主張のアイデアはイギリスから来ており，イギリスの電力プールは小売り競争をも目指すカリフォルニア州にとって実践的なモデルではない，と批判した．というのはイギリスの自由化は発電事業者による卸売り競争であり，電力プールは小売り自由化の実施を遅らせることになるからであった．パシフィック電力は，カリフォルニア州の最大級の250の需要家に1996年1月から小売り自由化を認め，その対象は2008年からあらゆる消費者に拡大される．こうして，パシフィック電力は小売り自由化の強力な推進者となったのである[26]．

他方，サザン・カリフォルニア電力とサンディエーゴ電力は，回収不能費用の回収を保証した上で，電力プール市場案を推進した．それは具体的には，

民間によって組織されるPOOLCO（独立送電機構と電力取引所の機能をあわせもった機関で，POOLCOはindependent power pool companyからの造語と思われる）が3大電力会社の送電網を管理下におき，州のほとんどの送電線網をカバーする．送電網は電力会社の所有のままであるが，それはPOOLCOの指令によって操業されるようになる[27]．そうすれば発電分野は送電・配電と切り離され，電力取引所の開設によって真に自由な卸売り電力市場が成立する．

POOLCOは電力の売り手，つまり電力会社の発電部門，適格設備，そして独立電力生産者などと，電力の買い手，つまり電力会社の配電部門，そして電力小売り業者などとを結びつける．POOLCOはある時間帯のカリフォルニア州に必要とされる総電力量を推定し，各時間帯毎に統一のスポット価格を設定するであろう．ある時間帯の電力のために24時間前にたとえば，4つの電力の売り手がそれぞれ10万kWを入札すると仮定するが，POOLCOは30万kWしか必要としないと推定すれば，入札価格の低い順に3つ目の売り手が選定されるであろう．スポット価格は選定された入札のなかの最高の価格がベースとなる．この価格に，POOLCOの管理費用などが追加されるだろう．電力の売り手はPOOLCOに選定されるように低価格で入札するため，コストを低く抑えようとする．この機構を通じて発電事業者間の競争がコストを引き下げ，長期的に入札価格を引き下げるだろう．

POOLCOへの参加はカリフォルニア州のあらゆる民間の電力会社，独立電力生産者，電力小売り業者，また電力需要家に開かれている．電力会社は実際の送電活動を行うが，POOLCOの指令によるものとなる．それによって電力会社の配電部門がその発電部門，あるいは関連発電会社を優先的に扱う可能性を除去するであろう．

POOLCOのもとでも相対取引も可能とされるだろう．POOLCOでは電力価格が変化しやすいので，安定的な電力価格を望む売り手と買い手が，POOLCOの外部で長期的な電力契約をすることが可能である．また，POOLCOはコスト効率的なエネルギー保全とデマンド・サイド・マネジメ

ントと矛盾しないだろう．というのは，長期電力契約をもっている顧客は，スポット価格がその契約価格より高いときは，その電力負荷を減少させて電力プールに余剰電力を販売する経済的インセンティブをもっているからである．こうしてサザン・カリフォルニア電力その他は，カリフォルニア州ほぼ全域でのPOOLCOの設立を主張したのである[28]．

小売り自由化案と電力プール案は対立したが，相対取引とスポット市場のどちらを重視するかということであり，のちの重要な論点となるものである．このような論争のなかで公益事業委員会の意見は分裂したが，95年5月，小売り自由化案を否決し卸売り電力プール案を採用する決定を行った．

公益事業委員会の電力プール案採用は当初，サザン・カリフォルニア電力，サンディエーゴ電力，電力会社労働組合，自治体電力組織，消費者代表，環境保護団体，アメリカ風力エネルギー協会などによって支持された．しかし，提案の詳細を検討して行くにつれ，小売り自由化を容認する卸売り電力プールの方がよいのではないか，卸売り電力プールにおいて3大民間電力会社が市場支配力を集中させるのではないか，多くの環境保護派は完全に償却を終えている化石燃料発電所がクリーン・エネルギー発電所を駆逐するのではないか，という疑問が表明されるようになった．シエラクラブと環境保護基金という有力環境保護団体もクリーン・エネルギーは助成策が採用されても電力プール（卸売り電力市場）において生存できるのかどうか疑問視し始めた．パシフィック電力は大規模産業需要家とともに小売り自由化を支持していた．また，独立電力生産者たちも小売り自由化を否定した公益事業委員会の卸売り電力プール案に危機感をもち，環境保護派などと合流し，電力プール案への反対が増大してきた．

当時のウィルソン州知事は，大規模産業とサザン・カリフォルニア電力の対立に困惑し，それらの代表者に協議させた．大規模産業とサザン・カリフォルニア電力に独立電力生産者の代表も参加した協議において，卸売り電力プールに小売り自由化を混合した案を採用することで合意した[29]．サザン・カリフォルニア電力は小売り自由化を認める代わりに競争移行期料金の設定

を認めさせた．こののち，小売り自由化を主張してきたパシフィック電力も6〜12年としていた競争移行期を短縮して2001年までの競争移行期料金の徴収を提案した．大規模産業需要家などは回収不能費用の回収の早期終了というパシフィック電力の約束を受け入れた．

このような妥協の動きを受けて，1995年12月，公益事業委員会は卸し電力プールばかりでなく，小売り自由化も認めた「最終政策決定」を公表した．その内容は，第1に1998年1月から卸売り電力プールを導入し，電力会社は発電（自由化），送電（独立送電機構の管理下），配電（独占＝規制体制存続）に機能的に分離される，第2に小売り自由化も徐々に導入され，一般消費者が電力会社以外の電力小売り業者を選択できる，第3に卸売り電力プールでの取引が始まれば卸売り電力料金は下がるであろうが，1988年から2001年までに電力会社はすべての小売り消費者から競争移行期料金を徴収し，回収不能費用を回収できる．したがって，2001年までは電力料金は原則として下がらない，第4に，クリーン・エネルギーの育成のため何らかの措置が検討される，が主な内容であった[30]．

回収不能費用の回収方式や，電力プールか小売り自由化かを中心とした電力会社，大規模産業需要家，独立電力生産者の論争が，競争移行期の競争ルールに大きく影響を与え，環境保護派などの重視するクリーン・エネルギー育成策などはやや背景に退いてしまったように思われる．

再編成と競争移行期の概要

公益事業委員会の「最終政策決定」を受けて，カリフォルニア州議会は1996年8月に大胆な規制緩和・再編成法（州法1890号）を成立させた．州法1890号はその目的として，電力価格を下げる競争体制へ移行すること，環境に優しいエネルギーを維持するとしている（第1条）．「同法の意図は，カリフォルニア州がより競争的電力市場構造への移行期に入ることによって，市民と企業が最短期間で電力再編成の経済的利益を享受し」，「同州が多様で環境に優しいエネルギー源の開発へ関与し続けることである」[31]が，そうな

第4章 カリフォルニア州の規制緩和・再編成法

っているであろうか，以下検討しよう．

　同法による電力再編成の特徴は，第1に非営利組織である独立送電機構を設立し，3大電力会社の送電部門を管理下においで操業することであった．これは電力会社の発電や送電，配電部門を機能的に分離することを意味し，これにより差別的託送をなくして発電部門の競争をより完全なものにできる．電力料金も発電や送電，配電料金に分類して表示される．独立送電機構は，卸売り電力を取り扱うのでFERCの管轄下に置かれる．第2に電力取引所（Power Exchange）を創設し，3大電力会社の発電部門とその他の発電事業者が，そして電力会社発電部門同士が競争する卸売り電力市場とする．電力取引所の外部での相対取引も導入される．第3に，卸売り電力価格がどれだけ上下しても，最終消費者が支払う小売り電力料金は政策的に下げられる以外，競争移行期には1996年1月の水準に凍結・固定される．そのことが電力会社に回収不能費用の回収を可能とする．第4に，電力会社の配電部門は引き続き地域的独占を認められ，州公益事業委員会の規制を受ける．ただし，それはプライス・キャップ（料金上限）などのパフォーマンス・ベース規制である．プライス・キャップは電力料金の上限が決められているだけなので，電力会社が努力してコストを削減した場合にはその差額が電力会社自身の利益とすることもできるのでパフォーマンス・ベース規制と呼ばれる．回収不能費用の回収が終了し競争移行期が終われば，残存する規制が再検討され，より完全な競争体制が展望されていた．

　このような再編成によって，電力取引所においては，次の日の時間帯毎の電力の売り入札と買い入札が突き合わされて価格が決定・公表され，売り手のついた発電所は次の日のその時間帯に発電することになる[32]．電力消費の前日に売買契約されるが，それは需給を調整するため若干の時間が必要とされたためであり，本質的には非常に短期の，事実上スポット売買と考えられる．したがって，卸売り電力価格は大いに変動する可能性をもっている．

　しかも公益事業委員会は，3大電力会社の発電部門と配電部門については競争移行期にはすべての電力取引をこの電力取引所を通じてしかできないと

決定していた．3大電力会社は当時，州全体の民間電力産業の発電能力の約70％を占めており[33]，相対取引ではその市場支配力を行使するのではないかと懸念されたからである．また，電力会社の発電所の多くが回収不能資産と見なされており，競争にさらされる電力会社の財務的負担を軽減・緩和する必要もあった．そこで，公益事業委員会はとくに大規模なパシフィック電力とサザン・カリフォルニア電力にその化石燃料発電所の少なくとも50％を分離・売却するよう命令することになった[34]．これにより，電力会社の発電シェアは将来確実に減少し，卸売り電力市場での競争を効果的なものにすると考えられた．とはいえ当初は，電力会社の取引が電力取引所に限定されたことにより，圧倒的な電力取引量が，電力取引所におけるスポット取引を通じて行われることになった．しかも小売り価格が固定されたので，のちに電力価格の異常な高騰が電力会社の経営危機につながることになる．

他方，電力会社以外の発電事業者と電力小売り業者は，この電力取引所を通じて売買し，かつ相対取引によっても電力を売買できることになった[35]．相対取引は長期の電力売買契約を含むので，電力取引所における価格変動をある程度回避することができる．

ところで，電力会社以外の電力小売り業者から電力を購入しようとする消費者であっても，通常，取引は電力会社の送電線と配電設備を利用するために，消費者は送電料金，配電料金を電力会社に支払う[36]．電力の場合，通常は特定の発電会社，発電所からの電気を購入することはできないので，そこから購入したと「見なす」のである[37]．その消費者は他の発電事業者が送り込んだ電気を消費するが，選択した発電事業者に発電料金を支払う．その消費者によって消費されなかった電力は他の消費者が利用する．このようにして取引が完了しているわけである．

この点に関連して公益事業委員会はクリーン・エネルギーを購入しようとする一般消費者向けに次のような説明をしている．「あなたは必ずしも，クリーン・エネルギー源によって生産された電力そのものを受け取る必要はない．特定の発電所で生産された電気は別のエネルギー源を用いて生産された

電気と区別することはできない．送電線と配電システムの性格のために，特定の発電所で生産された電気が特定の消費者に配電されることはできない（消費者がその発電所に接続された唯一の消費者でないかぎり）．しかし，あなたはクリーン・エネルギーを販売するか，卸しで扱う電力サービス・プロバイダから購入することによってクリーン電力の生産を増加させることができるのである」[38]と．

以上がカリフォルニア州の卸売り市場と小売り市場のルールであり，とくに卸売り電力取引におけるスポット市場の役割を過大に設計したことなどが後で決定的な問題となり，卸売り電力価格を暴騰させ安定供給を損なうことになる．

競争移行期料金と政策的値下げ

競争移行期の電力料金の決定方式はどの州でも複雑であるが，カリフォルニア州の場合とくに複雑で技巧的である．したがって，結論を先に述べよう．カリフォルニア州では競争移行期には，変動する卸売り電力価格にもかかわらず，小幅の政策的値下げ以外は小売り電力料金は変わらない．それは卸売り電力価格と競争移行期料金の和を一定とする方式が採られたからである．競争移行期料金は電力会社の原発など回収不能費用を回収させるものであるが，電力会社の回収不能費用の回収が終わった時点で，本格的な競争期を迎えるという展望であった．だから，2002年に終わるとされている競争移行期がいつ終わるかは，実は，電力会社の発電所売却の進展とともに卸売り電力価格の水準に依存していた．だから，消費者にとって実にわかりにくい方式であった．

そこで，パシフィック電力の具体例を扱った表4-2を説明する．同表は月に600kWhを消費する家庭の電力料金を示しているが，第1に，競争移行期が始まる1998年には，電力消費量が同じであればこの家庭の支払う月額の電力料金は，前年に較べ政策的に低下させることになっていた．というのは，規制緩和の進展があるにもかかわらず，小売り電力料金が全く下がらな

表 4-2 パシフィック電力会社の電力料金の典型例，月額

1997年の電力料金モデル	11.9 セント	×	600kWh	71.2 ドル
1998年の電力料金モデル	10.7 セント	×	600kWh	64.1 ドル
（内訳）				
エネルギー（発電）料金	2.4 セント	×	600kWh	14.4 ドル
送電料金	0.4 セント	×	600kWh	2.4 ドル
配電料金	3.6 セント	×	600kWh	21.6 ドル
競争移行期料金	3.4 セント	×	600kWh	20.4 ドル
トラスト・トランファー額	1.61 セント	×	600kWh	9.7 ドル
公共プログラム費用	0.4 セント	×	600kWh	2.4 ドル
州規制費用	0.01 セント	×	600kWh	0.1 ドル
原発廃炉費用	0.05 セント	×	600kWh	0.3 ドル

出所："The California Public Utilities Commission Answers Frequently Asked Questions," (internet : http://www.cpuc.ca.gov/divisions/CSD/ Electric/question.htm # faq-e3, July 22, 1998) p. 7/11, より作成.

いのでは，消費者からの理解が得られないであろうからである．そこで，州法1890号は家庭消費者と中小企業にたいする電力料金の10％の引き下げ（2002年まで）を組み込んだ．その際，それによる収入減をカバーすべく電力会社に債券の発行を認め，カリフォルニア州の公的銀行が買い取る．これを10年間で電力料金のなかから返済するので，電力料金のなかに「トラスト・トランスファー額（trust transfer amount）」が含まれる．消費者が自分たちで負担する料金値下げの前倒しである[39]．

第2に，電力料金は項目別に分類され，エネルギー料金（発電料金），送電料金，配電料金，そして競争移行期料金などが別々に表示されるようになる．表4-2は競争移行期に入ってもパシフィック電力から電力を購入し続ける消費者の電力料金である．電力会社以外の電力小売り業者から電力を購入する消費者も，送電料金，配電料金，競争移行期料金，その他の項目をパシフィック電力に支払わなければならない[40]．この消費者はエネルギー料金（発電料金）については控除され，電力小売り業者にそれが提示するエネルギー料金を支払う．

第3に，パシフィック電力のエネルギー料金は電力取引所における卸売り電力価格とされた．したがって，これは時々刻々変化する．第4に，競争移

行期料金も固定価格ではなく，1kWh当たり5.8セントというパシフィック電力の発電原価から月平均の卸売り電力価格を差し引いた額とされた．したがって，電力取引所の価格変動によって，エネルギー料金と競争移行期料金が変化しても，パシフィック電力の小売り電力価格は変化しないように設定されていた[41]．したがって，

　　電力取引所の卸売り電力価格＋競争移行期料金＝固定小売り価格
　　　　　　　　　　　　　　　　　　　　　　　　　（電力会社の原価）

である．だからパシフィック電力は電力取引所での卸売り電力価格が下がっても，競争移行期料金を加えてすべての小売り消費者に1kWh当たり5.8セント請求できるということである．これによって，競争価格から電力会社の不効率な発電所を保護することができる．だから競争移行期料金はすべての消費者の負担で，同社の原発や旧い火力発電所を競争から護るものなのである．

　したがって，小売り市場でパシフィック電力の配電部門に競争を挑む電力小売り業者は電力取引所の価格より低コストのエネルギー源を確保できない限り，消費者を獲得することは困難であった．これは全く不可能ではないが，小売り競争はかなり制限されることを意味する．なぜならば，電力取引所の価格が1kWh当たり2.4セントという想定通りになった場合，それ以下の価格のエネルギー源はこの電力小売り業者に売らないで，電力取引所に1kWh当たり2.4セントという相場で売る方が利益が上がるからである．カリフォルニア州では小売り競争が劇的に起こるとは考えられない．消費者もこの小売り競争によって電力料金の劇的な低落を享受することはできない[42]．

　最後に，分類して表示された電力料金には，上記以外に，公共プログラム費用，州規制費用，原発廃炉費用が含まれるが，後２者は競争移行期の公益事業委員会の費用，とくに新設される電力取引所，独立送電機構の運営費に充てられたと推定される．また原発廃炉費用は，これもすべての消費者の負担が原発の廃炉費用を全部か一部を負担することを意味する．ここで額も大きく重視したいのが公共プログラム費用についてである．これはその他の州で

はパブリック・ベネフィット・チャージなどと呼ばれているものと目的はほぼ同じである.

　公共プログラム費用はすべての消費者の負担で, 競争によって損なわれるかもしれない社会的に意義のある州政府のプログラムの実施費用を捻出する項目である. この項目は, クリーン・エネルギー発展のための, エネルギー効率性のための研究開発やクリーン・エネルギー事業者への助成金などに用いられる[43].

　競争移行期が終わり本格的な競争下では, 少なくとも競争移行期料金とその他の料金がなくなるので (公共プログラム費用については継続すべきであると思うが), その分だけ電力料金が低くなると予想されるということである. 具体的には, エネルギー料金, 送電料金, 配電料金だけを合計すると1kWh 当たり 6.4 セントとなり, 1997 年の 11.9 セントからみると 46% 低落し, ほぼ全国水準に近づくことになる. ただし, エネルギー料金が 1kWh 当たり 2.4 セントになるという予測が当たっていればであるが. 電力取引所の卸売り電力価格がたとえばパシフィック電力の発電コスト 1kWh 当たり 5.8 セントを超えて上昇するとき, パシフィック電力に競争移行期料金が入るどころか逆鞘が発生し, 競争移行期そのものが瓦解する可能性をもっていた.

クリーン・エネルギーへの助成

　コストが下がってきたとはいえガス・タービンと競争するにはほど遠く, また, ベースロード用としては適さないクリーン・エネルギー (とくに太陽, 風力) は, 自由化された卸売り電力市場では確実に停滞・衰退するであろう. そこで, 州法 1890 号は消費者すべてから徴収される助成金をクリーン・エネルギーに与えることにしていた. しかし, その決定プロセスにおいて, 助成金とは異なる革新的な支援策が提案されていた. それはアメリカ風力エネルギー協会の,「再生可能エネルギー (クリーン・エネルギー)・ポートフォリオ・スタンダード (以下, ポートフォリオ・スタンダード)」構想であった.

これは全国的にも注目され，その他の州で一部実施に移されるのでここでその骨子を紹介しておこう．

まず，あらゆる電力小売り業者は，最終消費者に販売する電力のうち一定割合がクリーン・エネルギーから来ていることを提示するよう義務づけられる．この割合がポートフォリオ・スタンダードであり，その水準は州政府によって決定される．1994年にカリフォルニア州の水力を除いたクリーン電力は総発電量の11%であった．そこで，同構想ではポートフォリオ・スタンダードは1997年に11%で始まり，2000年に13%に引き上げられ，年が経過するにつれ増加される．クリーン発電事業者は1kWhを単位としたその電力販売量に応じて，取引可能な「クリーン・エネルギー・クレジット（以下，クレジット）」を州政府から交付される．電力小売り業者は，自らクリーン・エネルギーを生産してクレジット交付を受けるか，クリーン発電事業者からクリーン・エネルギーとともに購入するか，あるいはクリーン・エネルギーは購入しないでクレジットだけをを購入するだけでもよい．こうしてポートフォリオ・スタンダードは同州のクリーン発電事業者を助成しつつ，総発電量の一定の割合をクリーン・エネルギーから来ることを保証する．

ポートフォリオ・スタンダードは，発電事業者間に競争をもたらす点で助成金より優れている．ポートフォリオ・スタンダードがたとえば5%と設定されると，ある年に電力小売り業者が10万kWhを販売すれば，その業者は年末に5,000クレジットを保有しなければならない．したがって，ポートフォリオ・スタンダードによって確実にクリーン・エネルギーによる発電が行われることになる．しかし，だからといってクリーン・エネルギーのすべての地位が保証されるわけではない．上記の例では総発電量の5%であり，より低コストのクリーン発電所，技術が登場すれば高コストの，旧いクリーン発電所，技術は市場を見つけることはできない．こうした意味で，ポートフォリオ・スタンダードはクリーン・エネルギー発電事業者の間に競争をもたらす．これに関連して，クリーン・エネルギーの内部でも，伝統的電源と競争できない太陽熱，太陽電池部門はたとえば10～15%の割り当て枠を受

けるべきだと主張したが，競争力の相対的に高い風力，地熱発電事業者はそうした割り当てを否定するという論争があった[44]。

すべての電力小売り業者は，クリーン・エネルギー発電プロジェクトに投資して自らクレジットの交付を受けるか，クレジットだけか，クレジットともにクリーン・エネルギーを購入する契約を結ぶか，あるいはスポット市場で単にクレジットを購入するか決めるであろう．そして，その時，電力小売り業者はクリーン発電設備を設置・操業する費用と，クレジット，クリーン・エネルギーの購入費用，そして市場でのクレジットの価格を比較しておそらく最も低い費用の選択肢を選ぶであろう．その結果，クリーン・エネルギーの発電においては，最も効率的な発電事業者が発電し，効率的に発電できない電力小売り業者はクレジットを購入するだろう．こうしてポートフォリオ・スタンダードのもとで，最小限の費用でクリーン・エネルギーの発電が行われるのである[45]．

この市場に基づいたやり方のために，ポートフォリオ・スタンダードはコスト効率的なものとなるが，政府の関与は市場のルールを定めること，実施をモニターし，達成を強制することに限られる[46]．これは「1990年大気浄化改正法」における SO_2 の排出削減とその排出許可証取引に似ており[47]，それを参考にして考案された．排出許可証取引は SO_2 の排出を減らそうとするものであり，ポートフォリオ・スタンダードの場合は逆にクリーン・エネルギーからの発電を確実に増やそうとするものである．これは日本ではクリーン証書取引などと呼ばれている．

こうした議論が展開されるなかで，1995年末の公益事業委員会の決定において，ポートフォリオ・スタンダードにたいして暗黙の承認が与えられていた．しかし，州法1890号では電力会社の負担を増加させるという理由から排除され，代わりに電力消費者すべてが負担する公共プログラム費用からの収入による助成金方式が選択されたのである[48]．州法1890号は，既存のクリーン発電所と新規のそれらに与えられる助成金を5億4,000万ドルと決定した[49]．

この5億4,000万ドルの資金はカリフォルニア州エネルギー委員会が作成した案に基づいて上記4年間に，既存のクリーン・エネルギー設備，新規のクリーン・エネルギー設備，そして新興のクリーン・エネルギー技術（主に太陽電池のこと）に配分される．それによってそれぞれの設備が2002年以降に予定される本格的な競争市場でも競争しうるよう助成・支援するものであった．この資金からはさらに，小売り市場でクリーン・エネルギーを選択する消費者に1kWh当たり上限1.5セントが補助されることになっていた．

既存のクリーン・エネルギー設備のほとんどは，従来適格設備として地元電力会社によって電力買い上げの契約（暫定スタンダード・オファーNo.4など）をもっていた．暫定スタンダード・オファーNo.4の場合は，とくに当初の10年間は非常に高い固定価格契約であったが，その後からは電力会社の短期回避費用に連動した実勢価格契約に切り替わることになっていた．電力会社の短期回避費用は予想よりも非常に低落してきており，こうした契約をもつクリーン・エネルギー事業者はこの「価格の断崖」に直面していた．こうした事情により，1993年以降，カリフォルニア州のクリーン・エネルギーの総発電能力は減少し始めた．たとえば，合計20万kWの20に近いバイオマス発電所が送電を停止し，風力発電所は10万kW以上減少していた．したがって，州法1890号によるクリーン・エネルギーへの助成は，こうした減退傾向を阻止し，逆転させることを意図したものであった[50]．

競争移行期の特徴と問題点

1998年1月に始まると予定されたカリフォルニア州の競争移行期の特徴と問題点は，以下の通りである．

第1に，電力会社の発電部門と配電部門の取引を，スポット取引の電力取引所に制限したため，卸売り電力市場はスポット取引の電力取引所を中心とするものになり，卸売り電力価格が大いに変動するものになると予想されたことである．電力会社以外の発電事業者と新規参入する電力サービス・プロバイダは電力取引所でも取引でき，それ以外の長期取引契約を含む相対取引

も可能であり，価格高騰をある程度回避できる．卸売り電力価格が高騰したとき，電力会社配電部門はその影響を回避できない可能性が残された．

第2に，卸売り電力市場は自由化されるが，電力会社配電部門の小売り価格は政策的な小幅の料金値下げ以外は原則として凍結されたことである．電力会社から購入し続ける消費者も，新規参入の電力小売り業者から電力を購入することを選択した消費者も，送電・配電費用のほかに競争移行期料金，公共プログラム費用などの課徴金を電力会社に支払わねばならない．要するに小売り電力料金は競争移行期が終わるまでほとんど下がらないということである．新規参入する電力サービス・プロバイダは電力取引所で成立する卸売り電力価格より低価格の電力を調達しない限り，消費者を獲得できないので小売り競争は限定的なものになろう．

競争移行期料金の設定によって，卸売り電力価格がどれだけ下がっても電力会社には何の影響もなく，原発などの回収不能資産は保護されたことである．競争移行期は消費者にとっても，電力会社にとっても本格的な競争体制ではないということである．ただし，電力会社以外の発電事業者と電力小売り業者は，電力会社と競争しなければならない．

第3に，クリーン・エネルギー事業者とそれを選択する消費者には，すべての消費者から徴収される公共プログラムのための課徴金から助成金が支出されることになった．助成金と小売り競争が保証されたので，クリーン・エネルギーは従来の発電能力規模を維持することは可能かもしれない．しかし，クリーン・エネルギー助成金の規模が「環境に優しいエネルギー源を維持する」のに十分であるかどうかは疑問である．クリーン・エネルギーの発展をほんとうに考えるのであれば，総発電量にしめる割合を確実に達成できるポートフォリオ・スタンダードなどを含め長期的なクリーン・エネルギー育成策が追求されるべきであろう．

注
1) 以上，California Energy Commission, *California Historical Energy Statistics*,

第4章　カリフォルニア州の規制緩和・再編成法　　　139

Jan. 1998, pp. 74-81, を参照.
2) U.S. Dept. of Energy/Energy Information Administration, *The Changing Structure of the Electric Power Industry : An Update*, DOE/EIA-0562 (96), Dec. 1996, p. 36, Fig. 11.
3) Ed Smeloff and Peter Asmus, *Reinventing Electric Utilities : Competition, Citizen Action, and Clean Power* (Washington D.C.: Island Press, 1997), pp. 78, 80.
4) カリフォルニア州ではサクラメント電力公社のランチョ・セコ原発も大きな問題を抱え閉鎖されたが, その経緯については, Smeloff and Asmus, *op. cit.*, ch. 2 ; 長谷川公一『脱原発社会の選択』(新曜社, 1997年), 第2章が詳しい.
5) Proctor J. Hug, "Diablo Canyon : Who Should Pay?" *Stanford Environmental Law Annual*, vol. 5, 1983, pp. 118-9, 129-31.
6) Susan L. Whittington, "Risk Sharing is Key : Rate Settlement Sparks Final Diablo Battle," *The Electricity Journal*, Aug./Sept. 1988, pp. 12-3.
7) Smeloff and Asmus, *op. cit.*, pp. 94-7. おそらく, 原発に関するこうしたコスト計算は, つまり加速度償却を認めつつ利潤率を下げるという操作は, 電力料金の原則的凍結と競争移行期の短縮という州法1890号の考えにつながっていゆくと思われる.
8) Smeloff and Asmus, *op. cit.*, p. 97.
9) Donald Marier and Larry Stoiaken, "Surviving the Coming Industry Shakeout," *Alternative Sources of Energy*, no. 91, May/June 1987, p. 8.
10) Sonya Bruce, "Alleged Sweetheart Deals : PUC Eyes SCE's Mission Affiliate Cogen Contracts," *The Electricity Journal*, April 1989, pp. 7-9 ; Cynthia S. Bogorad, "Self-Dealing : The Case against Removing PUHCA Restrictions on Utility-Affiliated Power Producers," *The Electricity Journal*, Jan./Feb. 1991, pp. 53-6.
11) Donald Marier, "California's New Standard Offer," *Alternative Sources of Energy*, No. 84, Oct. 1986, p. 22.
12) U.S. DOE/EIA, *Electricity Generation and Environmental Externalities : Case Studies*, DOE/EIA-0598, Sept. 1995, p. vii.
13) California Energy Commission, *1988 Electricity Report*, April 1989, pp. I 5-I 6 (この文献は章別にページ数がつけられており, I 5 は ch. 1 の 5 ページという意味である).
14) U.S. DOE/EIA, *Electricity Generation and Environmental Externalities, op. cit.*, pp. 21-2, 63, 65.
15) "Calif. Utilitie Told to Issue Bid Requests for 1,450 MW by End of Year," *Electric Utility Week*, Nov. 9, 1992, p. 14 ; "Calif. PUC Issues Proposed Ruling on Standard Offer for Bidding Winners," *Electric Utility Week*, Nov. 23, 1992,

p. 11 ; Patricia M. Eckert, "Perspective : California's Vision," *Public Utilities Fortnightly*, Nov. 1, 1993, p. 17.

16) "Calif. PUC Orders Utilities to Seek Bids for a Total 1,340 MW on Aug. 4," *Electric Utility Week*, July 5, 1993, p. 15 ; "PG&E Selects AES/Sonet for 221-MW Cogeneration Unit, from PUC Auction," *Eletric Utility Week*, Jan. 17, 1994, p. 13 ; "Socal Ed, Kenetech Sign 500-MW Pact for Wind Power with 'Green' Pricing," *Eletric Utility Week*, March 21, 1994, p. 15.

17) John J. Berger, *Charging Ahead : The Business of Renewable Energy and What It Means for America* (New York : Henry Holt and Co., 1997), pp. 168-9, 363-4.

18) Smeloff and Asmus, *op. cit.*, pp. 75-6 ; "Calif. PUC Proposes Giving Ratepayers Access to Competitive Electric Market," *Electric Utility Week*, April 25, 1994, pp. 1, 6 ; "Excerpts from the California Restructuring Order," *The Electricity Journal*, July 1994, p. 9.

19) Smeloff and Asmus, *op. cit.*, pp. 75-7.

20) "IRP, DSM, and Renewables Seen as Big Losers under CPUC Restructuring Plan, "*Electric Utility Week*, April 25, 1994, p. 7

21) Smeloff and Asmus, *op. cit.*, p. 77 ; "Calif. PUC Proposes Giving Ratepayers Access to Competitive Electric Market," *op. cit.*, p. 7, を参考とした.

22) Smeloff and Asmus, *op. cit.*, pp. 78, 80, 82, 84.

23) "Califonia PUC Hearings Show Sharp Divisions Betwween Utilities and NUGs," *Electric Utility Week*, June 20, 1994, p. 3.

24) "Calif. Utilities Urge Slower Overhaul : PG&E would Forego Transition Charges," *Electric Utility Week*, June 13, 1994, p. 1 ; "How Much Stranded Cost in Calif? It's Anyone's Guess," *The Electricity Journal*, Jan./Feb. 1995, p. 4.

25) "Calif. Utilities Urges Slower Overhaul," *op. cit.*, p. 1.

26) Robert D. Glynn, Jr., "Offering Customers Direct Access," *The Electricity Journal*, Dec. 1994, pp. 54-5. Robert D. Glynn, Jr. は執筆当時, パシフィック電力の上級副社長であった.

27) Vikram Budhraja and Fiona Woolf, "POOLCO : An Independent Power Pool Company for an Efficient Power Market," *The Electricity Journal*, Sept. 1994, pp. 42-7. なお, Vikram Budhraja は執筆当時, サザン・カリフォルニア電力の副社長であった.

28) *Ibid.*, pp. 42-5.

29) Smeloff and Asmus, *op. cit.*, pp. 85-7.

30) Dan Richard and Melissa Lavinson, "Something for Everyone : The Politics of California's New Law on Electric Restructuring," *Pubic Utilities Fortnightly*, Nov. 15, 1996, pp. 38-9.

31) 州法1890号，第1条（internet : file:///A | /Program Files/Netscape/Navigator/Program/ab 1890. html, p. 2/39, Aug. 17, 2000），より．
32) Smeloff and Asmus, *op. cit.*, pp. 89-93.
33) U.S. DOE/EIA, *The Changing Structure of Electric Power Industry : An Update, op. cit.*, p. 130.
34) Smeloff and Asmus, *op. cit.*, pp. 97-8.
35) *Ibid.*, p. 91.
36) "The California Public Utilities Commission Answers Frequently Asked Questions,"（internet : http://www.cpuc.ca.gov/divisions/CSD/Electric/question.htm 3 faq-e 3, July 22, 1998) p. 3/11, より．
37) 南部鶴彦「電力規制改革の経済学」『経済セミナー』520号，1998年5月，35頁．"The California Public Utilities Commission Answers Frequently Asked Questions," p. 6/11, も参照．
38) *Ibid.*, p. 6/11.
39) *Ibid.*, pp. 8/11-9/11.
40) *Ibid.*, p. 7/11.
41) Peter C. Christensen, *Retail Wheeling : A Guide for End-Users*, 3rd ed. (Tulsa, Oklahoma : PennWell, 1998), pp. 54-5.
42) *Ibid.*, p. 55.
43) "The California Public Utilities Commission Answers Frequently Asked Questions," p. 7/11 ; California Energy Commission, *Policy Report on AB 1890 Renewables Funding : Report to the Legislature*, March 1997 (http://www.energy.ca.gov/reports/1997_AB1890_RPT2LEGIPDF, March 15, 2001), pp. ES-1〜ES-4.
44) American Wind Energy Association, "The Renewables Portfolio Standard," Oct. 1997, pp. 1/3-2/3 (file:///Al/Program Files/Netscape/Navigator/Program/rpsbrief.html, May 7, 2000); Smeloff and Asmus, *op. cit.*, p. 197-8. なお，「ポートフォリオ・スタンダード」は電力小売り業者に義務づける場合と発電事業者に義務づける方式が考えられているが，本書では前者で説明した．
45) American Wind Energy Association, "The Renewables Portfolio Standard," *op. cit.*, pp. 1/3-2/3.
46) Smeloff and Asmus, *op. cit.*, p. 103 ; American Wind Energy Association, "The Renewables Portfolio Standard," *op. cit.*, p. 1/3.
47) 本書，補論，参照．
48) Smeloff and Asmus, *op. cit.*, p. 172. 電力会社の負担を増加させるというのは，とくにサンディエーゴ電力のことであり，同社はパシフィック電力，サザン・カリフォルニア電力ほどエネルギー多様化を達成していなかったからである．
49) Smeloff and Asmus, *op. cit.*, p. 172.

50) California Energy Commission, *Policy Report on AB 1890 Renewables Funding, op. cit.*, pp. 6-7.

第5章　カリフォルニア州の競争移行期と電力危機

　カリフォルニア州の競争移行期のシナリオは，①送電線網を中立化し，電力取引所を創設し，卸売り電力の競争を活発化して卸売り電力価格を下げ，②しかし，競争力を喪失する電力会社の原発などの回収不能費用の回収のために小売り価格を小幅の政策的値下げを別として凍結・固定し，③小売り市場の競争促進のために電力サービス・プロバイダを新規参入させ，④まだ，コスト高のクリーン・エネルギーには助成金を与えて育成し，そして，⑤2002年頃より完全な競争体制に移行するというがその骨子であった．
　同州の競争移行期は，コンピュータ・システムの整備の遅れによって予定より遅れ1998年3月末から始まり，同州は競争移行期に入った最も早い州のひとつとして注目を集めた．しかしその結果は，周知の通り2000年夏からの卸売り電力価格の暴騰によって失敗に終わった．現在は，事実上州政府の管理下におかれるようになっている．
　その失敗の原因がどこにあったのか，を検討するのがこの章の課題である．その際，カリフォルニア州が採用した卸売り電力市場のルール，つまり電力会社の取引を電力取引所に限定し，長期取引をふくむ相対取引を認めなかったこと，それゆえスポット市場の電力取引所に余りにも依存しすぎたことなどに焦点を当てる．また，小売り競争も活発にならなかったがその原因は何か，さらにクリーン・エネルギーの助成が十分かどうかについても検討を加えたい．
　なお，カリフォルニア州における「ダイレクト・アクセス」という用語は，電力業者間の電力取引所以外での相対取引の意味と，一般消費者が電力会社

以外の電力小売り業者（同州では電力サービス・プロバイダ）を通じて電力会社以外の発電事業者から電力を購入するという意味で，事実上小売り競争を指す場合と2通りに用いられている．混同するので，ダイレクト・アクセスをその意味によって相対取引と小売り競争とに訳し分けることにする．

1. 競争移行期：最初の2年間

電力会社発電所の分離・売却

　発電所を地域的独占であった電力会社の所有のままにしておくことは，その市場支配力を減じることにはならないので，競争市場の実現にとって極めて危険であると考えられた．それゆえカリフォルニア州では，公益事業委員会が2大電力会社，パシフィック電力とサザン・カリフォルニア電力にそれぞれの火力発電所の少なくとも半分は売却するよう命じていた[1]．電力会社所有の発電所は一般的に効率が悪く，競争が始まれば回収不能な資産になるとされていたので，その売却は回収不能費用を削減させる効果ももっていた．発電所の分離・売却が進み回収不能費用が消滅すれば，競争移行期を短縮できると考えられていた．

　発電所の売却を命じられていなかったサンディエーゴ電力を含めた3大電力会社は，1999年春までに合計2,019万kWの発電所を売却した．これら発電所のほとんどは火力発電所であったが，例外はパシフィック電力のゲイザーズ地熱発電所（135万kW）であり，カルパイン社が購入した．カルパイン社は1984年に創業され，コンバインド・サイクル方式の天然ガス発電と地熱発電に特化した独立電力生産者である．ゲイザーズ地熱発電所の購入によって，同社は世界最大の地熱発電事業者となった[2]．

　発電所売却の結果，カリフォルニア州の発電事業者間のシェアは次のようになった．自治体電力など公的機関の1,198万kWについては卸売り電力の市場競争に参加しないのでこれを別として，新しい発電事業者が2,123万kWで52%に，適格設備その他が1,175万kWで28%に，そして既存電力

会社はわずか823万kWで20%に転落した[3]. 既存電力会社は発電事業からまさに撤退しつつあり, 事実上, 配電会社になりつつあった. サンディエーゴ電力はその発電所をすべて売却したので, 完全な配電会社になったのである[4].

新しい発電事業者は, 取得した発電能力の多い順にAESコーポレーション, リライアント, サザン・エネルギー, デューク・エネルギー, ダイナジーとNRGエネルギー, デステック・エネルギー, そしてカルパインである[5]. AESコーポレーションは全米最大の独立電力生産者である. サザン・エネルギーは有力電力持株会社サザン・カンパニーの関連会社, デューク・エネルギーはデューク電力会社の後継会社である. 南部の有力電力会社がカリフォルニア州の発電所を購入し同州に進出を果たしたわけである. カルパイン社は上述の通り新しい発電事業者である. その他も独立系の発電事業者については資本関係など必ずしも明らかになっていない. これらの傘下に入った発電所は「マーチャント・パワー・プラント」と呼ばれる.

ただし, パシフィック電力, サザン・カリフォルニア電力も関連会社形態で他州の, あるいは国外の電力事業に進出している. パシフィック電力についてはUSジェネレーティング社が, サザン・カリフォルニア電力についてはエジソン・ミッション・エネルギー社がそれにあたる. エジソン・ミッション・エネルギー社は1,165万kWもの発電能力を取得し, そのほとんどが国外に存在する[6].

こうして, 既存電力会社の発電部門, 適格設備, そして新しい発電事業者が, カリフォルニア州の卸売り電力市場で競争することになった. ただし適格設備のなかには競争力の不十分なクリーン・エネルギー事業者が含まれ, それらは次のような助成を受けることになった. ただし, コジェネは競争力があると見なされ, 助成の対象とはならなかった.

クリーン・エネルギーへの助成

クリーン・エネルギーにたいする助成は, あらゆる電力消費者からも徴収

される総額5億4,000万ドルの課徴金から支出される．競争移行期におけるクリーン発電事業者への支援は，卸売り電力市場における平均価格に互して競争できるように1kWh当たり上限1.5セントの助成金を支払うことによって実施された．従来まではクリーン・エネルギーは地元電力会社との暫定スタンダード・オファーNo. 4契約などによって，非常に有利な固定価格支払いを受けてきた．もちろん，この契約は10年経過すると，変動価格支払いに，つまり電力会社の短期回避費用に連動した支払いを受けることになっていた．この短期回避費用や，電力取引所で成立する卸売り電力価格より，コストの高いクリーン・エネルギー発電所は厳しい状況に置かれ，発電能力の減退という事態に立ち至っていた[7]．

この助成金を管理するエネルギー委員会は，発電費用によってクリーン・エネルギーを3グループに分けて支援した．第1グループはバイオマスと太陽熱などからなり，最もコストの高いもので，したがって最も支援の必要なグループであった．第2グループは風力であり，第3グループは地熱，小規模水力（出力3万kW以下），ゴミ焼却発電などであり，これらは最も発電費用が低かった．第1グループは1kWh当たり上限1.5セントの助成を（ただし，2000年以降の助成金は上限1セントに），第2，第3グループは同1セントを上限に助成を受けることになった．表5-1にこれら3つのグループのターゲット価格と助成金の上限を示した．ここでターゲット価格というのは，クリーン・エネルギーの平均発電費用から連邦補助金などを差し引いたものである．たとえば，1998年の第1グループのターゲット価格は5.0セントで助成金上限が1.5セントであるが，助成金が上限までもらえるとして，このグループのクリーン発電事業者は化石燃料の発電所が3.5セントの価格付けをしたとき，対等の競争条件に置かれることになる[8]．

エネルギー委員会は2000年6月までに合計414万kWのクリーン・エネルギー発電所に補助金を支払った．さらに，同委員会は新設のクリーン・エネルギー発電所にも資金援助を行い，競争入札によって合計55万kWの発電所の建設を支援した．これら発電所は完成して発送電すると1kWh当た

表5-1 クリーン・エネルギーのターゲット価格と助成上限

(単位：セント/kWh)

グループ別		1998年	1999年	2000年	2001年
グループ1	ターゲット価格	5.0	4.5	4.0	3.5
（バイオマス，太陽熱）	助成上限	1.5	1.5	1.0	1.0
グループ2	ターゲット価格	3.5	3.5	3.5	3.5
（風力）	助成上限	1.0	1.0	1.0	1.0
グループ3	ターゲット価格	3.0	3.0	3.0	3.0
（地熱，ゴミ焼却）	助成上限	1.0	1.0	1.0	1.0

出所：California Energy Commission, *Policy Report on AB 1890 Renewables Funding : Report to the Legislature*, March 1997 (http://www.energy.ca.gov/reports/1997_AB1890_RPT2LEGIPDF, March 15, 2001), p. ES-9, より．

り上限1.5セントの助成金を支援される．予定される新設クリーン・エネルギー発電所は，発電能力の多い順に，風力発電，次いで地熱発電，そしてゴミ焼却発電であった[9]．

このようにクリーン・エネルギー発電所は州法1890号の資金援助に支えられつつ，次に述べる電力取引所や相対取引での競争に参加して行くのである．電力会社発電所の分離・売却とクリーン発電事業者への助成は，発電事業者間の競争条件を整備するものであった．

卸売り電力市場の競争

卸売り電力市場の整備のために，3大電力会社の送電部門を管理下におく独立送電機構が創設され，またスポット市場としての電力取引所も開設された．電力会社や適格設備，新しい発電事業者の発電所は，電力会社の配電部門と電力サービス・プロバイダへの電力販売を巡って競争する．新規参入する電力サービス・プロバイダが最終消費者に販売しても，独立送電機構の管理する電力会社の送電線と，電力会社の配電線を用いて送配電されることには変わりはない．カリフォルニア州の場合は，電力取引所におけるスポット取引と相対取引とを併用したハイブリッド・システムが採用された．なお，カリフォルニア州独立送電機構が管理下においた送電網は，同州のそれの約

75%を占めている．これは独立送電機構として全国第2位の規模である[10]．

最終消費者のほとんどに配電する電力会社は，その市場支配力の行使の懸念から，競争移行期には相対取引を禁じられ電力取引所を通じてしか取引ができなかった．その他の発電事業者は相対取引や電子商取引が可能であった．そのため，最終消費者のほとんどに配電する既存電力会社が取引する電力取引所の取引量が，相対取引市場より圧倒的に多く，電力取引量の全体のおよそ87%を占めた[11]．

カリフォルニア州の電力取引所と独立送電機構は，イギリス（正確にはイングランドとウェールズ）の電力プールに類似しているが，同州の場合は実際の電力の引き渡しに1日先だって売買契約のなされるデイアヘッド市場を中心として取引された[12]．同州の電力取引所では北部（パシフィック電力の配電地域に相当する）の相場，および南部（サザン・カリフォルニア電力とサンディエーゴ電力の配電地域に相当する）の相場が別々に成立した．デイアヘッド市場では，実際の電力の流れる日の前日，午前7時に市場参加者は次の日の（16時間分の）電力量と価格を入札する．これら価格・電力量のペアの合計が市場参加者にとっての需要・供給線を示すことになる．この需要線と供給線が一致したところで価格と電力量が決定される．電力取引所は各時間帯の契約電力量を，これらをスケジュールと呼ぶが，独立送電機構に通知する．独立送電機構は相対取引による電力の売買のスケジュールも提出させ，送電線網の技術的能力内に収まるかどうか検討し，問題がないと判断すれば各スケジュールは最終のものとなる[13]．

もし，送電線網の技術的範囲に収まらないのであれば，独立送電機構は混雑送電料金を課すことを前提に，入札した発電事業者に調整のための再入札を行わせる．これによってデイアヘッド市場のスケジュールが最終的なものとなる．その上で，契約された電力量が翌日の予想電力消費量より不足して停電など起きぬよう，つまり安定供給の維持や電圧管理のため，独立送電機構は独自に補助サービス（ancillary services）の調達を行う．補助サービスのなかでもとくに重要なプレースメント・リザーブは，従来までは余剰発電

能力などとして電力会社によって保有されていたものである．電力会社の発電，送電，配電が機能的に分離されれば，いずれかの機能を担う組織が発電事業者から調達しなければならない．カリフォルニア州では安定供給に責任をもつ独立送電機構が，プレースメント・リザーブの調達を行い電力消費量に応じて電力小売り業者にその費用を割り当てる．プレースメント・リザーブは待機する発電能力であり，補助サービス市場で取引される．こうして確保された待機する発電能力から，電力小売り業者が最終的に必要電力量を確保するために，実際にエネルギーを購入する．これが実際の電力の流れの45分前のリアルタイム市場である[14]．

電力取引所における取引価格はどのような高さになったであろうか．図5-1に1998年4月からの1年間のデイアヘッド市場と独立送電機構のリアルタイム市場の価格（日平均）の推移を示した．これによると，両市場ともに変動が激しいが，デイアヘッド市場の平均価格はメガワットアワー（100万Whを意味し，1,000kWhに相当する．以下，MWhと略記する）当たり26.60ドル（1kWh当たり2.66セント），リアルタイム市場の平均価格は同47.10ドル（1kWh当たり4.71セント）であった[15]．リアルタイム市場を別とすれば，デイアヘッド市場の平均価格は予測に沿うものであった．というのは，予測は1kWh当たり2〜3セントとするものが多かったからである[16]．

デイアヘッド市場の価格は当初，非常に低かった．それはカリフォルニア州北部から北西部にかけて，冬期に降雪量が多く，春になって同地域河川の水量が増して水力発電が豊富で過剰発電状態となったからである．電力需要のピークの夏には気温が例年になく上がり過剰発電状態は消滅し，デイアヘッド市場の価格は6〜9月に急騰している．

このようにスポット市場である電力取引所の電力価格は不安定性を示した．一般にスポット市場においては，需要量の多いとき高価格のピークロード用発電ユニットが入札を獲得し，市場価格を高める．逆に，需要量の少ないときには，発電所は操業停止を回避するために変動コストより低い価格の入札を行うので，市場価格は非常に低くなるであろう．多くの低コストのどうし

(ドル/MWh)

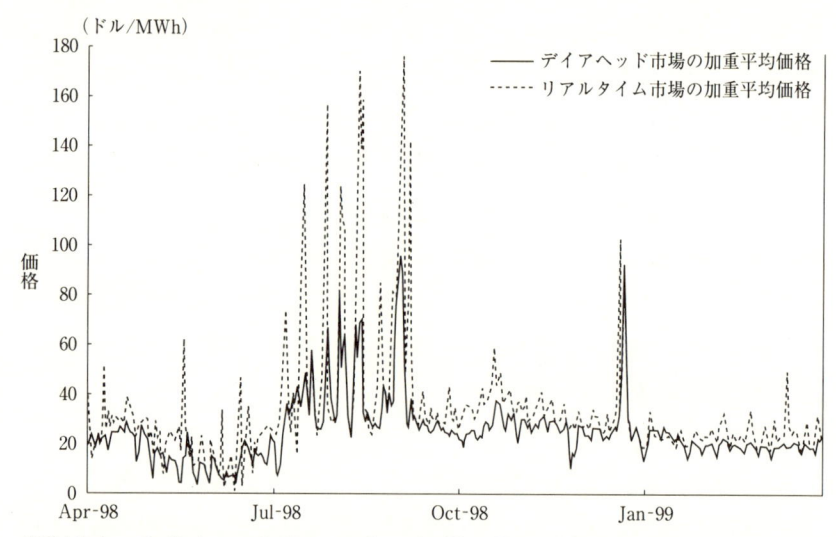

出所：Robert L. Earle, *et al.*, "Lessons from the First Year of Competition in the California Electricity Markets," *The Electricity Journal*, Oct. 1999, p. 62, より.

図 5-1 カリフォルニア州デイアヘッド市場とリアルタイム市場の日平均価格の変動，1998年4月〜99年3月

ても操業しなければならない発電所は，非常に低い価格で入札するので常に選択される．需要量が多いピーク時には，売り手市場となり，少数の発電所が常に市場価格の設定者になりうる．いかなる共謀がないとしても，これらの発電所が高い入札を行い選択される可能性があるからである[17]．

カリフォルニア州では図 5-1 に示されるように，デイアヘッド市場よりもリアルタイム市場の価格高騰の方が激しかった．前述したように，デイアヘッド市場は電力が実際に流れる前日の取引であるのにたいし，リアルタイム市場は，待機電力（補助サービス）として確保された発電能力からエネルギーを購入するための，電気の流れる 45 分前の取引である．この場合，エネルギーを販売する発電所は，発電能力にも支払いを受け，なおかつエネルギー販売からも支払いを受ける．同図によれば，いつもではないが，デイアヘッド市場価格が高くなったとき，リアルタイム市場価格も高くなっており，

第5章 カリフォルニア州の競争移行期と電力危機

ある程度の連動性を指摘できる．というのは，これらの市場が全く別のものではなく，供給側も需要側も同一時間帯の電力を販売・購入するための異なった市場であるにすぎないからである．リアルタイム市場は，デイアヘッド市場では売買契約されなかった電力供給と電力需要が，より切迫した状況で取引されることになる．電力需要は一般に価格が高くなっても需要はそれほど減少しない，つまり，価格弾力性が低く，供給側に市場支配力が発生する．

とくに補助サービスは，多くの文献が市場設計上の問題を指摘するほど，価格の不安定性を示した．それは1998年7月13日に，待機発電能力であるプレースメント・リザーブがメガワット（100万Wを意味し，1,000kWに相当する．以下，MWと略記する）当たり9,999ドルとなったことに象徴される．これはそれまで価格規制されていたプレースメント・リザーブから価格規制が撤廃されたことにもよるが，入札された発電能力が少なかったことに起因していた[18]．

補助サービスについて，その入札の量と価格の因果関係が明らかにされ，入札の少ない時期には価格が上昇していることが確かめられた．補助サービス市場では発電事業者は入札の差し控えをしており，市場支配力を行使して価格を高めていると推定された．その結果，カリフォルニア州の市場運営の1年間で，市場を通じた補助サービスの総調達コストは，電力取引所で取引されたエネルギー価値全体のおよそ12％にも上った．これはエンジニアリングの経験法則と考えられる3％から5％の範囲を大きく超えていた．明らかに市場支配力が行使されているので，何らかの価格不安定性を制限する方策が提言された，上限価格規制や電力先物，先渡しなどヘッジ契約の導入案が有力であった[19]．

卸売り電力市場に関わる第1の問題は，電力会社がスポット市場の電力取引所に販売し，かつ電力取引所から購入しなければならないという要件であった．電力取引所での取引が卸売り電力市場のほとんどを占め，価格不安定を回避することができなかった．そのために，デイアヘッド市場，リアルタイム市場の価格が高騰した場合，その高騰の影響を電力会社が全面的に受け

るようになっていたことである．電力会社を長期契約を含む相対取引市場から閉め出し，スポット市場に余りにも重視・依存しすぎたのである．第2の問題は，独立送電機構が十分な発電能力をプレースメント・リザーブとして確保しようとするが，それがいつでも十分に得られるとは限らず，安定供給のしくみが不十分であったことである．この点，電力小売り業者に余剰を含む発電能力を購入・確保するよう義務づけているペンシルバニア州などとは大いに異なっている．電力会社以外の発電事業者と電力サービス・プロバイダには許された相対取引については，当初はその規模は小さくほとんど資料が得られない．

小売り市場の競争

当初，すべての消費者をもっている電力会社配電部門に，電力サービス・プロバイダが消費者を獲得するよう競争する．これが小売り電力市場の競争である．電力サービス・プロバイダは通常，電力取引所か，あるいは相対取引で発電事業者から卸し電力を購入し，既存電力会社の送配電線を有料で利用して最終消費者に電力を販売する．最終消費者はこれまで電力供給を受けてきた既存の電力会社から購入し続けるか，異なった電力サービス・プロバイダから供給を受けるかの選択ができる．消費者の選択は価格やサービス面での差別化をめぐって行われる．小売り市場は，通常の電力を扱うブラウン市場と電力料金の中の公共プログラム費用から助成されるクリーン・エネルギーを扱うクリーン市場に分けて考える．

カリフォルニア州では競争移行期が始まる前から，250社ほどの電力サービス・プロバイダが新規参入した．同州は小売り競争の最初の州となったため，最も優れた電力サービス・プロバイダでさえかれらが参入する小売り市場についての知識をほとんどもっていなかった．当初，電力サービス・プロバイダの多くはクリーン市場は，コストが高いためにプレミアム価格のつくニッチ市場であるとして無視していた．同時に，適格設備からのクリーン・エネルギー供給の多くが電力会社との契約下にあり，小売り用電力に利用可

第5章　カリフォルニア州の競争移行期と電力危機　　　153

能かどうか明確になっていなかったからでもある．

　同州の電力サービス・プロバイダとして参入した企業には，エジソン・リソース社，PG&Eエネルギー・サービス社（それぞれ，サザン・カリフォルニア電力とパシフィック電力の関連会社），ガス卸し商社エンロンの関連会社エンロン・エネルギー・サービス社，ニューウェスト・エネルギー社，グリーン・マウンテン・エネルギー社（バーモント州の電力会社の関連会社，現在，グリーン・マウンテン・ドット・コム社），ニュー・エネルギー・ベンチャー社（1999年6月，世界的な独立電力生産者，AESコーポレーションが買収）などがある．また，これらより財務力などの劣るコモンウェルス・エネルギー社，クリーニング・グリーン社なども参入した[20]．

　しかし，1998年中は小売り市場全体は事実上ゼロ成長となり，同年末頃までに活動している電力サービス・プロバイダはわずか6社ばかりとなった．ここで，象徴的なのはエンロン・エネルギー・サービス社が小規模消費者への販売から撤退したことである．同社は天然ガスなどの卸売りで全米第1位の商社の関連会社である．残った電力サービス・プロバイダのすべてがクリーン・エネルギーだけを販売していた．したがって，ブラウン市場での競争はほとんど起きなかったことを意味する．

　1999年からはクリーン市場は急速に拡張し，月ごとにおよそ10%の成長を見せた．同年1月から電力サービス・プロバイダのコモンウェルス・エネルギー社が，同年3月にはクリーニング・グリーン社が電力取引所価格に比較してディスカウント価格でクリーン・エネルギーの販売を始めた．クリーニング・グリーン社（現在は，ゴー・グリーン・ドット・コム社）は電力取引所に対抗して開設されたインターネット電力取引所APX（Automated Power Exchange）を通じてクリーン・エネルギーを調達した．1999年9月末のカリフォルニア州の16.2万戸の電力サービス・プロバイダからの消費者（家庭と小規模商業）のおよそ85%が，クリーン・エネルギーを購入していた．その後，クリーン市場にいくつかの電力サービス・プロバイダの参入が見られる．

カリフォルニア州において，電力サービス・プロバイダから購入するようになった消費者は，99年5月末で次の通りである．家庭部門では消費者数の1.1%，20kW以下の商業部門では消費者数の2.8%がそうであった．また20〜500kWの商業部門では消費者数で5.9%が，500kW以上の工業部門では消費者数で20.6%，負荷量では34.2%が電力サービス・プロバイダから購入するようになった．全体では負荷量の13.6%が電力会社から供給者を転換したのである．供給者を切り替えた消費者がどのようなエネルギー源を購入したか，工業部門については資料が存在しないが，家庭と小規模商業に関してはクリーン・エネルギーからであった．

クリーン市場は比較的好調ではあったが，ブラウン市場は決定的に不調であり，それがカリフォルニア州全体の小売り競争の進展を遅らせた．ほぼ同時に小売り競争が始まったペンシルバニア州では，その開始6カ月後までに小売り電力業者を変更した消費者が35.8万戸あり，それは消費者全体の7.8%を占めた[21]．

このようなカリフォルニア州の小売り（ブラウン）市場の不調の最大の原因は，次のような事情による．それは，カリフォルニア州では電力会社の小売りエネルギー価格が卸売りエネルギー価格，つまり，電力取引所での平均価格とされたことであり，これは「パススルー（pass through）」原則と呼ばれている．卸売り電力価格がそのまま小売り電力価格にされるからである．電力会社に競争を挑む電力サービス・プロバイダは，送配電を電力会社に依存するため，送電費用，配電費用を支払い，さらに競争移行期料金とその他の課徴金も電力会社に支払うので，唯一の収入源は発電（エネルギー）費用に関する部分だけである．ところがカリフォルニア州では電力会社はこの部分を電力取引所の月平均卸売り電力価格に設定するように決められていたので，電力サービス・プロバイダには利益がほとんど出ないことになる．しかも，電力サービス・プロバイダは新規参入をして電力会社の消費者を獲得せねばならず，消費者にたいするダイレクト・メールなどの販売費用がかかる．したがって，電力サービス・プロバイダが利益を上げるには，卸売り電力価

格，つまり電力取引所の平均価格より安価の電源から購入するしかないが，それは困難である．というのは，そのような電源が存在しても電力取引所でより高い卸売り価格がつけば，電力取引所を通じて販売するであろうからである．

どの州でも電力会社の小売り料金の設定は，小売り競争を促進するために重要な問題とされている．その水準は，電力サービス・プロバイダが競争する際の基準となるものである．競争を促進しようとすれば，カリフォルニア州のように卸売り電力価格ではなく，それに販売費用などを加味してなおリーズナブルな利益の出る水準のものであるべきである[22]．

結局，カリフォルニア州における小売り市場では，電力会社から購入し続ける消費者も，電力サービス・プロバイダを選択した消費者も，ほとんど変わりのないエネルギー（発電）料金を支払い，かつ，送電費用，配電費用，そして競争移行期料金などを支払うので結局，1kWh当たり12セント程度を支払わねばならなかった．競争移行期には小売り市場，とくにブラウン市場での競争はほとんど起きなかった．小売り市場ルール設計の失敗である．

小売りクリーン市場

しかし，他方，小売りクリーン市場が比較的好調であったは，次のような理由による．それはカリフォルニア州エネルギー委員会が，1999年1月からクリーン・エネルギーの消費者に1kWh当たり1.5セントを上限にクリーン・エネルギー消費者クレジット（控除）を与えたからである．具体的には，この助成は電力サービス・プロバイダを通じて行われ，クリーン・エネルギーの消費者の月々の請求書から1kWh当たり1.5セントを差し引くことによって行われた．

クリーン・エネルギーの平均的な卸し価格は，通常の電力の平均的な価格2.5セントより0.44セント高い，2.99セント（1kWh当たり）であった．助成がなかった時期にはクリーン・エネルギーはこのプレミアム付き価格で販売された．環境上の配慮からプレミアム付きで購入してもよいとする消費者

層が存在したが,その市場は非常に小さなものに留まった.クリーン・エネルギーを扱う電力サービス・プロバイダはこの時期に消費者を4万戸獲得している.

しかし,1999年1月から,クリーン・エネルギー消費者クレジットが開始され,1kWh当たり1.5セントが控除されるので,消費者の負担は1kWh当たり2.99マイナス1.5セントで1.44セントとなる[23].こうして,通常の電力では電力サービス・プロバイダが電力会社より低い電力価格で競争を挑むことは例外的であったのにたいし,クリーン・エネルギーに関する限り,電力サービス・プロバイダが電力会社の小売り価格,つまり電力取引所の平均卸売り価格である1kWh当たり2.5セントより低い価格で提供することができたのである.これが,1999年からのクリーン市場の拡大の理由である.通常の電力に関する小売り市場が不調であるのにたいして,「クリーン・エネルギーは電力サービス・プロバイダがディスカウントで提供できる唯一のものであり」[24],「クリーン・エネルギーを提供する電力サービス・プロバイダと消費者クレジットを受ける消費者が,カリフォルニア州の小売り市場を支配した」[25]のである.

ただし,この消費者クレジットは,1999年12月から1kWh当たり1.25セントへ,2000年7月から同1セントに減額された.その理由は,クリーン・エネルギーを購入する消費者が予想以上に拡大し,エネルギー委員会は助成資金の急減を恐れたためであった.クリーン・エネルギー消費者クレジットを受けた消費者は,2000年6月までにおよそ20万戸に増大した[26].カリフォルニア州は小売り競争の促進では失敗したが,クリーン市場で一定の成果を収めつつあった.

クリーン市場の発展にとって助成金の存在が大きかったが,いくつかの別のルートも存在した.それは自治体などがクリーン・エネルギーを購入し始めていることである.たとえば,1998年10月,サンタモニカ市は0.5万kWのクリーン・エネルギーの入札要請を行った.また,59の市やカウンティから構成されるベイエリア自治体協議会は,その加盟自治体のためにカ

第5章　カリフォルニア州の競争移行期と電力危機　　　157

ルパイン社と6.3万kWのクリーン・エネルギー（この場合は地熱発電）を購入する契約を行っている．さらに，サンタバーバラ市，サンノゼ市，サンタクルーズ市，オークランド市もそれに続いている．また，有力な環境保護団体の天然資源保護協会と環境保護基金がカリフォルニア州の会員に小売り市場でクリーン・エネルギーを購入するよう呼びかけた．クリーン電力を扱う電力サービス・プロバイダのなかには，アメリカの約3万の非営利団体の電力需要を獲得しようとしたものもある[27]．こうした傾向が大きな潮流になれば，クリーン・エネルギーは発展する可能性を十分にもっている．

2. 2000年夏以降の電力危機

卸売り電力価格の高騰

2000年5月以降，カリフォルニア州電力取引所のデイアヘッド市場，あるいは独立送電機構のリアルタイム市場において電力価格が高騰しはじめた．それまでは同州だけでなく西部全般で，MWh当たり100ドル（1kWh当たり10セント）を超えるような価格上昇は一度しか見られなかった．しかし5月末，熱波が西部の電力価格を高騰させ，西部のほとんどの電力卸売りハブ市場でMWh当たり200ドル（1kWh当たり20セント）に押し上げた．電力卸売りハブ市場とは，電力余剰地域と不足地域とが取引する市場であり，各地に形成されつつあった．カリフォルニア州独立送電機構は余剰電力が5%を割り込む緊急事態「ステージ2」を宣言し，停電を回避するための補完的電力を購入した．

6月中旬に西部各市場は再び価格高騰に見舞われ，西部の卸売りハブ市場のMWh当たりの価格は400ドル（1kWh当たり40セント）に，もしくはそれを超えた．カリフォルニア州のリアルタイム市場では3日連続で補助サービスはMWh当たり750ドルの上限規制価格に達した．高い気温，水力発電の不足，そして発電所の操業停止が頻繁に発生した．サンフランシスコの気温は34年振りの記録で39.4度になり，独立送電機構はサンフランシス

コ・ベイエリアでの停電を命じた[28]. デイアヘッド市場の平均価格は図5-2 に見られるように, 北部地域でMWh当たり約126ドル (1kWh当たり12.6 セント), 南部地域では117ドル (同11.7セント) に達した[29]. 2大電力会 社は卸売り価格が急騰したため, 競争移行期料金を徴収できないばかりか赤 字を発生させた. すでに発電所売却で小売り電力価格の規制を撤廃されたサ ンディエーゴ電力は, 卸売り価格を小売り価格に転化したので小売り価格は 2倍になった.

卸売り電力価格は7月はやや低くなるが, 8月には価格高騰が一層進行し た. 西部のハブ市場ではMWh当たり400ドルから500ドル (1kWh当た り40セントから50セント) に上昇した. カリフォルニア州デイアヘッド市 場では, 月平均価格が北部地域で142ドル, 南部地域では153ドルに達した (図5-2参照). 同州リアルタイム市場でも価格が上限規制価格まで何度も上 昇したので, 独立送電機構は6月までMWh当たり750ドルであった上限

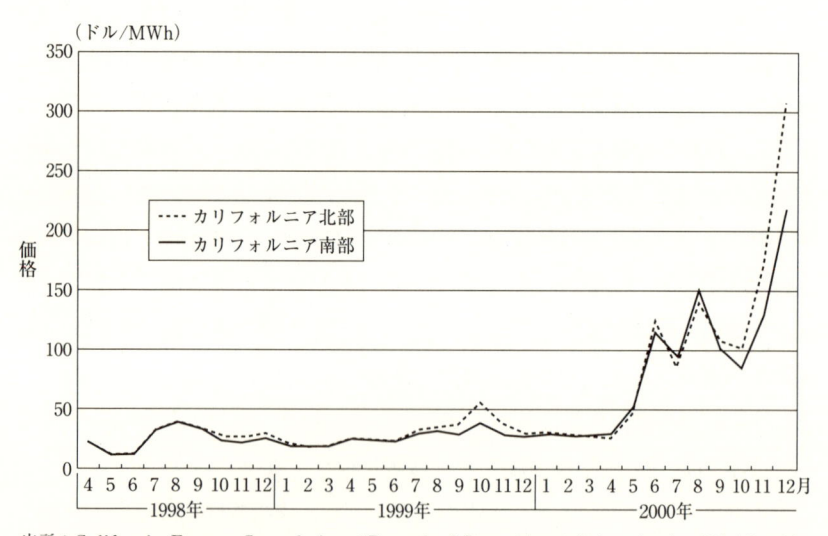

出所: California Energy Commission, "Record of Day-Ahead Prices in the PX Monthly Average," (http://energy.ca.gov/electricity/wepr/monthly_day_ahead_prices.html, Feb.14,2001) p. 1/2, より作成.

図5-2 電力取引所デイアヘッド市場における卸売り電力価格の推移, 月平均

価格を7月に500ドルに,8月に250ドルに引き下げた[30].こうして,同州では2000年8月までには,卸売り電力市場が有効に機能していないことが強く指摘され,改善・改革の必要性が提唱された[31].

電力需要と電力供給

上記の価格高騰の直接の原因は,カリフォルニア州の経済成長とともに気温の上昇によってもたらされた電力需要の増加であった.西部全域にわたる暑い天候は,カリフォルニア州と西部一帯の電力需要を著しく増加させた.カリフォルニア州独立送電機構の管理地域のピークロードは,2000年5月に前年同月比11%,6月には13%も増えていた.カリフォルニア州に隣接するアリゾナ州の家庭部門の需要は6月に前年比で22%,ネバダ州では27%も増加した[32].

ところで,独立送電機構の管理地域における2000年夏の電力需給は,同年春に次のように予測されていた.通常の気温であるならば,ピークロード需要量4,625万kWにたいし地域内発電が3,800万kW,電力移入が840万kWでわずかに15万kWの余剰がでる.気温が高い場合はピークロード需要量は4,894万kWに上昇し,地域内発電が3,800万kW,電力移入は700万kWに減少し,394万kWの不足が発生する[33].このように独立送電機構の管理地域は,通常の気温でも電力移入によってようやく需給がバランスし,気温が高まると電力移入してさえ400万kW近くの能力不足が発生する電力不足状態にあった.

カリフォルニア州独立送電機構の管理する送電線網に接続している発電所は,合計でおよそ4,500万kWの発電能力をもっている.しかし,上記の予測では地域内発電能力は3,800万kWとされていたのは,次の事情による.つまり,同州の主力発電所は旧い天然ガス発電所,石油発電所であり,操業停止することが多かったからである.それらの82%が建設されてから30年以上,37%が40年以上の発電所であった.2000年8月には合計339万kWの発電所が操業停止になり,慢性的な電力不足状態に拍車をかけていたので

ある.

　カリフォルニア州の電力移入は,主に北西部と南西部からである.ワシントン州など北西部の発電能力の65%が水力であり,南西部は大いなる石炭発電能力をもっている.2000年の北西部の水量は数年来の低さであり,同年はカリフォルニア州でも記録的に水量の少ない年であった.水量の低下は2000年5～6月に水力発電量の劇的な低下を招いた.同州を除いた西部地域では,6月に水力発電量は前年比23%も低くなった.そのため,同州の電力移入に厳しい制約が課されたのである[34].

　ところで,1996年から99年にかけてカリフォルニア州ではピークロードは552万kW増加したにもかかわらず,わずか67.2万kWの新規発電能力が追加されたにすぎなかった.これは同州の全発電能力5,550万kWの2%にしか当たらない.なぜ,十分な発電能力の拡大が行われなかったのであろうか.それは1990年代の変化する規制政策環境のために,電力会社に新規発電所の建設前に明確なルールが確立されるまで待とうという立場をとらせたからである.また,同州では1990年代前半まで「統合電源計画」においてクリーン発電所を建設する動きがあったが,州政府が規制緩和と再編成に傾斜し発電所建設に関与しなくなったことも,供給不足に拍車をかけたのである.たしかにガス燃料価格の上昇も電力価格高騰の原因のひとつではあるが,10倍もの卸売り電力価格の値上がりを説明することはできないであろう[35].しかし,供給不足はこれらだけでは十分に説明できないのであり,卸売り電力市場のルールに重大な欠陥があったからである.

取引方式・市場ルールの欠陥

　スポット市場の不安定性と電力供給不足は,ピーク時,あるいはピーク期をもつ電力産業の自由化にあっては予測可能な事態である.それにもかかわらず,価格不安定性と電力供給不足を予防できなかったのは,卸売り電力市場にそれらを緩和する市場ルールが組み込まれていなかったからである.
　市場ルールの欠陥の第1は,電力会社の発電・配電部門のすべての取引を

第5章　カリフォルニア州の競争移行期と電力危機　　　　161

電力取引所（スポット市場）に制限し，先渡し，先物を含む長期的取引を事実上禁じたことである．カリフォルニア州公益事業委員会は，かなり早い時期にこの義務要件を決定していた．これは3大電力会社の市場支配力を緩和するためであった．そのために3大電力会社はスポット市場の価格変動リスクをヘッジする先渡し，先物契約の利用ができなかった[36]．

　この欠点は公益事業委員会によって認識され，1999年7月末に電力取引所にブロック・フォワード市場が導入された．それは標準化された1カ月間のピーク時についての先渡し契約であり，ピーク時は月曜から土曜までの午前6時から午後10時までとされた．しかし，これはほとんど利用されなかった．というのは，こうした標準化が電力会社配電部門の必要とする需要と合わなかったからである．ブロック・フォワード市場は1日の固定されたブロックの取引であるため，配電会社がその1日の需要曲線の形に沿ってオーダーメイドすることは困難であった．しかも，公益事業委員会は各々の電力会社配電部門がブロック・フォワード市場で購入する電力の最高額を制限していた[37]．

　さらに2000年8月，公益事業委員会はサザン・カリフォルニア電力とパシフィック電力に長期の相対契約に入ることを認めたが，ブロック・フォワード市場で購入する最高額に制限した．この新ルールは電力会社配電部門が価格高騰をヘッジできる可能性を高めたが，取引量制限は不必要なままに残された．配電会社は先渡し，先物取引を事実上制限され，スポット市場の価格高騰にさらされることになったのである[38]．

　第2の欠陥は，電力会社にその多くの発電所の分離・売却を強制したことである．これは電力会社配電部門が価格高騰の影響を回避できない情勢を作り出した．この措置も電力会社の発電分野における市場支配力を削減するためであった．しかし，余りにも多くの発電所を分離・売却すると，電力会社配電部門は，価格高騰の時期には自社内調達ができなくなり，価格高騰の影響を回避できなくなる．スポット市場の価格高騰の可能性を考慮し，電力会社に一定の発電能力の保持による自社内電力調達を認め，かつ，長期契約な

どを含む相対取引を認めるべきであった．カリフォルニア州の競争移行期では，電力会社の市場支配力に懸念をもつ余りに，スポット市場に依存しすぎるルールを採用したことになる．スポット市場の競争機能に余りにも信頼を置きすぎたからであろう．また，発電事業者もスポット取引のため短期的な意思決定に終始し，発電所建設のインセンティブが働かなかったのである．

一般に電力はスポット市場では，価格高騰する可能性が高い．電力は現代の生活にとって不可欠のものであり，継続的に必要なものであり，しかも，貯蔵が事実上不可能であるからである．電力需要は価格が高くなってもそれほど減少しないといういわゆる価格非弾力的な性格をもっている．電力というものは価格が高くなっても購入を諦めることはできないために，売りたい販売者と選択肢をもった購買者という市場経済の理論は当てはまらない．最後の究極の市場，独立送電機構によって管理されるリアルタイム市場では，購入者は購入以外の選択肢をもっていない．あらゆる需要が満たされなければならない．予想される需要との関係で供給がタイトになれば，あらゆる市場の価格は上昇し，最終のリアルタイム市場での需要は，たとえどんなに高い価格であろうと満たされねばならない．販売者はこのことを知っているので，あらゆる市場で価格を上げるために販売量を抑制するのである[39]．

他方，相対取引では，価格高騰にたいしていろいろなヘッジの手段を含むことができる．通常用いられるヘッジの手段は，オプションである．オプションは特定の時期に合意した価格での電力取引の権利を与えるものである．オプションは期限までに特定の価格で，電力購入者にコール（購入する権利）を行使すること許し，あるいは電力販売者にプット（販売する権利）を与える．

また，先物 (future) 契約は，電力を販売・購入する際に付随する価格リスクを相殺するために市場参加者によって用いられる．先渡し契約は，予め決められた価格，時期，場所で決められた将来の引き渡しのための供給契約である．先渡し (forward) 契約は購入者と販売者の間で直接協議によって仕立てられたオーダーメイドの取引である．それらは標準化されていない点で

第5章 カリフォルニア州の競争移行期と電力危機

先物契約と異なっている.先渡し契約は引き渡しが行われる地点での市場価格にかかわらず,合意された価格で取引されることを義務づけており,購入者と販売者の双方に価格の確実性を与える[40].

　第3の欠陥は,カリフォルニア州の卸売り電力市場のルールには十分な電力供給をもたらすような仕組みが組み込まれていなかったことである.かつて,電力会社が地域的独占を享受していた時代には,余剰発電能力を維持するように義務づけられていた.この余剰能力は夏のピーク時以外ほとんど稼働しない能力であるが,安定供給に欠かせないものであった.競争時代になれば,発電事業者がこの余剰発電能力を保持し,それに投資することは,利益を生まない発電所を保持することを意味する.したがって,発電事業者にそうした発電能力を維持させるようなインセンティブ,ないし仕組みを卸売り電力市場に組み入れないと,電力供給不足をもたらす可能性が高い.

　ところで,カリフォルニア州の場合,独立送電機構が翌日の電力需要予測にデイアヘッド市場での契約額が不足していると判断すると,プレースメント・リザーブとして発電能力を確保し,翌日のリアルタイム市場で実際の不足エネルギーの取引が行われることになっていた.しかし,このことは十分な量のプレースメント・リザーブが確保できるということを意味しない.十分なプレースメント・リザーブがなければエネルギーを購入することは困難である.次章で述べるように,たとえばペンシルバニア州などでは予測される電力需要のために,すべての電力小売り業者(電力会社配電部門と電力サービス・プロバイダ)に前もって余剰を含む発電能力を確保・購入するよう義務づけている.カリフォルニア州ではプレースメント・リザーブと呼ばれるものを,ペンシルバニア州ではすべての電力小売り業者に前もって確保・購入することを義務づけている.これは発電事業者にとって余剰発電能力についても収入をえることができるために,余剰発電能力を保持するインセンティブとなっている.そのためペンシルバニア州では,現在まで電力供給が不足する事態を回避してきた.したがって,カリフォルニア州の卸売り電力市場のルールは,このような仕組みを組み入れるのに,そして十分な電力供

給を確保するのに失敗したといえるのである.

　要するに,カリフォルニア州の卸売り電力市場のルールは,電力スポット市場の不安定性にたいする無理解に基づいていたと考えられる.3大電力会社が先渡し,先物市場を利用できていれば,あるいはそれらの発電所を分離・売却しなければ,2000年5月以降の価格高騰をかなりの程度回避することができたであろう.また,発電事業者が適切な余剰発電能力を保有するインセンティブをもたせるために,すべての電力小売り業者に余剰を含む発電能力の購入義務づけも,電力の安定供給のために必要不可欠なことであった.こうして電力自由化,とくに卸売り電力市場の取引ルールには注意深い設計が必要なのである.

2000年末以降の電力危機

　カリフォルニア州の卸売り電力価格は秋(2000年)に入ってやや落ち着いたものの,11月中旬から再び上昇しはじめた.電力取引所の平均価格はMWh当たり143ドルとなり,前年11月の34ドルにたいして4.2倍に上昇した.温度は前年とほとんど変わらず,11月のピーク時需要量は3,318万kWであり前年11月を1.1%上回っただけであった.この電力需要は夏のピーク期間より1,000万kWも少ないのに,独立送電機構は十分な電力供給を確保するのが困難であった.カリフォルニア電力市場はいよいよ危機的な局面にさしかかったのである.

　卸売り電力価格の急上昇は,天然ガス価格の高騰,保守のための計画的な発電所の発電停止,発電所の突然の発電停止,カリフォルニア州の水力発電量の低下,そして北西部からの電力移入の落ち込みなどの諸要因によるものであった[41].発電所の発電停止は1999年11月の合計200万kWから,2000年11月には合計1,100万kWへと異常に多くなった[42].それは余りにも多すぎ,発電事業者による価格高騰を狙った意図的な発電停止と考えることができる.

　12月になると電力取引所の価格高騰はいよいよ激化した.温度とピーク

時需要量はともに前年12月とほとんど変化がなかったにもかかわらず，12月の電力取引所の平均価格はMWh当たり251ドルとなった．それは11月の同144ドルから74％上昇し，1999年12月の28.95ドルと較べると770％の上昇であった．

このような状況によって，独立送電機構は12月8日にそれまでの補助サービスとリアルタイム市場に課せられていた「上限価格」を撤廃し，それと同額のつまり，MWh当たり250ドル（1kWh当たり25セント）を上限価格とするソフトキャップを実施した．ソフトキャップの場合，発電事業者は250ドルを超えて入札してもよいが，購入されてもそれは市場価格を決定しないし，発電事業者はその売却価格がコストに照らして正当かどうかを示す義務がある．もしその根拠を示せなければ，FERC（連邦エネルギー規制委員会）は払い戻しを請求することができる．

独立送電機構のソフトキャップ導入の意図は，それまでの上限価格規制では十分な売り入札が確保できず，リアルタイム市場への売り入札量を増やし，安定供給を維持するためであった[43]．発電事業者は「最後の買い手」である独立送電機構が停電を回避するため価格を度外視して購入することを知っているので，デイアヘッド市場から電力を引き揚げたのである．その具体的な現れが，多くの発電所の発電停止である．独立送電機構がソフトキャップ制に移行すると，電力が比較的豊富に入手できるようになったが，実際の価格は6月の4倍になり450ドルとなった[44]．

そこで，2001年1月までには電力会社の経営破綻が現実化してきた．図5-3に示されるように，卸売り電力価格の高騰は，小売り価格を規制・固定されている電力会社には「逆鞘」が発生し，それが継続したからである．パシフィック電力は夏から経営破綻を予測し，資金調達に努めてきたが，それでも2001年3月初めまで卸売り電力代金を支払う資金が枯渇する状態になっていた．1月中旬にサザン・カリフォルニア電力が発電事業者にたいして支払い不能状態に陥り，格付け機関のスタンダード＆プア社が同社とパシフィック電力の社債をジャンク債並みとした．そこで，両社は最終的に銀行借

（ドル/MWh）

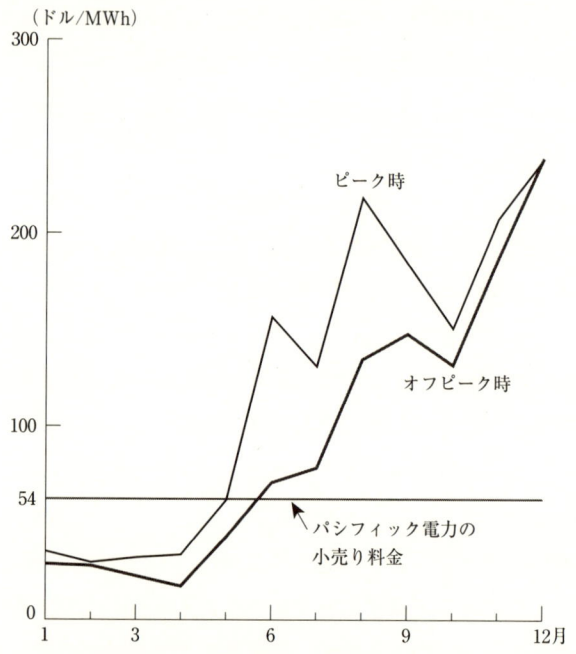

ピーク時

オフピーク時

54 ← パシフィック電力の小売り料金

注：小売り電力価格は，エネルギー（発電）のみ．
出所："PG&E Groups for a Way Out of Its Electricity Squeeze," *The Wall Street Journal*, Jan. 4, 2001, より．

図5-3 パシフィック電力の卸売り電力購入価格と小売り電力料金（月平均），2000年

入枠の設定ができなくなり，近い将来，破産法の保護下に入ることが確実となった．大手電力会社が支払い不能状態に陥り電力購入を継続することができなくなり，カリフォルニア州消費者は停電の危機にさらされた．また，発電事業者も電力会社の信用不安から販売を躊躇したため，電力取引所の取引量は急速に収縮し，電力取引所は2001年1月末日に閉鎖された[45]．こうしてカリフォルニア州の競争移行期は失敗に終わったのである．

カリフォルニア州政府の介入

そこでカリフォルニア州政府が，短期・中長期の解決策を講じなくてはな

第5章 カリフォルニア州の競争移行期と電力危機

らなくなった．デービス州知事（民主党）は，州政府自身が長期電力契約を行うのを認める法案を2001年2月1日に成立させた．この法により同州水資源局（Dept. of Water Resources）が発電事業者と長期電力契約を行い，直接に，あるいは大手電力会社を通じて消費者に電力を供給する．そのため，州政府は100億ドルの収入債を発行することを認められた[46]．ただし，水資源局の長期契約締結の権限は，2003年1月までしか認められていない[47]．

水資源局による電力調達については資料が公開されていないが，たとえば，カルパイン社とウィリアムズ・エネルギー社との長期契約によって，州政府はMWh当たり平均58.40ドルという現在では非常に安い価格で購入が可能になった．ウィリアムズ・エネルギー社を通じた独立電力生産者AESコーポレーションの電力も購入可能とされている．しかし，安定供給を確保できるほど多くの電力を調達するには至っていなかった[48]．

そこで州知事は，エネルギー保全と発電能力の増大に焦点を当てた．エネルギー保全については知事は，2001年夏期に200万kW以上の電力需要を削減するプログラムのために8億5,000万ドルを割り当てる法案に署名した．たとえば，企業が電力消費を削減するならば，価格を0.1万kW当たり250ドル安くするというプランなどが提案された．当時，合計で70万kW以上の電力需要を削減するという企業の申し出を受けた．ただし，こうしたエネルギー保全施策の多くは標準的な装置と異なって，時間帯毎の電力消費を測定できる約2万個の高度の電気メーターの設置が必要となる．そのため，即座の実施には困難な面があった[49]．

他方，発電能力の増大については，デービス知事は2001年夏のピーク期間までに500万kWの発電能力の増設という目標を掲げた．2002年夏のピーク期間までにはさらに500万kWの発電能力を増設する目標を掲げている．2001年夏のピーク期間までの500万kWの内訳は，120万kWの大規模なベースロード用発電所，小規模な「ピーク時」用タービンとの契約，クリーン・エネルギーと既存発電所の能力増設などから構成されている．2001年7月までに300万kWの新規発電所が，8月までに400万kWが発電・

送電可能となる予定であった．新規発電所の建設を急ぐことに加えて，発電事業者が電力会社の支払い能力の懸念から販売ができす発電を停止していることへの対策も必要であった[50]．

このような州政府の介入にもかかわらず，カリフォルニア州の卸売り電力価格はなかなか低下しなかった．2月以降は，電力会社の財務的懸念のためにリアルタイム市場に先だって供給される電力量は減り，リアルタイム市場で取引される電力量が多くなった．独立送電機構の資料によれば，1月にリアルタイム市場での電力の平均価格はMWh当たり290ドルであったが，2月以降，月順に363ドル，313ドル，370ドル，275ドルと高止まりとなり，104ドルとやや低くなったのは6月になってからである[51]．

ほとんどどの月も，前月比，あるいは前年同月比で，電力需要量は減少していた．したがって，需要超過というべきではなく，むしろ，電力供給上の問題であることが確実であった．カリフォルニア州独立送電機構の報告書も，卸売り電力価格の高止まりが続いたのは，天然ガスのスポット価格の高騰，発電所の発電停止による逼迫した電力不足，電力移入の不足，そして発電事業者の市場支配力などが原因であった，と指摘している[52]．

従来までの250ドル（2000年12月），150ドル（2001年1月以降）のソフトキャップに代わって，FERCは2001年6月1日に新しい価格規制を導入した．新しい価格上限は緊急時に適用されるが，購入されたなかで最も価格の高い発電所の限界費用を計算することによって決定された．緊急時にこの価格を超えて購入された入札はその入札通りに支払われるが，コストを証明するか，そうでなければ払い戻しされることになった．

また，6月20日からはFERCは上限価格規制を緊急時ではなく全時間帯に，また西部一帯に拡大した．上限価格は最後の「ステージ1」の緊急時の最高価格の85％，すなわち，MWh当たり91.87ドル（最後の「ステージ1」の緊急時の最高価格が2001年5月31日に108.08ドルであったため）とされ，次の「ステージ1」の時に再設定される．この上限価格を超えて購入された入札はそのまま支払われるが，コスト証明が必要であるとされた[53]．

第5章 カリフォルニア州の競争移行期と電力危機

小売り料金の方は，2001年6月から1kWh当たり平均3セントの値上げが実施された．ただし，それは平均値であり，消費量の少ない一般消費者の小売り料金は据え置かれた．ベースラインの130%以下の消費量の階層は，値上げされないが，ベースラインの130%から200%の消費量の階層は，最高12%の値上げ，200%から300%の消費量の階層は最高29%の，ベースラインの300%以上の消費量の階層は最高47%の値上げが実施された．ベースラインとは公益事業委員会が定める一般家庭の電力消費量の基準値（季節により変動する）である．この電力料金値上げは，電力消費量の多い階層に卸売り電力のコストを負担させようとするものである．このほかに，夏期間中に電力消費量を20%削減した消費者を優遇するプログラムが考案されている．

これによって，たとえばサザン・カリフォルニア電力の配電地域では，家庭消費者の電力料金は1kWh当たり15.2セントから22.4セントへ（ベースラインの130%以上消費する階層）へ，工業用では1kWh当たり8.6セントから12.9セントへと上昇すると推定されている[54]．相当の値上げではあるが，卸売り電力価格の推移を考えると十分かどうかわからない．電力会社と州政府の財務状態は，今後（2001年7月以降）の卸売り電力価格の推移にかかっている．

一方電力サービス・プロバイダは電力取引所の価格が暴騰したため安価なエネルギー源を調達することが不可能になった．というのは，相対取引による電力調達も電力取引所価格と連動する契約が多かったからである．「クリーン・エネルギーの消費者を含めた電力サービス・プロバイダの小売り消費者もまた，もし彼らの電力料金が電力取引所価格の一定割合に設定されていれば，かなり高めの電力料金を支払うであろう」[55]．そこで，カリフォルニア州から撤退しその他の競争移行期に入っている州に参入した電気サービス・プロバイダも多かった．たとえば，グリーン・マウンテン社はカリフォルニア州から撤退してテキサス州に参入した．卸売り電力価格の混乱にもかかわらず，クリーン・エネルギーの発電事業者の方は助成されていることも

170

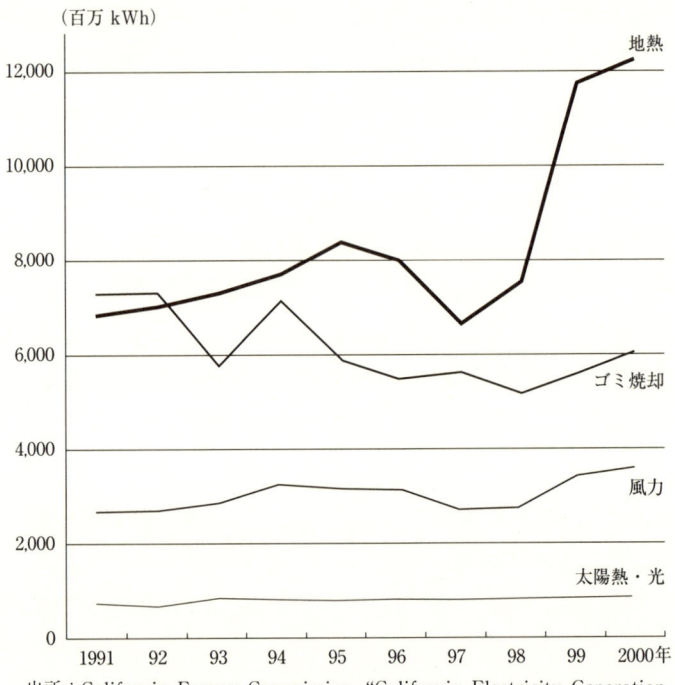

出所：California Energy Commission, "California Electricity Generation by Resource Type," (http://www.ca.gov/electricity/electricity-generation.html, Aug. 19. 2001), p. 2/2, より作成.

図 5-4　カリフォルニア州電力会社以外の発電事業者のクリーン発電量，1991-2000 年

手伝って健闘しており，図 5-4 に示すとおり比較的順調に発電量を増加させている．2000 年 9 月には，カリフォルニア州における電力料金からのクリーン・エネルギー助成策は，今後 10 間継続されることに決まっていた[56]．

むすびにかえて

　カリフォルニア州の競争移行期の失敗は，スポット市場導入によって卸売り電力価格が低落するという楽観的予測に基づいていた．卸売り電力価格が予測通り 1kWh 当たり 2～3 セントになっていれば，4 年間の競争移行期の

間に電力会社には「回収不能費用」の回収を完了させ,価格競争力のないクリーン・エネルギーには助成金を与えて競争力をつけさせ,2002年から本格的な競争を導入できる予定であった.しかし,これらの前提になる卸売り電力価格が暴騰し,電力会社の経営危機を招いた.そこで州政府の大規模な介入が始まり,競争移行期は頓挫した.

その原因は,電力会社の取引を電力取引所(スポット市場)に制限し,先物,先渡し契約などを含む相対取引を事実上禁止したことであった.また,電力小売り業者(電力会社配電部門と電気サービス・プロバイダ)に発電事業者から余剰を含む発電能力を予め購入・確保することを義務づけておらず,発電事業者が十分な発電能力を保持しようとするインセンティブを市場ルールに組み込まなかったことである.そのために,ピーク時に電力供給不足から卸売り価格の高騰を招き,電力会社は価格高騰の影響を回避できず経営危機に陥ったのである.要するに,電力市場の価格不安定性を十分に理解しておらず,それを未然に防ぐような卸売り電力市場ルールの設計に失敗したのである.

また,小売り電力市場ルールの設計にも失敗した.電力会社が消費者に発電料金部分として示す小売り価格が,電力取引所における卸売り電力価格と同じに設定されたので,電力会社配電部門と競争する電力サービス・プロバイダに利益が全く生まれず,補助金を与えられるクリーン・エネルギーを扱う電力サービス・プロバイダしか生き残れなかったのである.

ただし,クリーン・エネルギーの助成については,その規模はともかく,現在のところ成功しており,将来10年間にわたって助成の継続が決定している.カリフォルニア州が成功したのはこの点だけであった.

今後のカリフォルニア州の課題は,当面,州の介入政策による電力の安定供給と3大電力会社の経営安定を達成することである.これらが達成されれば,長期取引や安定供給を可能にするような卸売り電力市場の取引ルールの,新規参入者が競争できるような小売り市場ルールの再設計,デマンド・サイド・マネジメント,そして長期的なクリーン・エネルギー育成策を組み込ん

だ新しい電力自由化にとりかかることであろう．安定供給のしくみと小売り市場の設計ルールについては，ペンシルバニア州など北東部が大いに参考となるので，次章で検討する．

注

1) Ed Smeloff and Peter Asmus, *Reinventing Electric Utilities : Competition, Citizen Action, and Clean Power* (Washington, D.C.; Covelo, California : Island Press, 1997), p. 98.
2) California Energy Commission, "Electric Generation Divesture in California," (http://www.energy.ca.gov/electricity/divesture.html,Jan.2,2001); カルパイン社のホームページ (http://www.calpine.com,Sept.29,2001), 参照．
3) Micheal Kahn and Loretta Lynch, "California's Electricity Options and Challenge : Report to Governor Gray Davis," Aug. 2, 2000 (http://www.cpuc.ca.gov/word_pdf/REPORT/report.pdf,April 2,2001), p. 16.
4) "SDG&E to Sell All Generation," *The Electricity Journal*, Jan./Feb. 1998. pp. 5-6.
5) Kahn and Lynch, *op. cit.*, p. 16.
6) Richard Stavros, "Generation Asset Divesture : Steal of the Century?" *Public Utilities Fortnightly*, Sept. 1, 1999, pp. 46, 51.
7) California Energy Commission, *Policy Report on AB 1890 Renewables Funding : Report to the Legislature*, March 1997 (http://www.energy.ca.gov/reports/1997_AB 1890_RPT 2 LEGIPDF.,March 15,2001), pp. 6-7.
8) *Ibid.*, pp. 26, 30 ; California Energy Commission, *Annual Project Activity Report to the Legislature : Renewable Energy Program*, Dec. 2000 (http://www.energy.ca.gov/reports/2000-12-04_500-00-021. PDF, March 2, 2001), p. 4.
9) California Energy Commission, *Annual Project Activity Report to the Legislature, op. cit.*, pp. 6, 9.
10) Ziad Alaywan, "Evolution of the California Independent System Operator Markets, "*The Electricity Journal*, July 2000, p. 70.
11) 当初，パシフィック電力やサザン・カリフォルニア電力，サンディエーゴ電力は電力取引所を通じてしか電力を取引できなかった (Rebert L. Earle, *et al.*, "Lessons from the First Year of Competition in the California Electricity Markets," *The Electricity Journal*, Oct. 1999, p. 58). しかし，回収不能費用の回収を予想より早く終えた場合には，その禁止が解除される．サンディエーゴ電力はそのすべての発電所を売却して回収不能費用の回収を終えたため，1999年7月にこの禁止を解除された．

第5章　カリフォルニア州の競争移行期と電力危機　　　173

12) 当初，デイアヘッド市場とアワーアヘッド市場から構成されたが，アワーアヘッド市場は1999年1月からデイオブ市場に置き換わった．デイオブ市場は1日の異なった時間帯のための3回の入札からなっており，実際の電力の流れる時間により接近した入札を行うもので，デイアヘッド市場と同様に運営された（*Ibid.*, p. 59）．
13) *Ibid.*, p. 58.
14) *Ibid.*, pp. 59-61. 補助サービス一般については，The National Regulatory Research Institute, *Unbundling Generation and Transmission Services for Competitive Electricity Markets : Examining Ancillary Services*, Jan. 1998, が詳しい．
15) Earle, *et al.*, *op. cit.*, p. 61.
16) Smeloff and Asmus, *op. cit.*, pp. 82, 84 ; California Energy Commission, "Interim Staff Market Clearing Price Forecast for the California Energy Market,"（http://www.energy.ca.gov/electricity/97-12-10_MCP‑FORECAST. PDF, March 9, 2001) p. 7 ; Nancy A. Rader and William P. Short, "Competitive Retail Markets : Tenuous Grounds for Renewable Energy," *The Electricity Journal*, April 1998, p. 73.
17) Peter C. Christensen, *Retail Wheeling : A Guide for End-Users*, 3rd ed. (Tulsa, Oklahoma : RennWell, 1998), pp. 67-8.
18) Laura Brien, "Why the Ancillary Services Markets in California Don't Work and What to Do About It," *The Electricity Journal*, June 1999, pp. 38, 40, 43 ; Earle, *et al.*, *op. cit.*, p. 61 ; Afzal S. Siddiqui, *et al.*, "Excessive Price Volatility in the California Anncillary Services Markets : Causes, Effects, and Solutions," *The Electricity Journal*, July 2000, pp. 58-68 ; Alaywan, *op. cit.*, pp. 72, 75.
19) Siddiqui, *et al.*, *op. cit.*, pp. 61-7.
20) Warren W. Byrne, "Green Power in California : First Year Review from a Business Perspective," Feb. 2000 (http://www.cleanpower.org/crrp/b/htm, Feb.28,2001), pp. 8, 17-8.
21) *Ibid.*, pp. 5, 8, 11-2.
22) *Ibid.*, pp. 5, 7, 12 ; The Regulatory Assistance Project, "Setting Rates for Default Service : The Basic,"（http://www.rapmaine.org/defaultsvc.html, March 11,2001); Tom Michelman, "Factors Affecting Robust Retail Energy Markets," *The Electricity Journal*, April 1999, pp. 49-59 ; Jonathan M. Jacobs, "Setting a Retail Generation Credit," *The Electricity Journal*, May 1999, pp. 80-7.
23) Byrne, *op. cit.*, p. 21.
24) *Ibid.*, p. 9.

25) California Energy Commission, *Annual Project Activity Report to the Legislature, op. cit.*, p. 26.
26) *Ibid.*, pp. 19-20.
27) "Green Power Network : Green Power in California," (http://eren.doe.gov/greenpower/ca_news. html, Feb. 28, 2001).
28) Kahn and Lynch, *op. cit.*, pp. 21-2 ; "Staff Report to the Federal Energy Regulatory Commission on Western Markets and the Causes of the Summer 2000 Price Abnormalities," Nov.1, 2000 (http://www.ferc.fed.us/electric/bulkpower/frontmatter.pdf, Feb. 15, 2001) pp. III 7-8.
29) "Record of Day Ahead Prices in the PX Monthly Average, Per Megawatt-Hour (MWh)," (http://www.energy.ca.gov/electricity/wepr/monthly_day ahead_prices.html.,Feb.14,2001) p. 1/2.
30) "Staff Report to the Federal Energy Regulatory Commission on Western Markets," *op. cit.*, p. III 7.
31) カリフォルニア州卸売り電力市場の価格高騰の原因分析とその対策のために同州知事に提出されたのが，前出 M. Kahn and L. Lynch, "California's Electricity Options and Challenges," であった．
32) "Staff Report to the Federal Energy Regulatory Commission on Western Markets," *op. cit.*, pp. II 11, 13, V 5.
33) *Ibid.*, p. II 8.
34) *Ibid.*, pp. II 2-3, 25-7.
35) Kahn and Lynch, *op. cit.*, pp. 28, 36.
36) "Staff Report to the Federal Energy Regulatory Commission on Western Markets," *op. cit.*, pp. IV 5, V 8.
37) Market Surveillance Committee of California Independent System Operator, "An Analysis of the 2000 Price Spikes in the California ISO's Energy and Ancillary Service Market," Sept. 6 2000 (http://www.caiso.com/docs/2000/09/14/20000914160025714.html,Feb.20,2001), pp. 7, 9.
38) *Ibid.*, p. 7.
39) Kahn and Lynch, *op. cit.*, p. 30.
40) "Staff Report to the Federal Energy Regulatory Commission on Western Markets," *op. cit.*, pp. III 6-7.
41) California ISO, "DMA Director Report for December, 2000, Memo," (http://www.caiso.com/docs/2001/02/05/2001020510173626835.pdf) p. 1 ; "Wholesale Electricity Price Review, Nov. 2000," (http://www.energy.ca.gov/electricity/wepr/2000-11/index.html,Feb.1,2001) p. 4/7.
42) "Wholesale Electricity Price Review, Nov. 2000," *op. cit.*, p. 4/7.
43) California ISO, "DMA Director Report for January, 2001, Memo," (http://

第5章 カリフォルニア州の競争移行期と電力危機　　175

www.caiso.com/docs/2001/02/15/2001020510182026927. pdf) p. 1 ; "Wholesale Electricity Price Review, Dec. 2000," (http://www.energy.ca.gov/electricity/wepr/2000-12/index.html,Feb.28,2001) p. 5/7.
44) "PG&G Groups for a Way Out of Its Electricity Squeeze," *The Wall Street Journal*, Jan. 4, 2001.
45) *Ibid*.; "California Utilities' Debt Ratings are Cut," *The Wall Street Journal*, Jan. 5, 2001 ; "California Unit of Edison Faces Cash Crunch," *The Wall Street Journal*, Jan. 15, 2001 ; "Wholesale Electricity Price Review, Jan. 2001," (http://www.energy.ca.gov/electricity/wepr/2001-01/index.html) p. 1/4.
46) "California's Governor Signs Law to Let State Buy Long-Term Power Contracts," *The Wall Street Journal*, Feb. 2, 2001.
47) Bill number : ABX 11, Chaptered Feb. 1, 2001 (http://leginfo.ca.gov/cgi-bin/waisga...D=4518519456+208+0+0&WAISaction=retrieve, Aug. 1, 2001), p. 1/9.
48) "California Energy Deals Could Fall Short," *The Wall Street Journal*, March 5, 2001
49) "California's Governor Signs Law," *op. cit*.; "The Big Power Crunch," *The Wall Street Journal*, May 9, 2001.
50) "GENERATION UPDATE : Presented to the Senate Energy Committee-April 19, 2001," (http://www/energy.ca.gov/papers/2001-4-19_THERLSON-SENATE. PDF). 2002年ピーク期間に向けての500万kWのうち半分が、同州エネルギー委員会の承認を受けて建設中である。"Plan Expected to Boost California Power Capacity," *The Wall Street Journal*, Feb. 9, 2001 ; "The Big Power Crunch," *op. cit*., も参照。
51) 以上、California ISO, "DMA Director Report for March 2001, memo," (http://www/caiso.com/docs/2001/03/28/2001032809195172.pdf,Aug.3,2001) p. 1 ; California ISO, "DMA Director Report for July 2001, memo," (http://www/caiso.com/docs/2001/07/20/200107201733319105.pdf,Aug.3,2001) p. 1, などより。
52) California ISO, "DMA Director Report for March 2001, memo," *op. cit*., p. 1, より。
53) California ISO, "DMA Director Report for July 2001, memo," *op. cit*., p. 1.
54) California Public Utilities Commission, "Interim Opinion Regarding Rate Design," (http://cpuc.ca.gov/PUBLISHED/FINAL_DECISION/7185.htm, July 17,2001), pp. 2-4, 7, 10, 16.
55) Kahn and Lynch, *op. cit*., p. 23.
56) "Green Power Network : Green Power in California," *op. cit*., p. 4/35.

第6章　北東部諸州の自由化

　カリフォルニア州の競争移行期はほぼ完全な失敗に終わったが，アメリカ全体がそうだというわけではない．そこで，本章ではアメリカ全体の電力自由化の進展を取り上げ，第1節で概観する．

　第2節では，電力自由化を行った州・地域のなかから，とくにペンシルバニア州など北東部を紹介するが，それはペンシルバニア州など北東部の電力自由化がカリフォルニア州とは相当異なっているからである．両者の相違点は，電力会社の発電所分離・売却，卸売り電力市場におけるスポット市場の比重，安定供給のしくみ，小売り市場の競争促進策，そしてクリーン・エネルギーの育成策などについてである．ペンシルバニア州など北東部はクリーン・エネルギーの育成という点ではカリフォルニア州に劣るが，電力の安定供給という点でははるかに優れたしくみを導入している．安定供給のしくみは，これから本格的な自由化を迎える日本にとって非常に参考となると思われるので，詳しく検討する．

1. 電力自由化の進展

電力自由化の概観

　FERC（連邦エネルギー規制委員会）の1996年命令888号，いわゆる送電線開放命令は非常に大きな影響を及ぼした．それは州際に跨る送電設備を所有・支配・操業する電力会社に，無差別の託送料金を提出し送電線網を開放するように命じていた．電力会社の発電部門とそれ以外の発電事業者の間の

公平な競争を保証しようとしたからである．その際，FERC は競争力を失うであろう電力会社に回収不能費用の完全回収を認め，さらに地域的な独立送電機構の設立も促進した．

この送電線開放命令に応えてほとんどすべての電力会社が，無差別の送電料金を提出し，それらの送電線網を開放した．これによって卸売り競争が活発になったが，それまでは地元電力会社に買い上げてもらうか，競争入札によって地元電力会社だけにしか販売できなかった発電事業者は購入者（たとえば，地元電力会社から購入していた自治体電力組織）と契約すれば，電力会社の送電線網を託送料金を支払って利用でき，販売先を広げることが可能になったからである．これと同様に，地元電力会社から電力購入していた大口需要家（工場，スーパーマーケットなど）も，それ以外の発電事業者から電力を購入できるようになった．これが小売り自由化であるが，アメリカではこれを導入するほとんどの州では大口需要家だけではなく，すべての消費者が電力小売り業者を選択できるよう構想している．

多くの州が小売り競争を含む電力自由化に関する法律を制定した．当然，市場に参入する発電事業者と最終消費者の間に入る電力小売り業者の数も増大した．他方，電力会社のコストの高い発電所は競争力を喪失するので，それらの分離・売却が行われ，また，電力会社同士の合併なども盛んになった．

さらに独立送電機構の設立は，電力会社の送電部門を発電部門から機能的に切り離し差別的な託送を廃絶し，卸売り競争や小売り競争を一層活発化させるためであった．カリフォルニア州のほかに独立送電機構の設立をFERC に申請したのは，ニューイングランド地域，ニューヨーク州，ペンシルバニア・ニュージャージー・メリーランド 3 州，そして中西部地域であり，これら 5 つの独立送電機構は 1998 年 12 月までに条件付きで認められた[1]．図 6-1 はこれら独立送電機構の管理地域を示している．ただし，中西部地域の独立送電機構はまだ操業を開始していない．また，テキサス州の独立送電機構はもっぱら州内での操業になるので，FERC ではなく同州公益事業委員会により 1996 年末に承認されていた[2]．1998 年当時，このほかに

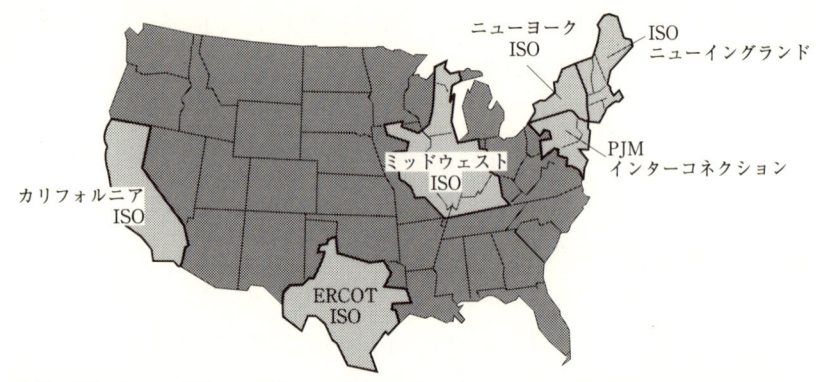

出所：U.S. Dept. of Energy/Energy Information Administration, *Electric Power Annual 1999*, vol. I, DOE/EIA-0348 (99)/1, Aug. 2000 (http://www.eia.doe/cneaf/electricity/epav1/epav1.pdf, Aug. 19, 2001), p. 13, より．

図6-1　設立された独立送電機構（ISO），1999年現在

も5つの地域が独立送電機構の設立を検討していた．これらが操業を開始しうまく機能すれば，地域的な卸売り電力市場がいくつもできあがることになる．

アメリカでは，ひとつの州，あるいは独立送電機構地域に，ひとつの電力会社が存在しているだけということはなく，複数の電力会社が存在している．しかも，適格設備や独立電力生産者が成長している独立送電機構地域では，活発な卸売り競争が展開される可能性がある．

地域送電組織の設立促進

1999年12月，FERC は送電線開放命令以降の電力産業の変化を踏まえつつ，さらに一層多くの地域的卸売り電力市場を作り出すために地域送電組織（Regional Transmission Organizations）に関する命令2000号を公表した．この命令によれば，地域送電組織はこれまでの独立送電機構タイプ（送電設備は電力会社の所有のままのもの）でも，送電会社タイプ（Transco，送電設備を電力会社の所有から分離して独立送電会社に移管するもの）でもよいが，最低限の特徴と機能をもっていなければならない．最低限の特徴としては，

とくに電力会社発電部門や発電事業者などの市場関係者からの独立性が重視され，送電線網にたいして全面的な管理責任をもち，その信頼性を確保できる組織でなければならない，とされた．また，最低限の機能とは，送電線開放を保証し統一的な送電料金を設定し，混雑管理や補助サービスを提供し，余裕送電能力などについての情報を開示することとされた．また，市場モニタリング，設備拡張計画，そしてその他地域との調整も含まれた．

　FERCがあえて地域的送電組織の設立を促進したのは，次の理由による．ひとつは，独立送電機構が形成・操業されていない地域では，多くの電力会社によって送電組織が分断されて所有・管理・操業されているために，——アメリカでは民間電力会社は200以上あり，その規模は比較的小規模であるので——送電効率がよくないということである．また，1996年の送電線開放命令では，電力会社の分割ではなく発電・配電からの送電部門の機能的分離を求めていただけであったので，各地で電力会社が送電網の独占を基礎に，かれらの発電部門とそれ以外の発電事業者を差別し，かれらの発電部門に有利なように送電を拒否したり，より劣った送電サービスしか提供しないケースが多かったからである．FERCは現在，独立送電機構が設立されていない残りのすべての地域にも地域送電組織を設立させ，全米のすべての送電網が地域的管理に，できれば地域的所有に移管されるべきであると考えたのである．

　そのため，命令2000号では，現在，独立送電機構に参加していない電力会社には2001年12月までに地域送電組織の操業を開始するように命じている．現在，独立送電機構に参加している電力会社には，その独立送電機構が地域送電組織の条件に合致するよう修正することを2001年1月まで申請するよう命じた[3]．

　この命令2000号がどれほど実施に移されつつあるかは，現在，不詳であるが，たとえば，独立送電機構設立の動きがほとんどなかった南東部でも，ノースカロライナ州とサウスカロライナ州においてデューク・エネルギー社（大手のデューク電力の後継会社と思われる）など3社によって「グリッ

ド・サウス」という地域送電組織の設立が検討され,その操業開始予定は 2001 年 12 月とされている[4]。

すでに複数の独立送電機構が操業しており,かつ,命令 2000 号が出されたので,アメリカの電力自由化はほとんどの地域で地域送電組織の設立・発展,つまり「発電・送電分離」を軸に卸売り競争と小売り競争が進展して行くと考えられる.

非電力会社の勢力拡張

独立送電機構の設立された地域では,卸売り電力市場において電力会社の発電部門と非電力会社が,電力会社の配電部門と新規参入者の電力小売り業者への販売をめぐって競争する.1997 年に全米の非電力会社の発電能力は既存電力会社の約 1/10 であったが,2000 年には約 1/3 にまで成長し,電力産業の総発電能力の 26% になっている[5]。

これは,カリフォルニア州,ニューヨーク州,ペンシルバニア州などの有力州が,1998 年から独立送電機構の設立によって卸売り競争を促進し,カリフォルニア州やニューヨーク州,ニューイングランドなどでは,多くの既存電力会社が発電所を分離・売却したからである.既存電力会社の発電所分離・売却は,州政府が発電分野おける電力会社の市場支配力を懸念したこと,電力会社の回収不能費用を削減し競争移行期を短縮しようとしたことにもよる.しかし,競争市場では競争力がないと考えた電力会社自身による意思決定の所産でもあった.その結果,たとえば,ニューイングランド独立送電機構地域では,電力会社の発電能力が 22%,非電力会社のそれが 71% となっている.電力会社以外の所有にある発電所は,マーチャント・パワー・プラントと呼ばれるようになった.全国的に独立送電機構,あるいは地域送電組織が普及すれば,一層,非電力会社の比重が高まるものと考えられる.

2. ペンシルバニア州など北東部の自由化

卸売り電力の安定供給

　ペンシルバニア州は1927年という早い時期から，隣接するニュージャージー，メリーランド州と電力連携をしてきており，その長年の協力関係の実績のもと，ペンシルバニア州が中心となって1998年にこれら3州に跨る独立送電機構を設立した．この独立送電機構は各州の頭文字をとってPJMインターコネクション（以下，PJM独立送電機構，あるいは単にPJMと略記する）と称している[6]．PJM独立送電機構地域は，そのピーク時の総電力需要量でみると約4,800万kW（設立当時）であり，カリフォルニア独立送電機構地域より若干大きく，独立送電機構として全米第1位である．1998年のPJM独立送電機構の操業開始も，カリフォルニア州独立送電機構とほぼ同時であった．

　PJMに参加したペンシルバニア州の卸売り電力の市場ルールは，カリフォルニア州のそれと大きく3つの点で異なっており，安定供給という点で工夫がなされている．ひとつは既存電力会社の発電所の分離・売却を強制しなかったことである．これは卸売り電力価格が高騰したとき，電力会社の配電部門に自社内調達を通じる安定的な電力調達を可能とした．また，スポット市場に余り大きな役割を与えずに，自社内取引，先渡し，先物を含む相対取引を電力会社の発電所と配電部門にも認めたことである．これは長期的な価格の安定性に寄与する．さらに，電力（エネルギー）取引に先だって，すべての電力小売り業者（電力会社配電部門と新規参入者）にピーク時に必要とされる余剰発電能力（reserve margin）を確保することを義務づけ，発電能力市場を整備したことである．このために，電力（エネルギー）価格の高騰を予防できる可能性が高まった．

　カリフォルニア州では，独立送電機構が電力取引所におけるデイアヘッド市場での取引が終わった後に，次の日の電力需要予測から見て不足すると判

断される発電能力を，補助サービスとして購入するようになっていた．しかし，十分な発電能力を確保できるかどうかは別である．その上で，実際の電気の流れの 45 分前のリアルタイム市場で，発電事業者と電力小売り業者が電力の取引を行った．それは事実上，発電事業者と電力小売り業者からなる自由市場であるから，独立送電機構が確保した発電能力が不十分であると，電力価格は高騰する．電力取引所も独立送電機構も予想される余剰発電能力量を含む発電能力必要量を決定し，電力小売り業者に按分して購入させることを義務づけていなかった．余剰を含む発電能力必要量の購入を義務づけておけば，発電事業者は販売可能であるため十分な発電能力を建設して用意するであろう．カリフォルニア州ではそうしなかったために発電能力が不足し，補助サービス価格が高騰するという事態を招いたのであった．

独占・規制体制下では，電力会社が余剰発電能力を保有する義務を課せられており，安定供給が一定保証されてきた．競争市場ではこの安定供給のメカニズムが何らかの方法で確保されないと，価格高騰や停電という事態を招いてしまう．電力需要は，昼間と夜間，あるいは夏期とその他の時期で大きく異なる．いま，夏期の電力需要のピーク時とそれ以外のオフピーク期を例に考えてみよう．オフピーク期に電力を販売する発電所は，ほとんどの時期に稼働して収入をえることができるが，ピーク期にだけ電力を販売する発電所は，夏期以外は電力を販売せず収入をえることができない．このような特質をもつ電力市場が自由競争に委ねられれば，オフピーク期用の発電所は保有・建設されるが，ピーク期用の発電所は保有・建設されることは困難である．ピーク時に余裕をもって電力供給にあたるための発電所が，余剰発電能力であるが，電力自由化が進むと，ピーク用発電所，あるいは余剰発電能力は建設されなくなり，次第に，ピーク期に電力供給が不足し，電力価格の高騰が引き起こされる可能性が高い[7]．

事実，1990 年代に余剰発電能力が減少してきている．図 6-2 は，1990 年から 98 年までの余剰発電能力の推移と 2007 年までのそれについての予想を示している．全国的に，余剰発電能力は 1990 年の 22％ から 97 年に 17.5％

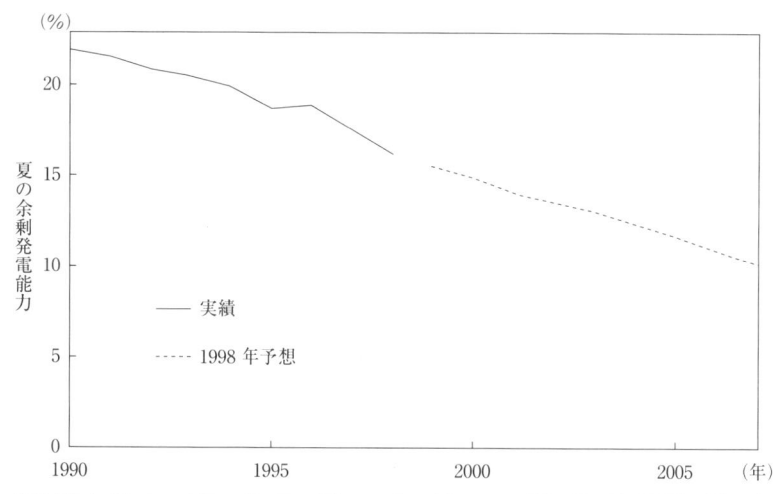

```
(%)
夏の余剰発電能力
  ── 実績
  ---- 1998年予想
1990    1995    2000    2005  (年)
```

出所：Eric Hirst and Stan Hadley, "Generation Adequacy: Who Decides?" *The Electricity Journal*, Oct. 1999, p. 12, より．

図 6-2　アメリカ電力産業の余剰発電能力

へ減少し，2007年までに10％程度に減少すると予想される．それは主に，余剰発電能力への投資の回収ができるかどうか不確実であり，電力会社がそれへの投資を躊躇した，あるいは躊躇するであろうからである．発電事業者にそうした投資をさせるには特別の仕組みが必要なのである．事実上，自由市場に委ね失敗したのがカリフォルニア州であった[8]．

カリフォルニア州と異なり，ペンシルバニア州では独立送電機構が年ベースで余剰を含む発電能力必要量を予測し，すべての電力小売り業者（電力会社配電部門と新規参入者）に販売量に応じてそれを割り当てる．すべての電力小売り業者は割り当てられた発電能力を購入するか所有する義務を負う．この発電能力の調達・購入には，自社内調達，相対取引，そして市場取引（発電能力市場），地域外の発電所から移入するという方法がある．発電能力は1メガワット（MW，1,000万kW）を単位として，1日物，1カ月物，そして12カ月までの数カ月物という期間で取引されている．新規参入者は競争によって小売り電力量を獲得すれば，それに見合った余剰を含む発電能力

の確保が必要とされ，それは発電能力市場などで購入可能である．逆に，小売消費者を奪われて販売量が減少する電力会社配電部門があれば，余剰を含む発電能力の必要量は減少するからその分を市場などで売却できる．

電力小売り業者が確保した発電能力が割り当てられた発電能力必要量を下回れば，1日・1MW当たり160ドルの罰金を支払わねばならない．他方，その日の発電能力を販売した発電事業者は，原則としてその電力を前日にPJMデイアヘッド市場に売り入札をしなければならない．発電能力を販売した発電事業者（発電所）でありながらPJM地域外に電力を移出した場合は，「緊急事態」であればPJMはその発電事業者（発電所）にリコール，つまりPJM地域内に販売することを命じることができる．その場合，PJMのその時のエネルギー価格が支払われる．こうして，電力供給量が電力需要量に一致するように，つまり安定供給が行われ，エネルギー価格の乱高下が制限される可能性が増大する．数カ月物の発電能力の売買は，電力小売り業者に数カ月先電力供給を保証し，他方，発電事業者にとっては十分な発電能力の保有，あるいはそれを新設するインセンティブとなっている．

PJMの発電能力確保義務システムはそのコストを電力小売り業者とその電力需要量に平等に課しつつ，安定供給の可能な電力プールを実現している．ペンシルバニア州においては2000年の発電能力市場の平均価格は，数カ月物で1日・1MW当たり53.16ドル，1日物では同69.39ドルであった．これは最終消費者の電力価格を若干，引き上げる要因になるが，ベースロード用として計算すれば，1kWh当たりわずか0.2セント程度である．

ただし，PJMが定めた余剰発電能力の必要分はピーク時の予想需要能力の1.1％である．これはそれほど十分な余剰発電能力とは考えられず，卸売り電力市場の価格の乱高下を防止するのに充分かどうかは疑問である．しかし，少なくとも，ペンシルバニア州がカリフォルニア州よりは優れた安定供給のメカニズムを備えているといえるだろう．このメカニズムを一層工夫することによって，困難な安定供給の課題を達成できる可能性がある[9]．

卸売り電力価格

 PJM地域では，電力小売り業者（電力会社の配電部門と新規参入者）はその電力を，自社内調達するか，相対取引により予め契約しておくか，それでも電力販売量に足りなければ，独立送電機構のデイアヘッド市場かリアルタイム市場でスポット取引をすることになっている．総卸売り電力取引のうち，自社内調達によるものが55％，相対取引が30％，そしてスポット取引は15％にすぎない．このようにペンシルバニア州などでは，電力会社に発電所の分離・売却を義務づけなかったことから自社内調達の比重が高く，かつ，相対取引を認めたため，スポット取引はそれほど大きくない．このようなペンシルバニア州の場合，卸売り電力価格の高騰はどの程度防げているであろうか．

 同州では，1998年の卸売り電力価格がMWh当たり平均22ドル，99年に同34ドル，2000年に同31ドルであった[10]．MWh当たり22ドルから34ドルというのは，1kWh当たりに換算すると2.2セントから3.4セントであり，電力自由化で想定されていた低価格が実現していることになる．独立送電機構設立以前には，卸売り電力価格はMWh当たりでは20ドルから30ドル（1kWh当たり2セントから3セント）になると予測されたからである．

 ただし，卸売り電力価格は，夏のピーク時にスポット市場で急騰するのが一般的である．PJM独立送電機構のスポット市場では1999年の夏期間には，非常に価格高騰した日が15日間あり，そのうちの96時間に卸売り価格はMWh当たり130ドル（1kWh当たり13セント）を超えた．同地域では，卸売り価格における高価格をMWh当たり130ドルと定義しており，それは最も高コストの発電所の操業費用を意味している．

 さらに，最も高い価格を記録した日のピーク時には，MWh当たり935ドルを超えた．その日のピーク時のPJM地域の最高電力需要量は4,800万kW，地域内の実際に供給している発電能力は4,400万kWであり，その差，400万kWが不足していた．午前中は電力需要量が低く一部の電力は地域外

に移出されていたが，PJM独立送電機構はそれらをリコールすることによって不足していた400万kW分を呼び戻すことができた．これは上で述べた必要発電能力の確保義務の制度が，緊急時に安定供給の目的を達成できた例である．しかし，必要発電能力の予測が低ければ，短時間ではあれ価格の高騰は避けられないのである．

スポット市場のこの価格高騰のメカニズムは次の通り．夏のしかも気温の高くなる午後に電力需要量がピークに達すると，地域内のほとんどの発電所が稼働し発電量をピーク状態にもってゆく．電力需要量が地域内の供給発電量と移入量を上回りそうになると，一部の発電事業者，あるいは発電所が発電を停止したり，非常に高い価格で入札しがちである．それがスポット市場の価格を決定するケースがでてくる．このような状態にもってゆけるのは，必ずしも高い発電市場シェアをもつ発電事業者とは限らない．電力消費が電力供給を上回りそうな時には，発電事業者はPJM独立送電機構のスポット市場ですべての入札される電力がいかに高い価格でも購入されるであろうと予測する．もちろん，余り高い入札価格では購入されないこともあるので，発電事業者はある一部の入札量に限って高価格をつける，あるいはコストを若干上回る価格から，上限価格に至る一連の価格の違った入札をしてスポット価格を引き上げることができたのである[11]．

PJM地域では9つの電力会社と，非電力会社が卸売り電力市場で競争しており，その集中度は高いといえないであろう．しかし，市場集中度が高くなくとも，価格高騰は起きるのである．スポット市場での価格高騰のメカニズムはカリフォルニア州と基本的に同じであるが，電力会社の経営危機を引き起こしているわけではない．スポット価格は平均的には低く保たれており，さらに，PJM地域ではスポット市場の比重が低く，総卸売り電力取引の1.〜%しか占めていないからである．電力会社の配電部門はまず自社の発電部門から電力調達ができ，その他に非電力会社と相対取引ができるのである．相対取引ではリスクヘッジのための先渡しなどを含んだ長期取引が可能である．

PJM 地域では，電力需給が逼迫したピーク時に，スポット市場で極端に高い価格で入札したのは，電力会社の発電部門以外の発電事業者であった．電力会社の発電部門は高い価格をつければ，自社の配電部門が苦しむだけであるからである[12]．スポット市場の価格高騰は，電力会社の発電部門の市場支配によって起こるとは限らないのである．したがって，電力会社の発電部門の分離・売却をあまり極端に進めるべきではなく，むしろPJM地域のように電力会社に50％位の発電シェアを保持させている方が，スポット価格の高騰から電力会社配電部門を守り，ひいては一般消費者を保護することになる．また，電力会社に先渡しを含む相対取引，先物取引などの多様な取引を認めている．それが，電力会社の発電部門，配電部門の取引をともにスポット市場（電力取引所）に制限して，価格暴騰を招いたカリフォルニア州との違いである．

先物市場は，電力に限らず競争市場の不確実性をヘッジする手段を提供する．電力会社，発電事業者，電力小売り業者，そして投資家は，潜在的な高価格の影響を緩和するために先物市場で取引される金融的手段を利用できる．ニューヨーク商品取引所やシカゴ商品取引所が，全米主要地点での電力先物の相場を公表し，先物取引を促進している．ただし，現在のところ，取引量はそれほど多くない[13]．

もちろん，スポット市場はなくてはならない，というのは相対取引，先物取引，自社発電部門からの調達が合わせても，需要量に満たない場合，超短期での調達には電力取引所やリアルタイム市場が適合的であるからである．何度も指摘するように，スポット市場は価格が不安定である．スポット市場での価格高騰は，2000年5月にニューイングランド独立送電機構でも起きていた．突然，5月8日に卸売り電力価格がMWh当たり6,000ドルに上昇したが，それは予期しない規模での発電事業者の発電停止があり，稼働発電能力が必要とする需要量のおよそ45％にまで下がったからである．また，ニューヨーク州独立送電機構でも価格上昇の危険があった．というのは，ニューヨーク市の電力会社，コンソリデイテッド・エジソン社は，ほとんどの

火力発電所を分離・売却しているうえに,そのインディアン・ポイント原発2号機(94万kW)が2000年夏中,発電停止となった。同社はその喪失した電力をスポット市場で調達したが,スポット市場は20〜30%値上がりしており,その分を小売り価格に転嫁しようとしたからである[14]。

こうした価格上昇,あるいはその懸念の背景には,余剰発電能力の不足がある。ニューヨーク地域とニューイングランド地域で余剰発電能力は,それぞれわずか3%であった(1999年)。余剰発電能力とは,ピークの電力需要を超える発電能力であるが,ここでは移入も含んでいる。とくにニューヨーク地域では,2001年までにわずか1発電所の建設しか予定されていないので,今後,カリフォルニア州のような電力危機が起きないともかぎらないのである。しかも,ニューヨーク地域では,スポット市場での取引の比重が高くなってきていることも懸念される[15]。

ただし,表6-1に示すように,これらの州・地域のスポット市場への依存度はペンシルバニア州(PJM地域)と同様にそれほど高くはない。2000年夏におけるカリフォルニア州のスポット市場への依存度が50〜60%であるのにたいして,PJMが10〜15%,ニューヨーク州が6%,そしてニューイングランドが20%であり,残りの電力は自社内調達か長期取引であり,ヘッジ可能な取引形態によるものであった[16]。ほとんどの地域ではスポット市

表6-1 ヘッジされた電力取引とスポット市場取引の比重,地域別比較,2000年夏

(%)

	ヘッジされた電力取引 (長期取引と自社内調達)	スポット市場取引
カリフォルニア州	40〜50	50〜60
PJM	85〜90	10〜15
ニューヨーク州	55	6
ニューイングランド	80	20
オーストラリア	90	10

出所:California ISO, "Options for System Market Power Mitigation," Oct. 2000 (http://caiso.com/docs/09003a6080/08/d3/09003a608008d309, pdf, Feb. 26, 2001), p. 9.

第6章　北東部諸州の自由化

場への依存度が非常に低く，スポット市場で価格が高騰しても電力小売り業者への打撃は比較的小さいのである．電力自由化においては，価格高騰の影響を小さくし安定供給のための様々な仕組みを市場ルールに組み込まなければ，その甚大な影響を防ぐことはできないのである．

小売り電力の競争

　競争移行期の小売り電力市場では，ほとんどすべての消費者をもっている電力会社の配電部門に，新規参入者がその消費者を獲得すべく競争を挑むのが一般的構図である．一般消費者は，電力会社より低価格の電力の，あるいは若干高価格であるが普通の電力から「差別化」されたクリーン・エネルギーの提供を受けて初めて電力自由化を実感できる．小売り市場への新規参入者は，卸売り市場での電力調達を前提に，独立送電機構を通じて電力会社の送配電線を借りて，最終消費者に電力サービスを提供する．しかし，ごく一部の州を除いて，激しい競争が展開し電力価格が下がり，消費者が従来まで購入していた電力会社から新規参入者に転換した例はそれほど多くない．

　その理由は第1に，たとえ，卸売り電力の競争でエネルギー価格が下がったとしても，カリフォルニア州の例でも明らかなように，消費者はどの電力小売り業者から購入しようと，送電料金，配電料金はもちろん，電力会社の競争力のない発電所の償却（回収不能費用の回収）のための競争移行期料金を支払わねばならないからである．また，比較的多くの州でクリーン・エネルギーの育成費用などを捻出するためシステム・ベネフィット・チャージ（カリフォルニア州では公共プログラム費用）なども原則としてどの消費者からも徴収されるからである．

　第2に，小売り競争を促進する仕組みが不十分だからである．というのは，電力会社と新規参入者の間の価格競争は小売り発電料金に関する部分だけで行われるが，電力会社の小売り発電料金がどう設定されるかによって競争の度合いが異なってくる．カリフォルニア州では，電力会社の小売り発電料金は電力取引所の相場とされたから，卸売り価格をそのまま小売り価格として

設定する「パススルー原則」が採用されたことになる[17]. そのため, 新規参入者は電力取引所の相場より低い小売り発電料金を設定しない限り, 価格競争に勝ち消費者を獲得することができなかった.「パススルー原則」を採用した同州の政策は小売り価格競争が起きにくいように設定されており,「新規参入を厳しく禁止している」[18]とさえ評価された.

　カリフォルニア州では新規参入者は電力会社と異なって, 電力取引所以外のルートである相対取引などで電力購入が可能であったが, 電力取引所の価格より低い卸売り電力を長期的に調達することは不可能である. そうした電源は電力取引所の価格が高ければそちらに売り入札するだろうからである. したがって, 同州ではクリーン・エネルギーを扱う事業者以外は新規参入者が相次いで撤退し, 消費者が新規参入者から電力を購入することはなかったのである. クリーン・エネルギーの場合には, 発電事業者への助成と消費者への助成があったため, 新規参入が可能になったのであった.

　したがって, 小売り競争を促進するには, 消費者を独占している電力会社の小売り発電にどのような水準の料金を設定させるかということが決定的である. 新規参入者は電力会社と異なって, 消費者を新規に獲得しなければならないのであるから, 新規参入者の小売り発電価格は卸売り電力価格に加えて, 広告費, ダイレクトメール費用などマーケティング費用, そしてリーズナブルな利益を含まなければならない. 電力会社の小売り発電料金が平均的な卸売り価格では小売り競争は起こらないのであり, それより高く設定されねばならない[19]. 電力会社の小売り発電料金が平均的卸売り価格を上回る差額こそが, 新規参入者の利益と消費者の節約分を規定し, 小売り競争の推進力なのである[20].

　この点で, 電力会社の小売り発電料金を慎重に設計し, 小売り競争が一定のレベルに達した例外的な州はペンシルバニア州である. 小売り競争の程度を測るひとつの尺度は, 電力会社配電部門から新規参入者に電力購入を転換した消費者の数である. 図6-3はカリフォルニア州とペンシルバニア州における電力購入を転換した消費者の数を対比しているが, カリフォルニア州で

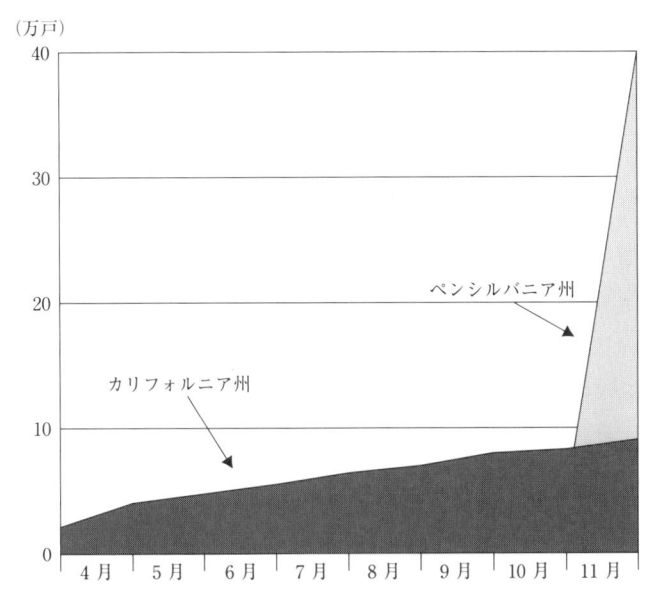

出所：Warren W. Byrne, "Green Power in California : First Year Review from a Business Perspective," (http://www.cleanpower.org/crrp/b/htm,Feb.28,2001) p. 8/42.

図 6-3 購入先を切り替えた小売り電力消費者数，カリフォルニア州とペンシルバニア州，1998 年

は小売り競争が導入されてからその数は非常にゆっくりとしか増大しておらず，1998 年 11 月末で 10 万世帯である．そのほとんどがクリーン・エネルギー購入者である．これにたいしてペンシルバニア州ではその数は急速に増大し，同時期に 40 万世帯に迫っている．ペンシルバニア州の最近のデータ (2001 年 4 月) では，その数は 78.8 万世帯となっている[21]．

では，ペンシルバニア州においては電力会社の小売り発電料金をどのように設定したのであろうか．小幅の政策的値下げを例外として従来の電力会社の小売り電力料金レベルを凍結し，回収不能費用を数年かけて回収させる競争移行期の設定という点はカリフォルニア州と同じである．ペンシルバニア州では，この凍結された電力料金から，送電・配電料金と回収不能費用を算定し，差し引くことによって，小売り発電料金を設定した．

同州では電力会社の小売り発電料金を「ショッピング・クレジット」と呼んだが，一般的には「ジェネレーション・クレジット」と呼ばれている．この場合のクレジットとは控除という意味であり，消費者が電力会社の配電部門から別の新規参入者に電力購入を切り替える際に，電力会社に支払う電力料金から発電部分として控除されるからであろう．したがって，電力購入を新規参入者に切り替える消費者は電力会社に送電料金，配電料金，回収不能費用（競争移行期料金）などを支払い，新規参入者には発電部分の支払いをする．小売り競争を促進するには，ショッピング・クレジットが新規参入者の小売り発電価格より高く設定される必要があった．したがって，ペンシルバニア州ではこの「ショッピング・クレジット」を予想される卸売り電力価格より高く設定した[22]．

　州内には8つもの電力会社が存在し，それぞれの電力料金レベルが異なっていたため，ペンシルバニア州公益事業委員会は「ショッピング・クレジット」を設定するために個々の電力会社の回収不能費用，送電・配電料金を確定した．たとえば，州内最大の電力会社，PECOエネルギー社（フィラデルフィア電力会社，現在はエクセロン社グループの一員）を例にとると[23]，同社の家庭消費者向け電力料金は1kWh当たり9.95セントであり，送電・配電料金2.93セントを引くと，発電原価がでるがそれは7.02セントである．これは予想される競争市場における卸売り電力価格より相当高い．また，同社の回収不能費用は50億ドル強であり，これを8年半で電力料金に割り振ると，1kWh当たり2.56セントとなる．この2.56セントを競争移行期料金として発電原価7.02セントから引くと，4.46セントとなる．これがPECOエネルギー社の「ショッピング・クレジット」である．同州の規制委員会は，この回収不能費用の確定に高めの予想卸売り価格を採用したので，回収不能費用は低めに設定されたという．しかも，ペンシルバニア州の競争移行期は8年半と設定され，カリフォルニア州の4年にたいして長く，毎年の回収不能費用が低く設定されるわけである．こうして，「ショッピング・クレジット」は意図的に高く設定され[24]，小売り競争が活発に展開されることになっ

たのである.

　小売り競争が開始されても PECO エネルギー社から電力を購入し続ける消費者は 9.95 セントを支払い続け,同社以外の新規参入者から購入しようとする消費者は,同社に送電,配電料金,そして競争移行期料金を支払うが,「ショッピング・クレジット」の分（4.46 セント）だけ控除される[25]. これと新規参入者の小売り電力価格を比較して,電力小売り業者を選択する. だから,「ショッピング・クレジット」は「比較のための価格（price to compare）」とも呼ばれた[26]. ペンシルバニア州における競争移行期料金とショッピング・クレジットの設定は,電力会社による回収不能費用の回収と小売り競争の活発化を同時に狙ったものである. 電力会社の原子力発電所を延命させながら,小売り競争を促進し消費者利益を図ろうとする 2 つの目標を追求したのである.

　このように高めの「ショッピング・クレジット」を設定した PECO エネルギー社の場合,新規参入者に転換した消費者はペンシルバニア州の電力会社のなかでも最も多く,数少ない小売り競争の成功例となった. この点,基本的に同様の仕組みで小売り競争を設計した州は,マサチューセッツ州やロードアイランド州であり,これらの州では「スタンダード・オファー料金」と呼ばれた. しかし,これらの州では,卸売り価格を低く予想したため,「スタンダード・オファー料金」が低く設定された. しかし,競争移行期に入って実際の卸売り価格が予想より高くなったため,これらの州では小売り競争は活発化せず,消費者の新規参入者への切り替えはほとんど進んでいない[27].

　ペンシルバニア州における高めの「ショッピング・クレジット」の設定による小売り競争の成功は,さらに,消費者によるクリーン・エネルギーの選択もある程度促進した. 同州の新規参入者への切り替えのうち,約 20％,7.2 万世帯がクリーン・エネルギーを選択した[28]. ただし,このデータは天然ガス発電を選択した消費者も含んでおり,かなり過大に表示されている. 小売り競争においては基本的に価格に基づいた競争が行われるが,クリー

ン・エネルギーを重視する消費者も存在する．この消費者グループは，クリーン・エネルギー価格が高めに設定されても，それを選択する可能性がある．しかし，電力会社の小売り発電料金が高めに設定されるほど，クリーン・エネルギーは競争上有利になる．ペンシルバニア州でもカリフォルニア州のようにクリーン・エネルギーに助成金がつけられていれば，消費者はクリーン・エネルギーをなお一層，選択したであろう．

各州のクリーン・エネルギー助成策

2000年初めまでに，24の州が電力小売り競争の導入を決めていたが，15の州がシステム・ベネフィット・チャージの徴収か，そして，あるいはクリーン・エネルギー・ポートフォリオ・スタンダードの採用を通じて，クリーン・エネルギー助成を電力自由化法案に組み込んだ．

システム・ベネフィット・チャージとは，カリフォルニア州のように（同州では公共プログラム費用と呼ばれた）競争移行期にはすべての消費者が，電力料金のなかに含まれるこの料金を支払い，その資金をもって州政府がクリーン・エネルギー助成などを行うというものである．また，ポートフォリオ・スタンダードとは，電力会社の配電部門や電力小売り業者にその販売する電力の一定の比率でクリーン・エネルギーを購入することを義務づける方法である．これは通常，クリーン・エネルギー事業者がその電力を販売する際に，電力購入者に売り上げ量に応じた取引可能な証書を譲渡・売却する．1kWh当たり1.5セントを上限価格とするこの証書の価格は自由につけられる．電力小売り業者は販売する電力量の一定割合の証書を集めなければならないが，それだけのクリーン・エネルギーを購入しないときは，この証書を必要量より多くを保有する企業などから市場で購入するだけでもよい．この制度によって，総発電量の一定割合がクリーン・エネルギーから発電されることを保証し，かつ，クリーン・エネルギーは1kWh当たり最高1.5セントが助成されることになるので，価格競争上の不利な点を緩和できる．

システム・ベネフィット・チャージを採用したのは12州であるが，それ

らの合計額は17億ドルであり，新規のクリーン・エネルギー発電能力を100万kWしか助成できないと考えられている．そのなかで最も規模が大きいのは，やはり，カリフォルニア州の5億4,000万ドルであり，50万kWの新規能力を助成・創出できるとされていた．残りの州をすべて合わせても，50万kWの新規能力を創出する程度に止まっている．

8州が採用したポートフォリオ・スタンダードの場合は，合計で2010年までに740万kWの新旧のクリーン・エネルギー発電能力を助成できるとされたが，新規発電能力については380万kWと考えられた．このうち，テキサス州は200万kWの新規能力の増大を計画していて特筆に値する．同州はクリーン・エネルギー育成ではこれまで決してリーダーとはいえなかった州である．また，メイン州のポートフォリオ・スタンダード政策は全エネルギー源の30％を目指すとされており，一見，非常に高い目標を設定しているように思われる．しかし同州のポートフォリオ・スタンダード政策は，従来までの水力発電や効率のよいコジェネもクリーン・エネルギーに含み，これらはすでに同州の全発電能力の45〜50％を占めているので，何の意味もない政策となっている．

カリフォルニア州やテキサス州を例外とすれば，現在のところ，各州のクリーン・エネルギー政策は総じて規模が小さすぎるといえよう．これらが創出できる新規のクリーン・エネルギー発電能力はシステム・ベネフィット・チャージで100万kW，ポートフォリオ・スタンダードで380万kWであり，現在，すでに稼働しているクリーン・エネルギー約1,600万kWに比較してそれほどの意味を持っていない[29]．カリフォルニア州のように80年代から大いにクリーン・エネルギーを育成してきた州でさえ，競争導入の機運に押されて，公共プログラム費用によるクリーン・エネルギーへの助成に止まったことを考えると，その他のほとんどの州のクリーン・エネルギー助成策は，電力自由化案を通すために環境保護主義者にアピールする役割を狙ったもので，実質的意味があるとは考えられない．規制緩和と自由化に走り過ぎて，クリーン・エネルギー育成という大きな目標を見失っているでのはな

いだろうか.

　以上,これまで検討したように,競争を促進しながら安定供給という課題も達成しようとすれば,ペンシルバニア州のような市場ルールが必要である.ただし,ペンシルバニア州では,その他の州で電力料金に設定されたシステム・ベネフィット・チャージが電力料金に組み込まれておらず,クリーン・エネルギー育成のプログラムはほとんど存在しないも同然である.クリーン・エネルギー育成の課題に応えるならば,カリフォルニア州のようにシステム・ベネフィット・チャージを電力料金に組み込むか,あるいはポートフォリオ・スタンダードが導入されるべきであろう.

むすびにかえて

　アメリカではすでに独立送電機構が設立され操業している5つの州ないし地域に加え,地域送電組織が全国各地に設立される動きが強まっている.これが実現すれば,全国のほとんどの地域に卸売り電力市場が形成され,小売り競争も導入される可能性が高まっている.カリフォルニア州やペンシルバニア州の経験から,電力自由化には電力の安定供給とクリーン・エネルギー育成の課題も果たせるように,次のような制度設計が必要である.

　第1に,卸売り電力市場ではスポット市場に余りにも依存することなく,長期の先渡し,先物契約を含む相対取引を中心とするよう市場設計をすること.こうした点をクリアし卸売り電力価格が低下すると,発電事業者(電力会社発電部門と新規発電事業者)が発電所,とくにピーク時用発電所への投資を控える可能性が高く,発電能力が減少する可能性が高い.だから,適度の余剰発電能力にたいする投資を促進するよう,ペンシルバニア州のように電力小売り業者に余剰を含む必要発電能力量を購入するよう義務づけ,その購入のために発電能力市場を整備すること.独立送電機構の設立による発電と送電の分離が是非とも必要であるが,規制時代に電力会社と規制当局が一部果たしていた安定供給の役割を,競争市場のなかでも保持しなければならないのである.

第2に，小売り市場の競争を促進するには，ペンシルバニア州のように消費者のほとんどに独占的に供給している電力会社配電部門の小売り発電料金を，予想される卸売り電力価格より高く設定し，新規参入の機会を提供すること．

第3に，クリーン・エネルギー育成のためのメカニズムを，電力自由化に組み込むこと．カリフォルニア州のようにすべての電力消費者にたいする課徴金（電力料金に上乗せする）による助成か，あるいはポートフォリオ・スタンダード（証書取引）のような制度を創設して，クリーン・エネルギーを育成すること．

日本における電力自由化においては，アメリカとくにカリフォルニア州やペンシルバニア州その他の州の自由化の経験を踏まえ，安定供給のしくみとクリーン・エネルギー育成の政策が組み込まれるべきであろう．

注

1) U.S. Dept. of Energy/Energy Information Administration, *The Changing Structure of the Electric Power Industry 2000 : An Update*, DOE/EIA-0562(00)（Washington, D.C.: Oct. 2000), p. 62.
2) ただし，テキサス州独立送電機構は正確にはERCOT独立送電機構と呼ばれる．ERCOTはThe Electric Reliability Council of Texas（テキサス州電力安定供給協議会）であり，同州の8割程度をカバーする電力プールであった．U.S. DOE/EIA, *The Changing Structure of the Electric Power Industry 1998 : Selected Issues*, DOE/EIA-0562(98)（Washington, D.C.: July 1998), p. 36.
3) 以上，U.S. DOE/EIA, *The Changing Structure of the Electric Power Industry 2000, op. cit.*, pp. 67-8, 73-5 ; "U.S. Federal Energy Regulatory Commission, Docket No. RM 99-2-000 : Order No. 2000 Regional Transmission Organizations,"（http://www.ferc.gov/news/rules/pages/RM 99-2-A.pdf, Aug. 15, 2001), pp. 1-8.
4) http://www.gridsouth.com/（Sept.15,2001).
5) U.S. DOE/EIA, *Electric Power Annual 2000*, vol. I, DOE/EIA-0348 (2000)/1, Aug. 2001, p. 2, table 1.
6) このPJM独立送電機構地域はこれら3州ばかりでなく，デラウェア州とバージニア州の一部とワシントンDCにまたがっている〔Federal Energy Regulatory Commission, "Investigation of Bulk Power Markets : Northeast-

ern Region," Nov. 1, 2000 (http://www.ferc.fed.us/electric/bulkpower/northeast.pdf), p. 3).
7) Eric Hirst and Stan Hadley, "Generation Adequacy : Who Decides?" *The Electricity Journal*, Oct. 1999, pp. 12-5.
8) *Ibid*., pp. 12, 16.
9) 以上, PJM Interconnection, Market Monitoring Unit, "PJM Interconnection State of the Market Report 1999," June 2000 (http://www.pjm.com/〔Aug. 21,2001〕)), pp. 19-21 ; PJM Interconnection, MMU, "PJM Interconnection State of the Market Report 2000," June 2001 (http://www.pjm.com/〔Aug. 21, 2001〕)), pp. 41-4, 51-6.
10) PJM Interconnection, MMU, "PJM Interconnection State of the Market Report 2000," *op. cit*., p. 28.
11) PJM Interconnection, MMU, "PJM Interconnection State of the Market Report 1999," *op. cit*., pp. 7, 21-37.
12) *Ibid*., pp. 21-37.
13) U.S. DOE/EIA, *Electric Poewer Annual 1999*, vol. 1, DOE/EIA-0348 (99)/1, Aug. 2000, p. 14.
14) Federal Energy Regulatory Commission, "Investigation of Bulk Power Markets," *op. cit*., pp. 33, 53, 55-8.
15) *Ibid*., pp. 6-9, 32
16) California ISO, "Options for System Market Power Mitigation," Oct. 2000 (http://caiso.com/docs/09003a6080/08/d3/09003a608008d309,pdf,Feb.26, 2001), p. 9.
17) Warren W. Byrne, "Green Power in California : First Year Review from a Business Perspective," (http://www.cleanpower.org/crrp/b.htm, Sept. 22, 2001) p. 5/44.
18) Taff Tschamler, "Designing Competitive Electric Markets : The Importance of Default Service and Its Pricing," *The Electricity Journal*, March 2000, p. 79.
19) Jonathan M. Jacobs, "Setting a Retail Generation Credit," *The Electricity Journal*, May 1999, p. 87.
20) Tschamler, *op. cit*., pp. 76-7.
21) Pennsylvania Office of Consumer Advocate, "Pennsylvania Electric Shopping Statistics, April 2001," (http://sites.state.paus/PA_Exec/Attoney_General/Comsumer_Advocate/cinfo/state 0401.pdf,Aug.14,2001) p. 1.
22) Jacobs, *op. cit*., p. 81.
23) PECO Energy Company は Unicom Corporation と合併し, Exelon Corporation グループに入っている (http://www.exeloncorp/home.html,Aug.28,2001, 参照).

第6章　北東部諸州の自由化

24) ペンシルバニア州が意図的に「ショッピング・クレジット」を高く設定し、カリフォルニア州などより小売り競争を活発にしようとした点については、John Rohrbach, "Made in the Keystone State : Pennsylvania's Approach to Retail Electric Competition," *The Electricity Journal*, Jan./Feb. 1999, pp. 27, 33, を参照した．

25) Pennsylvania Public Utility Commission, "PECO Energy-Restructuring Plan," Docket No.R-00973953 (http://puc.paonline/electric/competition/Restructuring/restructuring_orders.asp), p. 47.

26) Pennsylvania Office of Consumer Advocate, "Residential Electri Shopping Guide," (http://sites.state.paus/PA_Exec/Attoney_General/Comsumer Advocate/elecomp/guide/pdf,Sept.22,2001), p. 1.

27) Tschamler, *op. cit*., p. 80.

28) Byrne, *op. cit*., p. 7/44-8/44.

29) Ryan Wiser, Kevin Porter, and Steve Clemmer, "Emerging Markets for Renewable Energy : The Role of State Policies during Restructuring," *The Electricity Journal*, Jan./Feb. 2000, pp. 14-5, 17-9, より．テキサス州については, U.S. DOE/EIA, *The Changing Structure of the Electric Power Industry 2000*, *op. cit*., p. 86.

第7章　小型ガス発電とクリーン・エネルギー

　カリフォルニア州では電力危機という事態を招き電力自由化は停止したが，ペンシルバニア州やニューヨーク州などを含むその他の州・地域では電力自由化が推進されている．このまま推移すれば，アメリカのほとんどの州・地域で電力自由化が進展してゆくであろう．そこで，本章第1節では，電力自由化が進むなかで，小型ガス発電やクリーン・エネルギーがどのような状態にあるのかを検討する．

　ところで，電力のエネルギー源には，水力，火力（石炭，石油，そして天然ガス），原子力，そしてクリーン・エネルギーなどがあるが，これらはそれぞれ異なった環境規制，安全規制など社会的規制に服している．電力の経済的規制が緩和されコスト競争が激化しつつあるが，一方で，社会的規制が上記の各エネルギー源に大きな影響を与え続けている．それぞれのエネルギー源にたいする社会的規制が変化すれば，有利になるエネルギー源と不利になるエネルギー源がでてこよう．たとえば，経済的な規制緩和によって原子力が不利になっても，原子力の社会的規制を緩めれば，原子力発電が生き延びる可能性が高くなる．また，クリーン・エネルギーの環境影響上の有利な点を認めて，政府援助を強化すれば，クリーン・エネルギーを発展させることができる．

　そこで，第2節では，電力自由化の帰結に大きな影響を与えるであろう，社会的規制を含むエネルギー政策を検討する．とくにクリントン政権とブッシュ政権の政策を比較・検討する．

1. 小型ガス発電とクリーン・エネルギー

小型ガス発電の優位

電力自由化が進展するなかで，新規発電所の建設は小型の天然ガス発電所を中心とするものになっている．1996年から98年までの新規発電能力の増加の約2/3が天然ガス発電所と石油発電所であったが，その平均の発電ユニットの規模は6.5万kWであった[1]．99年には，新規発電能力の増加（1,026万kW）は，電力会社以外によるものが圧倒的に多く（66%），エネルギー源別では天然ガスが最大シェア（77%）を占め，クリーン・エネルギーを含むその他（19%）がそれに続いている．2000年には，新規発電能力の増加（2,345万kW）は，電力会社以外によるものが圧倒的に多く（70%），エネルギー源別では天然ガスが圧倒的シェア（95%）を占め，クリーン・エネルギーを含むその他（0.01%）はほとんど建設されなかった．非電力会社の新規の天然ガス発電ユニットの平均規模は9.9万kWであった（99年）．したがって，現在，新規建設では電力会社以外の事業者による，小型の天然ガス発電所が支配的な地位を占めている[2]．

これまでの石炭を主力にし，原子力が次世代の主力に位置づけられ，100万kW級の大型発電ユニットが建設された傾向は全く様変わりしているのである．これは電力産業における規模の経済性の喪失を示している．図7-1は1930年代から90年代までの発電ユニットの最適規模の推移を示している．各曲線はその時期の発電規模と平均費用の関係を描いており，たとえば70年には50万kW付近で最低になっており，その時期の最適規模をあらわしている．80年までに100万kWに達した最適規模は，90年に5〜15万kWになっている．これは小型ガス発電がコスト的に有利になり，巨大石炭・原子力発電の支配的地位を動揺させていることを数値的に示しているのである．小型の天然ガス発電所ならば，原子力発電所などと異なって巨大な規模をもつ電力会社でなくとも，中小の新規参入者にも設置・操業が可能である．電

(ドル/万 kW)

1930 年
1950 年
1970 年
1980 年
1990 年

5　　　20　　　　　60　　　　100 (万 kW)

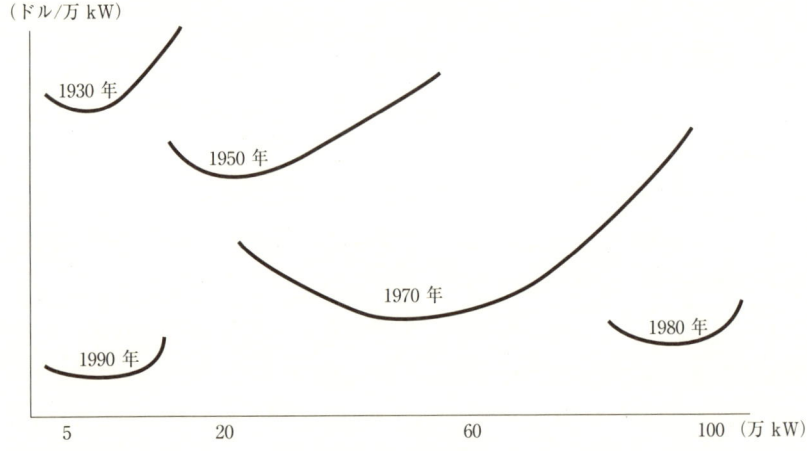

出所：Charles E. Bayless, "Less is More: Why Gas Turbines will Transform Electric Utilities," *Public Utilities Fortnightly*, Dec. 1, 1994, p. 24.

図7-1 発電ユニットの最適規模，1930-90 年（万 kW 当たりの平均費用曲線）

力産業の規制緩和の技術的基礎がこの小型ガス・タービンなのである[3]．

　今後もこうしたの傾向が続くと考えられている．連邦エネルギー省の予測によれば，図7-2 に示すように2020 年までの約20 年間に必要とされる新規発電能力（約3 億kW）のうち，90% がコンバインド・サイクルとコンバッション・タービンからなる天然ガス発電，7% が石炭発電，そして3% がクリーン・エネルギーとなっている．

　同省は，発電事業者が環境規制を考慮に入れながら，最も低コストのエネルギー源を選択するものという仮定に基づいて，この予測を行った．天然ガス発電が最も低コストであることに加えて，小型であるため資本費用が小さく，非電力会社が好む選択肢であるとしている．また，天然ガスを利用するコンバインド・サイクルとコンバッション・タービンはピークロード用として開発されたが，ベースロード用としても使用できるため，ベースロード用の原子力発電所の閉鎖に伴い，それに取って代わるとしている．さらに，原子力，石炭発電所に較べて建設のリードタイムが短いこと，また，排気ガス

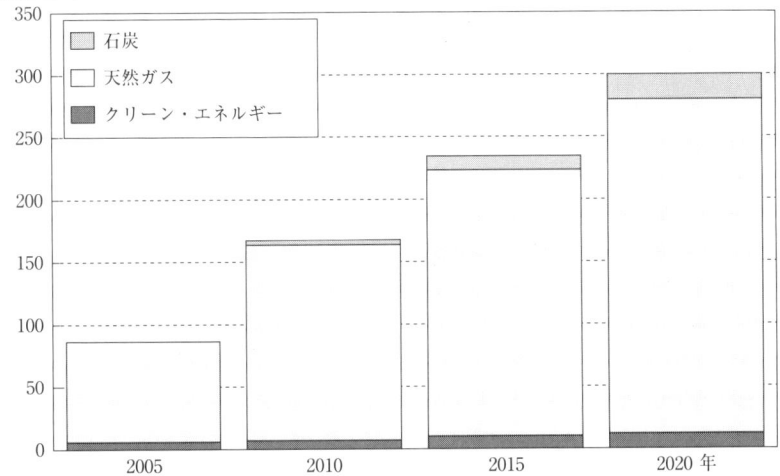

(100万 kW)

```
図の凡例:
石炭
天然ガス
クリーン・エネルギー
```

出所：U.S. DOE/EIA, *The Changing Structure of the Electric Power Industry 2000 : An Update*, DOE/EIA 0562（00）, Oct. 2000（http://www.eia.doe.gov/cneaf/electricity/chg_stru_update/update.pdf）, p. 103, より.

図7-2　2020年までの累積発電能力追加の予測

が少なく，将来より厳しくなるであろう環境規制に容易に応じることができることも指摘している[4]．天然ガス発電は，二酸化硫黄をほとんど排出せず，二酸化窒素の排出も少量である．天然ガスは同量のエネルギーを生産するのに，二酸化炭素の排出が石油よりおよそ30％，石炭よりも45％低い[5]．

　天然ガス発電におけるコスト低落と小規模化は，コンバッション・タービンの技術改良によってもたらされた．通常の火力発電が燃料を燃焼させボイラーで水を蒸気に変えてタービンを回すスチーム・タービンを利用するのにたいして，コンバッション・タービンでは，天然ガスを燃焼させたまま吹き込んでタービンを回すので，ボイラーを必要としない．とくに航空機用エンジンから派生したコンバッション・タービンの小型化とコスト低落が著しかった．たとえば，ボーイング社のモデル747のエンジンが発電用に改良されたり，GE LM 6000という航空機用エンジンは4万kWにおいて熱効率が

最高に達したという．

　航空機エンジン技術の応用は，コンバッション・タービンの燃焼炉の温度を華氏2,300度以下から2,600度に上昇させた．これによりコンバッション・タービンは1kWhを発電するのに必要な燃料量を10,000Btu以下にした．これは通常の火力発電ユニットと同等であるが，投資必要量は1/3から1/4に減少したのである．コンバインド・サイクル発電のケースでは，1kWhを発電するのに必要な燃料量は6,300〜6,700Btuに低下した．

　コンバインド・サイクル発電とは，第1過程はコンバッション・タービンと同じであるが，蒸気タービンを併設し第1過程で生じた廃熱を利用して再び発電する方式である．この方式だと，第1過程の発電量に加えてさらに第2過程で第1過程の1/2の発電量を生じるので，同量の燃料から第1過程だけのコンバッション・タービンの1.5倍の発電を生じ，熱効率性が高まるのである．そのため，熱効率は50％から60％に上昇し，2005年には70％に達すると考えられている．

　さらに，新しいセラミック素材とタービンの羽根を冷却する改良された技術で，コンバッション・タービンの燃焼炉の温度を華氏2,800度から3,000度に上昇させた．これによりコンバインド・サイクル方式では1kWhを発電するのに必要な燃料量は5,600Btuにまで低下した．

　こうした理由により，新しい15万kWのコンバッション・タービンの発電費用は，ベースロード用として85％の稼働率では，1kWh当たり3.3セントとなった．最新の25万kWのコンバインド・サイクル方式の発電費用は，天然ガス価格が2.5ドル/MBtuとしてベースロード用では1kWh当たり3.0セントである．

　コンバッション・タービンの場合は規模が小さくとも熱効率はそれほど落ちないので，コジェネに適合的である．コジェネとは発電をしながら，その廃熱を工場用などに利用する発電方式であり，熱電併給方式などと訳されている．たとえば，2.5万kWのコンバッション・タービンを用いたコジェネの発電費用は，ベースロード用として，天然ガス価格が3ドル/MBtuのと

き1kWh当たり2.5セントである．天然ガス価格が5ドル/MBtuのとき，1kWh当たり3.2セントに上昇するにすぎない．このケースでは工業プロセス用にもちいられる廃熱が価値をもつので，その分だけ電力価格は安くなると計算される[6]．

したがって，発電事業者としては25万kWまでの規模のコンバインド・サイクルの採用が有利であり，産業の自家発電としては2.5万kW程度のコンバッション・タービンによる熱電併給が有利であろう．コンバッション・タービンは90年代にさらに一層小型化が可能になり，最小では24kWというマイクロ・タービンと呼ばれるものが商業化されている．こうしたマイクロ・タービンは小規模な商業施設などに用いられ，自家発電の可能性を一層広範なものにしている[7]．

こうして小型の天然ガス発電は最も低コストの発電方式であり，発電事業においても自家発電においても採用されて行く可能性が高く，クリーン・エネルギーとともに分散型発電の時代を切り開いているのである．ただし，それは天然ガス価格が一定の低さを保つという前提条件のもとである．ほとんどの新規発電所が天然ガスを燃料とするものなので，天然ガスの価格が2000年のカリフォルニア州でのように高騰している．天然ガス・パイプラインをさらに一層全国に敷設しなければならないのもその条件となる．

また，これまでの考察は資本費用を考慮に入れてきたが，旧い石炭発電所と原発は，資本費用の減価償却が終われば，燃料費と運転・維持費だけしかからないので，ほとんどの発電所は1kWh当たり2セント以下となるので，天然ガス発電所の手強い競争者となるであろう[8]．したがって，電力自由化の過程で，回収不能費用の回収を認めたことは，退場すべき旧い石炭発電所と原発にとっての延命策であり，それらに競争力を追加したことになるであろう．

クリーン・エネルギーをめぐる状況

天然ガス発電は旧来の石炭や原発よりはるかに安価で環境に優しいが，有

限の化石燃料を用いることには違いがない．その天然ガス発電が将来の電源として支配的地位を確立したのにたいして，クリーン・エネルギーは90年代初頭から停滞している．全米のクリーン・エネルギーの発電能力は，前掲表3-2によると94年まではわずかながら増大していたが，翌年から減少してきている．風力は91年をピークに，またバイオマスと地熱発電は94年をピークに減少してきていた．90年代における一層の競争導入の機運の高まりとともに，小型ガス発電の優位が確立したことと軌を一にする．ただし，99年は風力とバイオマスの発電能力が増大している．

次に，クリーン・エネルギーの発電費用を検討しよう．資料がやや古いが，図7-3に1995年までのクリーン・エネルギーの発電費用と2010年までのその予測が示されている．それによれば，1995年には風力と地熱がそれぞれ

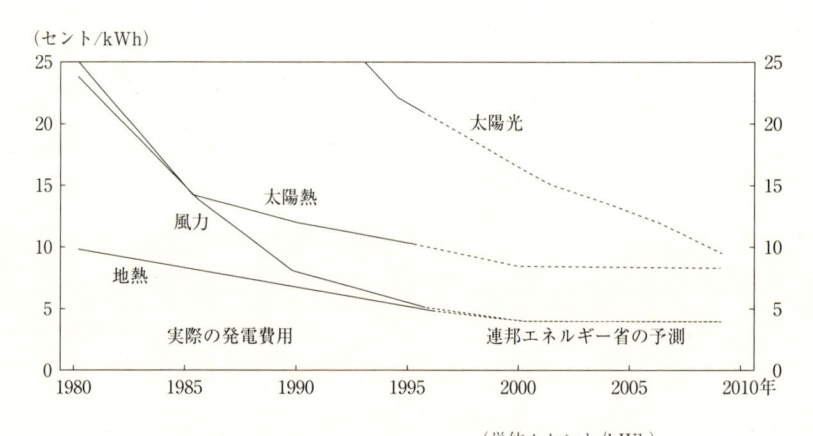

発電費用	1980年	1990年	1995年	2000年	2005年
地熱	10.0	n.a.	5.2	4.0	3.8
風力	25.0	8.0	5.3	4.1	3.9
太陽熱	24.0	12.0	10.5	8.6	8.1
太陽光	50.0	30.0	21.8	16.4	13.1

出所：Lisa Prevost, "Renewable Energy: Toward a Portfolio Standard?" *Public Utilities Fortnightly*, Aug. 1998, p. 32, より．

図7-3　クリーン・エネルギーの発電費用，1980-2010年

第7章 小型ガス発電とクリーン・エネルギー

で1kWh当たり5セント台であり，太陽熱が同10.5セント，太陽光が21.8セントであった．2000年までには風力と地熱がそれぞれ4セント台に低落し，太陽熱が同8.6セント，太陽光が16.4セントになると予測された．また，2010年までには，風力が3.5セント，地熱が3.7セント，太陽熱が8.1セント，太陽光が8.7セントと予測された[9]．1kWh当たり3セント，場合によっては2.5セントという天然ガスの発電費用に，助成金次第では地熱と風力が対抗できる．したがって，現時点では最も有力なクリーン・エネルギーは地熱と風力であるといえよう．

風力発電能力は，1991年にピークに達した後減少しており，ウィンドファームの開発・操業者は経営危機に直面した．90年代半ばに全米第1位であったケネテック・ウィンドパワー社と第5位のフロウィンド社が倒産した．第3位であり風力タービンの開発・製造も行うゾンド社が，エンロン・ウィンド社に買収された[10]．また，風力タービンの開発・製造においてすでに優位となっていたデンマーク系の会社，とくにミーコン社とヴェスタス社の優位が一層明らかになってきた．現在，アメリカで採用される風力タービンは，ゾンド社，ミーコン社，そしてヴェスタス社製である[11]．

風力発電は，予想通りに発電費用を下げてきているが，そのひとつの理由は，風力タービンの大型化である．開発当初，1機あたり100kW以下であった発電能力は500kW以上になってきている．それは羽根の直径を大きくすると，より多くの風力を受けるので発電能力が増大するからである．羽根の直径が大きいとその支持塔の高さも高くなり，これも風力を増すことができる．羽根の直径が48mだと750kWの発電能力を可能にし，68mだと1,650kWが可能になる．現在では，アメリカ系メーカーもヨーロッパ系メーカーも1,000kW級の風力タービンを開発中である．また，海上に風力タービンを設置するオフショア・ウィンドファームが建設される傾向にある．この場合，海上に設置されるので基礎部分に費用が多くかかるが，海上だと一般に風力が強く，電力生産量，したがって収入が増えその費用を上回る．ヨーロッパのメーカーは1,000kWを超える海上用の風力タービンを開発中

である[12]。

こうした大型化により2000年には，1kWh当たり約4セントを達成しつつある[13]。したがって，現局面では風力発電が，クリーン・エネルギーのなかで最も現実性の高い電源である．事実，1999年には新規の風力発電能力は約93万kWも建設されたが，これはその前年の全風力発電能力の55%にも当たる規模である．2000年にも約40万kWの新設が予定されている．1999年に大量の新設があった理由は，「1992年エネルギー政策法」に基づいた税額控除が99年6月に期限切れを迎えたからであり，1kWh当たり1.5セントの税額控除を受けようとして異例の規模の風力発電能力が建設されたのである．風力発電もまだなお，連邦および州の支援策が必要なのである[14]。

他方，太陽熱・太陽電池による発電能力は，前掲表3-2によれば30万kW台でほとんど増加していない．この発電能力のほとんどはカリフォルニア州に設置された太陽熱発電所であり，太陽電池の発電所としての設置能力は現在，微々たるものである．この事情により，太陽電池は将来展望がないようにみえるが，必ずしもそうではない．送電線に接続される発電所として利用されるというより，送電線に接続されない単独利用の形態で着実に普及しているのである．

事実，アメリカ国内の太陽電池生産は，1990年から99年にかけて約5倍に増加して，8万kWになった．ただし，有力なアメリカ系メーカーが外国系資本に買収され，あるいは外国資本と提携するようになっている．全米第1位であったARCOソーラーはドイツのシーメンスに（1990年），第2位のソーラレックスはブリテッシュ・ペトロリアムに買収され，ソーレック・インターナショナルは三洋・住友と提携している．また，アメリカ国内生産はそのうちの70~80%が輸出され，拡大する外国市場に依存している．そしてこれら拡大する外国市場のほとんどは，たとえば，2010年までに毎年40万kWの太陽電池パネルを設置する計画をもつ日本や，2005年までに毎年10万kWずつ太陽電池パネルを設置しようとするドイツのように，政府補助金によるものである．なお，99年時点で世界の太陽電池生産の主要企業は

マーケットシェアの順位では京セラ，シャープ，シーメンス，ソーラレックスであり，日本企業が世界シェアの37％を占めている[15]．

現在，太陽光発電が1kWh当たり18〜22セントと高いのは，燃料費はかからず維持費用も低いが，設備である電池パネルへの投資（資本費）が1kW当たり4,000ドル台でその他の発電方法に比べて非常に高いからである．次世代の太陽電池を1kW当たり4,000ドルから2,000ドルに下げるのが，ここ5〜10年の課題である．より優れた太陽電池の開発に成功し，年4万kW以上の生産規模に達すれば，2005年に1kW当たり1,000ドルが達成されるという．太陽光発電の発展の鍵は，優れた電池の開発と生産量の増大によるコスト低下である．それまでは，太陽電池は政府支援策による住宅用の発電に適合的である．太陽電池については，長期的な展望をもった州政府や連邦政府の支援策が必要なのである[16]．

2. 連邦政府のエネルギー政策

クリントン政権

クリントン政権は発足当時から電力自由化を推進するとともに，環境への配慮も重視しエネルギー多様化の立場をとっていた．そのためにバランスのとれた国内エネルギー政策を構想していた[17]．同政権の1998年の「包括的全国エネルギー戦略」の5つの目標の中には，「環境保護を尊重したエネルギー生産の促進」および「グローバルな問題についての国際協力」が掲げられたが，それらは地球環境問題や「京都議定書」を意識したものである[18]．

これらの目標を実現するために，第1に，化石燃料の中では最も環境影響が小さい天然ガスの利用を推奨し，その生産を増大させなければならないとしている．ただし，その増産方法は，いたずらに開発・採掘可能地域の拡大をするのではなく，採掘技術の改良を通じて既存の採掘地でさらに深部から採掘できるようにすることが追求されるべきとした．同政権は従来からこの立場を採っており，大陸棚海底の開発・採掘については，環境影響が少ない

であろう深い埋蔵地をもつメキシコ湾などに限定してきた．また，陸地についてもアラスカ州の北極野生動物生息地（Arctic National Wildlife Refuge）に指定された地域内の天然ガス開発・採掘にも反対してきた．そうではなく，政府・民間共同による研究開発によって，天然ガス発電のエネルギー効率を高めることを追求すべきである，とした．

　第2に，原子力発電については，地球温暖化ガスを排出しないので重視し，その安全性の維持・向上によってその操業の維持を図るべきだとしている．安全な操業を維持すれば，原発の操業ライセンスが20年間延長できる可能性がある．次世代の原発を建設する選択肢を保持するというのが同政権のスタンスであった．そのために，使用済み核燃料処理の問題を連邦政府が解決すべきであるとしている．

　第3に，クリーン・エネルギーの育成．2010年までに少なくとも2,500万kWの水力以外のクリーン・エネルギー発電の能力をもてるように，クリーン・エネルギー技術を開発することが追求すべきであるとした[19]．ちなみに現在のクリーン・エネルギー発電能力は約1,600万kWである．

　上記の戦略は原発についての立場を別とすれば概ね賛成できるものであるが，実施に移されなければ意味がない．クリントン政権は1998年までに上記のエネルギー戦略に沿った「包括電力競争法案」を作成し，推進した．それによれば，2003年1月まで全国各地に独立送電機構を設置し小売り競争を全国的に導入することによって電力自由化を強力に推進しつつ，クリーン・エネルギー・ポートフォリオ・スタンダードとパブリック・ベネフィット基金の導入によってクリーン・エネルギー育成などの課題を具体化させようとした．

　ポートフォリオ・スタンダードとは，すべての電力小売り業者にその電力販売量の一定比率に対応するクリーン・エネルギー・クレジットを獲得しなければならないように義務づけ，それを通じて総発電量の一定比率がクリーン・エネルギー（水力を除いた風力，太陽，バイオマス，地熱）から発電されることを保証しようとするものである．クリーン・エネルギー発電事業者

はその発電量に応じた取引可能なクリーン・エネルギー・クレジットを交付され，クリーン・エネルギーの販売に際して売却できる．電力小売り業者は，これをクリーン・エネルギー発電事業者から購入するか，自ら発電してクリーン・エネルギー・クレジットの交付を受けてもよい．クレジットの価格上限は1kWh当たり1.5セントとされたので，このクレジットの取引価格に相当する額がクリーン・エネルギーへの補助となる．電力小売り業者が，クリーン・エネルギーとともにクレジットを購入する，あるいはクレジットだけを購入しても，クリーン・エネルギーを補助したことになる．

当初のポートフォリオ・スタンダードの水準は，2000年より総発電量の2%という現状から出発して，次第に上昇させ2010-15年に7.5%にするというものである．クリーン・エネルギーの価格競争力がつくであろう2015年にこの制度は廃止となる．ポートフォリオ・スタンダードは，PURPAによって実施されてきた適格設備からの電力を地元電力会社に買い取らせるという制度に取って代わるものとして位置づけられた．「適格設備」電力の電力会社の買い上げは規制されていた時代のものであるが，競争的市場においてクリーン・エネルギーを育成するためにはポートフォリオ・スタンダードが適切と判断された．

また，低所得者の支援，新興技術の開発などのために必要な資金を諸州に与えるために，パブリック・ベネフィット基金を設置することも提案された．これはシステム・ベネフィット・チャージなどと呼ばれて，州によってはすでに導入されているが，これを全米各州へ導入することを提案している．この基金のための課徴金は1kWh当たり0.1セントを上限とし，どの電力小売り業者を選択しようともすべての電力消費者から徴収される．実際の徴収の仕方については各州はフレキシブルに設定でき，パブリック・ベネフィット基金は15年で廃止される．

小売り競争の導入はそれ自体，消費者に販売事業者の選択，エネルギー源の選択を可能にし，一部の消費者は価格が高くともクリーン・エネルギーを選択するであろう．しかし，小売り競争は実施のされ方が適切でないと，ク

リーン・エネルギー育成や低所得者支援，そして新興技術開発などのプログラムへの助成を削減してしまうであろう．パブリック・ベネフィット基金はこうした懸念から導入が提案されたのである[20]．

クリントン政権のこの法案は，いくつもの電力関係法案が提出されていた1999年初期に連邦議会に提案された．電力自由化には連邦議会において合意に至らない問題がいくつもあったが，主な問題は競争市場のなかでどのようにして電力の安定供給を確保するのかということであった．電力料金が全国平均以下の諸州は，電力自由化に疑問さえもっていた．クリントン政権の同法案のなかのポートフォリオ・スタンダードの提案にたいしては，それが消費者にとって電力価格の引き上げになるのではないか，特定の発電事業者だけが利益を受けて不公平となるのではないかという批判があった．クリントン政権はこの「包括電力競争法案」を成立させようとしたが，2000年6月になっても連邦議会の合意を得るに至らず，大統領選挙戦の後半を迎えることになった[21]．

しかし他方，クリントン政権は野心的なクリーン・エネルギー育成策に乗り出していた．連邦エネルギー省によるウィンドパワリング・アメリカ（Wind Powering America）というプロジェクトが始められていた．この新プログラムは2020年までに，アメリカの総発電量の5%を風力で供給しようとするものであるが，それは風力発電能力を8,000万kWに引き上げることを意味し，当時の能力を47倍に増加させる野心的なものである．また，国立研究所，大学，そして業界が参加する同省の太陽光発電プログラムは，2020年までに320万kWの発電能力の設置と，1kWh当たり6セントへの発電費用の低下を目標としていた[22]．しかし，大統領選挙で副大統領のゴア候補が破れ，これらのプロジェクトをブッシュ新政権が引き継いで，強力に推進するかどうかは大いに疑問である．

ブッシュ新政権

接戦であった2000年の大統領選挙の結果が決まり，ブッシュ候補が大統

第7章 小型ガス発電とクリーン・エネルギー 213

領に就任する時期は，ちょうどカリフォルニア州電力危機のピークに重なったこともあり，ブッシュ政権のエネルギー政策が注目を集めた．ブッシュ大統領自身がテキサス州の石油産業と密接な関係を持ち，環境保護長官にバージニア州知事ホイットマンを，内務長官にコロラド州法務長官ノートンを指名した．かれらは業界寄りといわれる人物であり，環境保護派から激しく批判された．内務省はエネルギー開発と密接に関係する広大な連邦所有地の管理・利用を所管している官庁である．エネルギー問題を重視するブッシュ大統領は就任直後，チェイニー副大統領を中心とする全国エネルギー政策立案グループにエネルギー政策を立案させた．チェイニー・グループのまとめた「全国エネルギー政策（National Energy Policy）」は2001年5月に公表されたが，それはとくに石油業界の要求に応えたものになっており，環境への配慮が欠如していると報道された[23]．

　この「全国エネルギー政策」の前提は，次のようなものであった．従来までのエネルギー生産のテンポでは2020年まで拡大するエネルギー需要に追いつかず，エネルギー不足が深刻化するということである．たしかに石油ショックの時期から，経済成長のテンポにたいしてエネルギー消費の成長率は低くなった．たとえば，自動車にせよ，冷蔵庫にせよ，非常にエネルギー効率がよくなっているし，製造業でもエネルギー効率がよくなっているが，エネルギー保全が進んだからである．しかし，90年代のエネルギー生産能力の拡大のテンポは非常に遅く，このまま進めば深刻なエネルギー危機に陥るだろう．カリフォルニア州の電力危機はその一環であり，自由化のルールに不備があったからでもあるが，同州では電力供給がほとんど増大しなかったからである．したがって，アメリカは供給を増加させる長期的なエネルギー開発政策が必要である．それにこそアメリカ社会の豊かさと安全保障が依存しているというのである[24]．

　もちろん，「全国エネルギー政策」でも環境保護が非常に大事であり，エネルギー生産においても「クリーン・エネルギー」の価値は高いことを認めている．「環境を保護しつつエネルギー供給を増大することである．エネ

ギー保全が成功しても，アメリカはより多くのエネルギーを必要とするだろう．クリーン・エネルギーと新燃料（alternative fuels）は，アメリカのエネルギーの将来に希望をもたらしている．しかし，それらは現在のエネルギー需要のごく小さな部分を供給しているにすぎない．それらがわれわれの需要の多くの部分を満たすようになるには，かなりの年月を必要とする．その日が来るまで，われわれは現在入手できる手段で全国のエネルギー需要を満たし続けなければならない」[25]と．環境保護とクリーン・エネルギーの育成は大事であるが，現実的には，従来までのエネルギー源によってこのエネルギー不足を解消しなければならないと主張しているのである．

そこで，従来までの石炭，石油，天然ガス，原子力が主力のエネルギー源とされ，なかでも電力産業のこれからのエネルギー源として最有力である天然ガスの開発政策が最も具体的に展開されている．まず，石油・天然ガス（石油と天然ガスの埋蔵地はほぼ一致するため）について．天然ガスへの増大する需要を満たすためには，年々採掘される天然ガス井戸の数が1999年のレベルから2020年に2倍になる必要がある．これらの資源の既存の埋蔵地は開発され尽くしており，新規の開発地が必要となる．そこで，政府の支援策としては政府所有地の新規開発が有望となる．政府所有地はアメリカ全陸地面積の31％を占め，さらにアメリカの大陸棚海底に及んでおり，莫大な石油・天然ガス資源を埋蔵しているからである．ところが，連邦所有地と海底の大部分が石油・天然ガスの開発・採掘の禁止地域に指定されてきた．この禁止措置を解除・緩和することによって，これら資源の開発を大いに促進することができるというのである．

大陸棚海底の採掘可能地域では，進歩した技術を用いると590億バレルの石油と300兆立法フィートの天然ガスを採掘することが可能である．しかしクリントン前政権と連邦議会は，石油・天然ガス資源を埋蔵する約6億1,000万エーカーの大陸棚の民間へのリースを禁じており，その禁止措置は2012年まで延長されている．そのため，大陸棚海底の民間リースはメキシコ湾などに限定されてきた．大陸棚海底の採掘が禁止された理由は，石油流

出の環境への影響にたいする懸念であった．しかし 1985 年以降，大陸棚海底で操業する石油採掘事業者は 63 億バレルの石油を採掘したが，石油流出はわずか 0.001% であった．しかも，大陸棚海底でのエネルギー生産の 62% は天然ガスであり，汚染のリスクはそれほど大きくはない．そこで，「全国エネルギー政策」は内務長官に大陸棚海底の石油・天然ガス採掘の経済的インセンティブを考案するよう勧告している．

陸地について，アラスカ州はアメリカの石油生産の 17% を担う重要な資源州であるが，アラスカ連邦所有地保全法は北極野生動物生息地として 1,900 万エーカーを指定し，資源開発に制限を加えている．しかし，連邦議会はこの北極野生動物生息地のうち北極沿岸平野 150 万エーカーの管理について留保している，というのはこれらの地域が石油・天然ガス資源を埋蔵している可能性があるからである．同法の 1002 条は，内務省に北極沿岸平野（第 1002 条地域）の地理学的，生物学的調査を実施し，連邦議会にこの地域の将来の管理方法について勧告するよう指示している．同法は連邦議会によって承認されるまで，この 1002 条地域の民間リースを禁じている．そこで，「全国エネルギー政策」は内務長官が連邦議会と協力して，資源が発見されれば北極野生動物生息地の 1002 条地域の開発を承認するように勧告している．

さらにアメリカ大陸内部 48 州の連邦所有地にも，石油・天然ガスの潜在的埋蔵地が多く含まれている．この連邦所有地に埋蔵されている石油，天然ガスはそれぞれ，41 億バレルと 167 兆立法フィートと推定される．これら潜在的資源の多くの採掘は禁止されるか，大いに規制されてきた．たとえば，ロッキー山岳地域における連邦所有地の天然ガス資源の 40% が採掘禁止か，非常に厳しい条件のもとで開発されている．多くの場合，石油・天然ガスの開発の禁止は適切なものであるが，改良された技術は石油・天然ガス開発の環境への影響を減らす効果がある．そこで，「全国エネルギー政策」は，内務長官に連邦政府の石油・天然ガス採掘地の民間リースの障害になっている規制と民間リースの条件を再検討するように，また，可能であればそれらを

修正するように勧告している．こうして，大陸棚海底とアラスカやロッキー山岳地域という自然に恵まれた連邦所有地での天然ガス開発・採掘を促進しようとしているのである[26]．

次いで，原子力発電について．原発は現在アメリカの総発電量の約20%を供給し，10の州ではその電力供給の40%以上を原発に依存している．原発の稼働率はかつては70%であったが，1990年代には90%に上昇しており，操業の信頼性が増している．地球温暖化ガスを排出しない原発は，アメリカのエネルギーの将来にとって，より重要な役割を演じることができる．しかし，アメリカの原子力発電所の数は，旧い原発が閉鎖されそれを置き換える新規原発が設置されないために，ここ数年で減少すると予想されている．

原子炉技術の進歩はその安全性を高めており，電力会社は新規発電所建設のひとつの選択肢として原発を検討している．合衆国のほとんどの既存の原発用地は，4〜6機の原子炉を建設できるように設計されているが，通常，2〜3機しか設置されていない．したがって，あと1〜4機の原発ユニットを設置できる．だから，新規原発の立地に問題は生じないとしている．新規建設が困難であるとすれば，原子力発電を増加させる方法は，既存の原発の操業ライセンスを延長することである．事実，多くの電力会社が既存原発の操業ライセンスの20年延長を申請する予定である[27]．

すでに操業ライセンスの20年延長を承認された原発もある．これは，送電線開放命令における回収不能費用の回収の合意に違反するのではないだろうか．競争力がないから償却を認めるということであったのに，償却済みになればあとは燃料費と運転・維持費用しかかからないので，最新の天然ガス発電より安価になる可能性がある．

こうしてブッシュ政権の「全国エネルギー政策」は，環境保護やクリーン・エネルギー育成の重要なことを認めながらも，結局，天然ガスを中心とする化石燃料と原子力発電という，石油ショックまで支配的であったエネルギー政策とほとんど変わりのない立場をとっていることがわかる．この立場は，電力自由化の進展のなかで，化石燃料と原子力の競争力を増加させ，エ

第7章 小型ガス発電とクリーン・エネルギー 217

ネルギー効率やクリーン・エネルギーの育成という課題を達成することのできない最悪の結果を招く可能性が高い．これらは「京都議定書」に一貫して距離を置こうとする環境政策と見事に一致しているのである．

　ブッシュ新政権のエネルギー政策を察知した連邦議会議員や電力業界が，スリーマイル島原発事故以来20年以上新規建設のなかった原子力発電所の新設に動き出している[28]．他方，この「全国エネルギー政策」にたいして環境保護派からは強い異論が出され，世論もこの政策には批判的である．したがってこの政策がそのまま実施に移されるかどうかはまだわからないのである[29]．この「全国エネルギー政策」のなかで，カリフォルニア州の電力自由化は失敗したが，ペンシルバニア州などでは成功していると述べられているので，電力自由化が推進されることはほぼ間違いない[30]．ブッシュ政権がどのような電力自由化案を提出するのかが，注目される．

むすびにかえて

　電力自由化が進むなかで，低コストの小型ガス発電が新規建設で圧倒的な地位を占めており，将来にわたって新規エネルギー源として最も増加すると見られている．これはエネルギー効率でも，環境影響でも化石燃料のなかでもっとも優れたものである．その点で，電力自由化は巨大火力と原子力の時代を終わらせることになろう．しかし，クリーン・エネルギーはようやく現実性をもつエネルギー源に成長しながら，苦戦を強いられている．そこで，長期的な観点に立ったクリーン・エネルギー育成策が必要である．

　その点，クリントン政権は，クリーン・エネルギー育成策を含んだバランスのとれたエネルギー政策を構想・展開していたのにたいし，ブッシュ政権は余りにも環境保護を無視し，火力発電と原子力に傾斜したエネルギー政策を展開している．しかし，こうしたブッシュ政権のエネルギー政策には批判が強く，軌道修正を迫られつつある．エネルギー政策は電力自由化の帰結に重大な影響をもっているので，慎重な対応が求められている．

注

1) U.S. Dept. of Energy/Energy Information Administration, *The Changing Structur of the Electric Power Industry 2000 : An Update*, Oct. 2000, p. 45.
2) U.S. DOE/EIA, *Electric Power Annual 1999*, vol. I, pp. 5-6 ; U.S. DOE/EIA, *Electric Power Annual 2000*, vol. I, DOE/EIA-0348 (2000)/1, Aug. 2001, pp. 6-7 ; U.S. DOE/EIA, *Inventory of Nonutility Electric Power Plants in the United States*, DOE/EIA-0095 (99)/2, Nov. 2000, p. 7.
3) Charles E. Bayless, "Less is More : Why Gas Turbines will Transform Electric Utilities," *Public Utilities Fortnightly*, Dec. 1, 1994, p. 26.
4) U.S. DOE/EIA, *The Changing Structure of the Electric Power Industry 2000, op. cit.*, pp. 45, 103. U.S. DOE/EIA, *Annual Energy Outlook 2001 With Projections to 2020*, DOE/EIA-0383 (2001), Dec. 2000, p. 73, による最新の予測では, 天然ガス発電の比重がさらに上昇し92％になっている。
5) National Energy Policy Plan, *Sustainable Energy Strategy : Clean and Secure Energy for a Competitive Economy*, July 1995, p. 39.
6) Henry R. Linden, "Operational, Technological and Economic Drivers for Convergence of the Electric Power and Gas Industries," *The Electricity Journal*, May 1997, pp. 17-8, 20, より。
7) Richard E. Balzhiser, "Technology—It's Only Begun to Make a Difference," *The Electricity Journal*, May 1996, p. 36.
8) *Ibid.*, pp. 34, 37.
9) Blair G. Swezy and Yih-huei Wan, "The True Cost of Renewables," (http://www.nrel.gov/analysis/emss/pubs/ceed/ceed.html, Aug. 31, 2001), p. 7/10 ; Lisa Prevost, "Renewable Energy : Toward a Portfolio Standard?" *Public Utilities Fortnightly*, Aug. 1998, p. 32.
10) エンロン・グループは風力タービン・メーカーとして世界第5位ドイツ企業, タッケ・ビンテクニクGmbHを1997年に買収していた。John J. Berger, *Charging Ahead : Business of Renewable Energy and What It Means for America* (Berkeley and Los Angels, CA : University of California Press, 1998 ed.), p. xvi.
11) U.S. DOE/EIA, *Renewable Energy 2000 : Issues and Trends*, DOE/EIA-0628 (2000), Feb. 2001, p. 73.
12) *Ibid.*, pp. 76-7, 80, 82, 88.
13) Berger, *op. cit.*, p. xv ; U.S. DOE/EIA, *Challenges of Electric Power Industry Restructuring for Fuel Suppliers*, DOE/EIA-0623, Sept. 1998, pp. 78-9.
14) U.S. DOE/EIA, *Renewable Energy 2000, op. cit.*, pp. 73-4.
15) *Ibid.*, pp. 20-3.
16) *Ibid.*, p. 25.

第7章　小型ガス発電とクリーン・エネルギー

17) National Energy Policy Plan, *op. cit.* この文書の4章のタイトルは，"Develop a Balanced Domestic Energy Resource Portfolio," である．
18) U.S. DOE, *Comprehensive National Energy Strategy*, DOE/S-0124, April 1998 (http://hr.doe.gov/nesp/cnes.pdf,Sept.11,2001), pp. viii. その他の目標は，「エネルギー・システムの効率性改善」，「エネルギーの安定供給」，そして「エネルギー選択の拡張」であった．これらの目標は，電力自由化と密接に関係する．
19) *Ibid.*, pp. 18-9 ; National Energy Policy Plan, *op. cit.*, pp. 36, 39, 41, 44-46, 48-49.
20) 以上，U.S. DOE, "Comprehensive Electricity Competition Plan," (http://www.hr.doe.gov/electric/plan.pdf,Sept.11.2001) pp. 9-12. このプランと法案のなかで，TVA地域における配電組織がTVAの送電網を利用して卸売り電力をTVA以外から購入することが構想されている．
21) U.S. DOE/EIA, *The Changing Structure of the Electric Power Industry 2000*, *op. cit.*, pp. 47-50.
22) U.S. DOE/EIA, *Renewable Energy 2000*, *op. cit.*, pp. 28, 74.
23) National Energy Policy Development Group, *National Energy Policy : Reliable, Affordable, and Environmentally Sound Energy for America's Future*, May 2001 (http://www.energy.gov/HQPress/releases01/maypr/nationalenergy_policy.pdf, May 18,2001), p. viii ; ハワード・ファインマン，マイケル・イジコフ「大統領を動かすエネルギー人脈」『ニューズウィーク日本版』2001年5月16日号，39-40頁．
24) National Energy Policy Development Group, *op. cit.*, pp. viii, xi-xii.
25) *Ibid.*, p. x.
26) *Ibid.*, pp. V 7-10.
27) *Ibid.*, pp. xi, xiii, V 15-7.
28) 「原発新設を検討　米下院議員『2年以内に』電力危機防止へ超党派で議論」『日本経済新聞』2001年2月9日付；「米，原発推進に転換　加州電力危機で見直し　即時増設は微妙」『日本経済新聞』2001年3月29日付；「未来戦略：エクセロンが小型原子炉　米政策転換，追い風に」『日本経済新聞』2001年5月25日付．
29) 「風力・太陽光促進で一致　米副大統領，環境団体代表と会談」『日本経済新聞』2001年6月6日付．
30) National Energy Policy Development Group, *op. cit.*, pp. V 12-3.

補論　電力産業の環境規制改革：SO_2 排出許可証取引

　これまで，電力産業の経済的規制の緩和を扱ってきたが，社会的規制，とくに環境規制も大きく変化している．そこで，補論として「電力産業の環境規制改革」を取り上げる．

　1970年代に強化された大気汚染規制は，レーガン政権初期には規制緩和の対象とされたが，ほぼ同時に規制強化の動きも強まっていた．というのは酸性雨被害にたいする世論の認識が高まり，連邦議会では，酸性雨の原因とされる SO_2（二酸化硫黄）の総排出量制限を含んだ規制強化案が検討されるようになったからである．総排出量制限はそれまでの大気浄化法に欠如していたものである．そのような規制が実施されれば環境保護は大きく前進するが，電力業界の削減費用は非常に大きくなる．そこで，総排出量制限（emissions cap）を達成しつつ排出削減費用を軽減する経済的手段，とくに排出許可証取引（emissions allowance trading）が議論の中心として登場した．これらの動きは，ブッシュ政権時に「1990年大気浄化改正法」として結実し，同法は火力発電所を中心に SO_2 の総排出量を制限し，排出許可証を火力発電所に交付しその取引を承認した[1]．

　補論ではこの「1990年大気浄化改正法」の成立とその成果を取り上げる．その際，問題にしたいのは次の諸点である．第1に，規制緩和政策がほとんどあらゆる分野で支配的潮流になっているが，環境分野では，必ずしもそうとはいえず，事実上，規制改革といえるのではないかということである（正確には，直接規制から新しい環境政策への変更というべきであるが）．第2に，この規制改革が市場メカニズム，つまり許可証取引を利用することによ

って行われるのでそれに注目するが，それは総排出量制限の達成のためにフレキシビリティ，インセンティブを与え，削減費用を軽減する手段であり，総排出量制限とセットで理解されねばならないということである．以上の諸点に留意しつつ，総排出量制限がどれだけ達成されているか，許可証取引が期待された機能を果たしているのかを，明らかにしたい[2]．

1. 1990年大気浄化改正法の成立

総排出量規制法案の台頭

レーガン政権による環境規制緩和が進展していた1982年に，連邦議会上院の環境・公共事業委員会では，大気汚染に関する規制強化案が採択された．この委員会が採択した規制強化案には，1つの州で排出された SO_2 が別の州で被害をもたらす，州際汚染に対処するために SO_2 の総排出量の制限が盛り込まれた．この法案は，汚染度の高い東部31州の石炭火力発電所に焦点をあて，1980年の排出レベルから95年までに800万トンを削減させるというものであった．この800万トンの削減は，「最適汚染水準」として決定されたわけではなく，すべてではないがほとんどの湖沼や河川を守るのに最低必要な削減レベルとして，当時入手できる情報に基づいて選択された．とくにオハイオやインディアナ，ミズーリ，イリノイ，ペンシルバニア州といった中西部諸州に削減の大半が割り当てられた[3]．

石炭火力発電所が焦点となったのは，それらが合衆国の SO_2 の65% と NO_X（酸化窒素）の30% を排出していたからである．旧い石炭火力発電所は，新しい公害防止設備をもっている発電所と較べて，5～7倍の SO_2 を排出するという．また，総排出量規制案が台頭したのは，排出された SO_2 と NO_X が排出された地域に留まっているとは限らず，大気中をかなりの長距離にわたって移動し，大気中で反応し他の地域に酸性雨として降下し被害を与えることが明らかとなってきたからである．ニューイングランド地方北部，およびカナダ東部の一部では酸性沈殿物の大部分は，遠くの外部の排出源か

らのものであった．

　従来の規制は，大気質汚染濃度を基準として地域内の排出源の排出を規制してきたので，排出源は汚染物質を上方へ，外部へと拡散するようなインセンティブをもっていた．70年代以降，高い煙突が多数建設され，その結果，それらの長距離移動を促進してきた．アメリカ北東部の酸性雨被害は，この地域の排出する汚染物質を規制しても軽減することが不可能であり，中西部の発電所からの汚染物質の排出そのものが削減されなければならなかった．総汚染物質排出量（total pollutant loading）の削減が追求されねばならなかった．

　汚染物質の長距離移動と酸性雨は，国際問題にもなった．カナダ政府の高官は酸性分の降下をカナダの最大の環境問題であると見なしていた．この酸性雨被害の原因の SO_2 に関して，カナダがアメリカに排出する量の4倍をアメリカがカナダに排出していたという[4]．

　しかし，上記のような規制強化案が成立・実施されれば，とくに中西部とアパラチア地方における発電所の汚染物質削減費用が増大し，そして電力料金が引き上げられると推定された．連邦エネルギー省の調査によれば，次の通り．中西部の石炭火力発電所は SO_2 削減のために，低硫黄炭への転換か，排煙脱硫装置（また，単に，スクラバー）を付設することになろう．そのための東部31州の累積資本支出は，1980年価値で72億ドルから178億ドルの範囲で増大するだろう．平均の電力料金は1995年に，1kWh当たり0.09セントから0.37セント上昇すると推定される．SO_2 排出の50％を占めるオハイオやミズーリ，インディアナ，ペンシルバニア，イリノイの5州の電力会社にとって，この立法による打撃がとくに大きいだろう，と[5]．

　そこで，中西部選出議員たちが，この法案にたいする反対の先鋒となったのである．その際，かれらはアメリカ北東部などの酸性雨の原因が，中西部からの汚染物質であるという確証はないことを強調した．北東部の酸性雨の原因が外部からのものという点では一般的合意が存在したが，大気中の移動，酸性への化学的変換，そして酸性雨の原因となっている排出地域の特定につ

いては，科学的解明が十分に進んではいなかった[6]．

　レーガン政権はこのことを理由に，この総排出量削減法案に徹底して抵抗して成立を阻んだ．しかし，1984年には800万トンではなく1,000万トンの削減案が，上院の環境・公共事業委員会によって採択された．下院でも1983年以来，排出量の多い50大発電所のスクラバー付設を義務づけるというワクスマン＝シコルスキー法案などが検討されるようになった．こうして，とくに中西部，アパラチア地方の電力産業が，削減費用負担を回避できない情勢となるのである[7]．

排出権取引拡大の構想

　そこで，総排出量制限を達成しつつ削減費用の軽減を模索する議論が登場してきた．まず，排出税（emissions taxes）であるが，SO_2排出1ポンド当たり15セントを課するという案が検討されたが，1トン当たりに換算すると300ドルの排出税となる．この水準より限界削減費用の低い排出源は削減して排出税を節約し，それより限界削減費用の高い排出源は削減しないで排出税を支払うであろう．課税によって電力料金が上がり，需要減退によって電力生産の減少，排出削減というメカニズムが考えられた．しかし，特定の汚染物質の1トン当たりの損害費用の信頼できる推定が困難であり，まして限界損害関数を確定することが難しいため，排出税の適切な水準を決めることが困難であった．つまり，ある総排出量制限を達成するのにどれほどの税金を掛ければよいのか，確定できないということである．また，課税は一般的に歓迎されないものである．排出税は電力産業や政治家の支持を得ることがなく，調査研究の範囲内で行われたにすぎなかった．

　これにたいして，排出権取引を拡大する構想が有力であった．排出権取引とは，1970年代中期以降，環境保護庁が部分的に導入してきたオフセット，バンキング，バブル政策などのことである．従来の規制では，全国大気質基準を達成していない地域では新規排出源を建設できなかったが，オフセット政策は既存の排出源において新規排出源の排出量より多くの排出量を削減す

れば新規排出源を建設できるようにした政策である．これによって成長の著しい地域での新規工場，発電所の建設が可能になり，かつ総排出量の抑制も達成できた．既存の排出源での排出量の削減を，新規の排出源が「購入する」と考えるのである．オフセット政策導入時には同一経営下にある排出源同士がオフセット取引を行うことしかできなかったが，のちに同一経営下にはない排出源同士でも取引できるようになった．

バンキング政策は，従来既存の排出源が削減を行ったときに，その削減分を貯蓄できなかったが，将来のオフセットに使えるようにしたものである．また，バブル政策とは，複数の排出源をもつ発電所，あるいは工場をあたかもひとつのバブル（気泡）によって包まれていると想定し，それら排出源の一律削減ではなく，削減費用の高い排出源から削減せずに，削減費用の低い排出源からの削減で置き換え，全体として削減量を達成することを許可したものである[8]．

こうした諸政策が削減費用を節約するというのは，バブル政策で説明すると次のようなことである．一律規制が行われている場合，ある排出源の削減費用は高く，別の排出源の削減費用は低いとすると，それぞれの排出源が一律削減規制を守れば，削減費用の高いものが入ってくる．だから総じて削減費用が高くなるのである．これを削減費用の低い排出源で置き換えれば，全体の削減費用は低くなろう[9]．

環境経済学で説明されるように，図を用いて説明しよう．限界削減費用の異なる A と B の排出源があり，B の限界削減費用が高いと設定されている．図8-1(A)は排出源 A の限界削減費用を表し，横軸は排出量である．排出源 A に e_A^0 の排出許可証が交付されていると，そのときの限界削減費用は mc_A^0 で，許可証価格の p より低い．排出源 A は e_A^* まで排出量を減らしたほうが有利である．なぜなら，それに要する費用が領域 α であるのにたいし，余剰となる許可証 $(e_A^0 - e_A^*)$ を売却することによって領域 $(\alpha + \beta)$ で表される収入が得られ，領域 β の分だけ削減費用を回収できるからである．

逆に，図8-1(B)の排出源 B のように排出許可証 e_B^0 のときの限界削減費

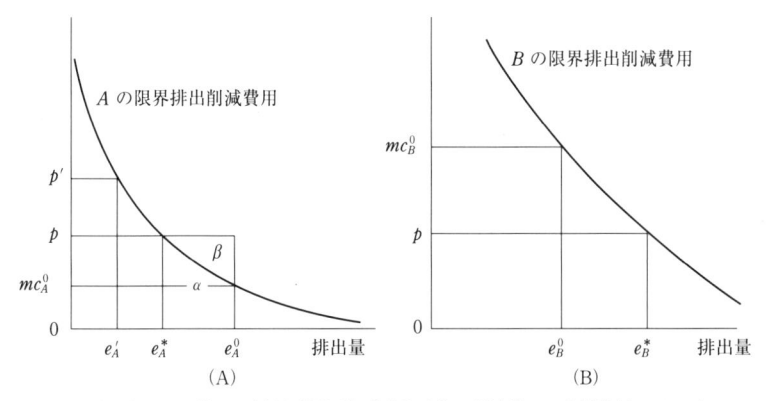

出所：植田和弘・岡敏弘・新澤秀則編著『環境政策の経済学』日本評論社，1997年，149頁（新澤稿）．

図 8-1 排出許可証取引のメカニズム

用 mc_B^0 が，許可証価格 p を上回っている場合には，B は許可証を購入して排出量を e_B^* まで増やすであろう．許可証の市場が競争的であれば，許可証の均衡価格が成立し，上記のようなメカニズムによって各排出源の限界削減費用が均等化し，排出総量目標を達成するための費用を最小にする．

排出許可証の発行総量は固定されているから，新たに立地する排出源や排出量を増やそうとする既存の排出源は，その他の既存の排出源から許可証を買い取らなければならない．このように許可証の需要が増えれば許可証価格は高騰するので，たとえば，図 8-1(A) の排出源 A は許可証価格が p' に上がれば，e_A' まで排出を減らし，$(e_A^0 - e_A')$ の許可証を売却するであろう[10]．理論的には，許可証価格は均衡化した限界削減費用に一致する．

ところで，1982年前後から排出権取引を拡張する議論がなされるようになった．たとえば，排出権取引の調査研究に早くから関わってきたロバート・ハーンらは，次のように主張した．排出税は許可証取引と同様の長所をもっているが，総排出量制限を守ろうとすれば新規参入者が多ければ税率を上げなければならない．その点，許可証取引の場合新規参入者が許可証を市

場で取得すればよい．また，従来までのオフセットやバンキング，バブル政策などは「統制された取引制度」であり，規制当局の承認が必要であった．その点，市場性のある許可証制度は一度確立されれば，規制当局の検討・承認を必要としない．

許可証取引制度では，政府の役割は次の4点に縮小されるであろう．①大気質基準の確立，②この大気質基準に一致する総排出量の確定，③許可証の発行と取引の記録，④個々の排出源がそれらの取得する許可証以上に排出しているかどうかを確かめ，未達成であればペナルティを課すことによって排出制限を実施すること，になる．許可証取引が十分に機能するためには，取引量がある程度以上でなければならないが，そのためにはオークション（競売）が必要であろう．それは従来の「統制された取引制度」が取引量が少なく，新規参入者は排出権を売れる企業・工場・発電所を探さねばならなかった，つまり取引費用が高いので，うまくゆかなかったからである[11]．

また，ロジャー・K.ラウファーらは，排出許可証制度のような経済的手段が望ましいが，設計するのが困難で，それが規制当局がその採用を嫌がってきた理由だとしている．しかし，政治的過程で排出制限目標を定めれば，後は市場アプローチがその目標をコスト効率的に達成するのを助けるであろうとしている[12]．

ブッシュ政権と法改正

酸性雨対策の強化について頑なに拒否してきたレーガンとは異なって，ブッシュは大統領選挙戦から，酸性雨対策，湿地帯保存，および地球温暖化などについて積極的な姿勢を打ち出した．選挙戦中の1988年8月，ブッシュは大統領に選出されれば，酸性雨を削減し有害廃棄物を清浄し，連邦汚染規制の強化に取り組むであろうと演説した．大統領に就任した1989年1月にもこの公約を守る姿勢を堅持し，大気浄化法の全面的改正を約束した[13]．

というのは，もともと穏健な共和党員であったブッシュが，レーガンの単なる後継者と言われるのを嫌い，レーガンと距離を置くのに最もよい政策分

野は環境政策であると考えたからである．ただし，ブッシュはレーガン政権の副大統領，規制緩和作業部会の会長であり，自動車産業の排ガス規制を緩和したことで環境保護団体から厳しい批判を浴びた経験をもっていた．ブッシュは世論および議会が環境問題に熱心になっているのを見逃さず，環境問題をレーガンとの違いを示すことができる第1の領域であると考えた．

ブッシュとその政権移行チームは選挙後直ちに，大気浄化法改正の準備に入り，89年6月に，1,000万トンのSO_2削減と排出権取引を含む原案を提示した．ブッシュ政権がこのような提案を行ったのは，深刻な環境問題に対処し，かつ，保守的イデオロギーに矛盾しない，つまり市場メカニズムを利用する政策を採用するという二重の目標を達成するチャンスとして酸性雨対策を見なしたからである[14]．

ブッシュ政権が，上記のような提案をなしえたのは，折から経済学界，環境保護団体，シンクタンクによって排出権取引の提案がなされており，それらの知見を導入できたからである．ブッシュ政権の場合は，直接には環境保護基金の提案[15]や，排出権取引を導入すべきだとする議員グループの活動[16]があったからである．こうして「1990年大気浄化改正法」は，同年11月に成立した[17]．

1990年改正法における規制改革

1990年改正法の焦点は，酸性雨対策を取り扱った第4編であり，その主な目的は酸性分沈殿物の量を全般的に削減し，「酸性雨」の酸性分を弱めることであった．アラスカ，ハワイを除いたアメリカで1980年のSO_2排出レベルから，2000年までに年排出量を1,000万トン削減するため，電力産業の排出量を890万トンに制限することが目標となった．ただし，その目標は第1段階（1995-99年），第2段階（2000年以降）に分けて達成される[18]．

まず第1段階では，10万kW以上の規模で排出量の多い110発電所の261の発電ユニット（これを第1段階対象ユニットと呼ぶ）に限定し，次の基準で排出量制限を課す．

ユニット・ベースライン（MBtu）×2.5 lb/MBtu÷2000

ユニット・ベースラインとはその発電ユニットの1985-87年の化石燃料の消費量の平均値であり，MBtu単位で計算される．これに2.5 lb/MBtuを掛け2000で割る（lb＝ポンドは1/2000ショート・トン）と，その値は同ユニットが1985-87年の平均の化石燃料消費量を維持し，2.5 lb/MBtuの排出濃度に制限した場合の，ショート・トンでのSO_2の排出量を意味する．こうして発電ユニット毎の排出制限量が算出され，それと同量の年々の排出許可証が発電ユニット毎に環境保護庁から交付されることになる．

改正法は110発電所の261ユニットのそれぞれの排出制限量を明示していた．第1段階対象ユニットに関する表8-1は，州毎に集計した発電所数，ユニット数，排出制限量＝排出許可証交付について示している．この110発電所261ユニットは中西部，東部，南東部を中心に21州に分布しており，と

表8-1 第1段階110発電所261ユニットへの許可証割り当て

州	発電所数	ユニット数	認可証割当（トン分）
オハイオ	15	41	863,280
インディアナ	15	37	650,340
ジョージア	5	19	581,600
ペンシルバニア	9	21	534,140
ウェスト・バージニア	6	14	497,870
テネシー	4	19	386,430
イリノイ	8	17	357,900
ミズーリ	8	16	352,990
ケンタッキー	10	17	278,250
アラバマ	2	10	230,940
10州の合計	82	211	4,733,740 （86%）
その他11州小計	28	50	765,730 （14%）
合　　計	110	261	5,499,470 （100%）

出所：U.S. House of Representatives, Commerce Committee, *Compilation of Selected Acts within the Jurisdiction of the Committee on Commerce : Environmental Law*, vol. 1, April 1997, pp. 338-42, より作成．

くにオハイオ，インディアナ，ジョージア州など上位10州が排出許可証の交付の86％を占めている．

ある年の排出許可証を所有すれば，1単位につき1トンの排出を認められ，それは次年度以降の利用のために「貯蓄」することも，売却することも，購入することもできる．年排出量が排出許可証を上回った場合，1トン当たり1,500ドルの罰金を課せられ，その分だけ次年度の排出許可量を削減される．なお，対象となる発電ユニットには，常時排出物モニター・システムの設置が義務づけられ，SO_2などの排出量が記録されることになっている[19]．

したがって，あるユニットの所有者あるいは操業者は，年末にその年の排出許可証に相当する排出量まで，①燃料転換（たとえば低硫黄炭へ）するか，②スクラバーを付設するか，③発電量，つまり燃料利用量を減らすか，④ユニットを閉鎖するか，⑤その他の方法で削減しなければならないか，あるいは，削減できない場合は⑥追加的な排出許可証を入手することも可能である．電力会社にはユニット毎に最も有利な方法をとることができるというフレキシビリティが付与されている．

また，代替（substitution）という手段も可能である．代替とは，第1段階対象ユニットの所有者ないし操業者は，その排出を削減しないかわりに，かれらが所有する別の対象となっていない発電ユニットを「代替ユニット」として申請し，認められれば環境保護庁から排出許可証を割り当てられる．これは排出源が義務を達成する際のフレキシビリティを高める手段である．

さらに，延長ユニット，早期削減ユニットには特別の措置が行われる．延長ユニットとは，90％以上排出量を削減できる技術を採用する発電ユニットで，1995年1月という達成期限を2年間延長できるものをいう．延長ユニットは第1段階の排出制限に等しい排出許可証を受け取り，さらに，1997年から99年にSO_2の排出濃度を1.2 lb/MBtu以下に削減した場合，排出制限から削減した量に見合った排出許可証を交付される．この場合，削減量1トンにつき2トン分の排出許可証を受け取る．こうした目的のための排出許可証は，合計で350万トン分以下とされた．

早期削減ユニットとは，達成期限の1995年以前に達成する発電ユニットのことで，追加的な排出許可証を交付される．延長ユニット，早期削減ユニットにたいする排出許可証交付は，基本的な削減達成目標を越えて削減する努力を引き出し，それが市場で売却できるので，事実上インセンティブ補助金と考えてよい．しかも，規制当局に財政的負担はない．

エネルギー保全とクリーン・エネルギーの採用によって排出削減を行う第1段階対象ユニットにも，追加的な排出許可証が与えられる．これは30万単位の排出許可証が準備された．これもインセンティブ補助金の性格をもっている．

第2段階では，全国のほとんどすべての発電ユニットが対象になり，規制は一層厳しくなり，次の基準を基礎として制限される．つまり，

$$\text{ユニット・ベースライン (MBtu)} \times 1.2 \text{ lb/MBtu} \div 2000$$

というように第2段階の排出基準は第1段階の2.5 lb/MBtuと比べて半分以下に厳しくなる．2000年からは，ほとんどすべての1,000火力発電所（石炭，石油，天然ガス）の約2,500ユニットに排出量制限が課せられる．また，第2段階の排出制限は，既存ユニットと新規ユニットの両方を対象とするが，新規には排出許可証は割り当てられない．新規ユニットは，環境保護庁の競売ないし市場で排出許可証を購入しなければ操業できない．2000-09年には全体として年948万トン分しか，2010年からは年895万トン分しか排出許可証が交付されないので，SO_2排出量は排出源による排出許可証の「貯蓄」を別とすれば順次，948万トンから895万トンに制限されるであろう[20]．

2. 1995年以降の成果

1995年までの動向

環境保護庁は1990年改正法にしたがって，プログラム実施の準備を行った．環境保護庁は92年5月までに，許可証の所有，取引などを記録する許

可証追跡制度（allowance tracking system）を定めた。第1段階と第2段階における通常の許可証割り当ての基準は，明確に法定されていたが，延長ユニット，代替ユニット，早期削減ユニットなどについての割り当ては，電力会社からの申請を待って配分が決定された。環境保護庁は1995年から2026年までの32年間分の合計2億7,624万トン分（1年当たり単純平均では約863万トン分）の排出許可証を交付した[21]。

　第1段階対象ユニットの排出濃度は，2.5 lb/MBtu から10.2 lb/MBtu であり，平均では4.2 lb/MBtu であった。だから一部を除きほとんどのユニットが1995年までに，何らかの方法で排出量を削減するか，削減しない場合は追加的許可証を取得するか，第1段階の達成方法を決定しなければならなかった。1993年末には，各電力会社もそれぞれのユニット毎に一応の達成プランを決定した。第1段階対象ユニット261のうち，燃料転換・混合の方法をとるものが62％，スクラバー付設が10％，許可証取得が15％の予定となっていた[22]。この構成は，許可証価格の低落によって後に変化するのであるが。

　一方，許可証の民間取引（private tranfer）は，92年5月に TVA がウィスコンシン電力会社から1万トン分の許可証を購入し，95年以降に使用しようとしたのが最初である。当初，TVA は汚染を輸入したとして批判され，ウィスコンシン電力は同州の将来の経済成長を制限したとして批判された。同電力は第1段階対象ユニットを含みながら，その削減義務を達成していた数少ない会社であった。この取引を含めて93年末までに9件の，合計35万トン分の許可証が取引されたにすぎなかった。取引価格は178から276ドルであり，90年改正法の制定時に予想された価格500〜600ドルよりかなり低かった[23]。

　こうした中で，93年3月に環境保護庁による許可証の競売が始まった。競売は市場関係者に許可証取引価格のシグナルを出すものとして，また，民間取引を促進するものとして許可証取引の構想の初期から重視されていた。改正法は許可証全体の2.8％にあたる許可証を，競売するように定めていた。

競売は 1993 年から毎年 3 月にシカゴ商品取引所で行われた．93 年競売での許可証の最低取引価格は 131 ドルであったが，これは民間取引価格の趨勢より低かった[24]．

SO_2 排出削減の成果

SO_2 排出削減の成果について，図 8-2 によって見てみよう．同図はやや複雑なので，表 8-2 の数値を参照・説明しながら述べてゆく．まず，同図のグラフの黒い部分が第 1 段階に参加した発電ユニットの排出量を，白い部分はその他の第 2 段階に参加する発電ユニットの排出量を示している．2000 年以降はこの区分はなくなる．まず，第 1 段階の成果を見るため黒い部分に着目すると，第 1 段階の発電ユニット全体は 1980, 85, 90 年に 870〜940 万トンの SO_2 を排出していたが，1995 年から 99 年までに 435〜477 万トンにその排出量を削減させている[25]．

たとえば 95 年には，第 1 段階対象ユニットとして指定された 261 ユニッ

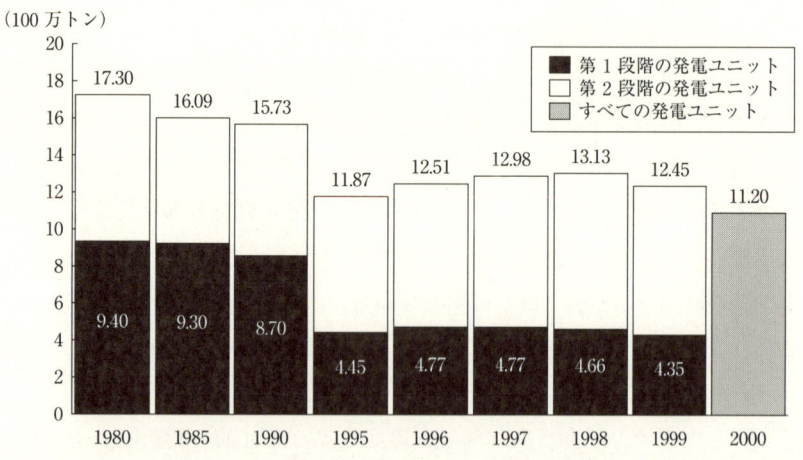

出所：U.S. Environmental Protection Agency, *Acid Rain Program : Annual Progress Report, 2000* (http://www.epa.gov/airmarkets/cmprpt/arp00/arpcomprpt00.pdf, Oct. 31, 2001), p. 5.

図 8-2　発電ユニットの SO_2 排出量の推移

表 8-2　許可証割り当て,排出量および余剰許可証

(万トン分)

	1995	1996	1997	1998	1999	2000
排出許可証割り当て						
初期配分	555	555	555	555	555	916
その他*	315	275	165	145	145	81
合　計	870	830	720	700	700	997
排出量	530	540	550	530	490	1,120
余剰許可証	340	290	170	170	210	−123

注：＊延長割り当て,代替割り当て,早期割り当て,競売など.
出所：図 8-2 に同じ,pp. 6-7,より作成.

トと,代替ユニットなどを含めて合計 445 ユニットが,プログラム第 1 段階に参加した.表 8-2 に示すように,環境保護庁がこれらのユニットに交付した許可証は,555 万トン分が初期配分として 261 ユニットに,延長割り当て,代替割り当て,早期削減,競売,そしてその他として配分された許可証を含めると合計 870 万トン分が交付され,当該年の排出上限となった.95 年の第 1 段階参加ユニットの排出量は 530 万トンであったので,排出上限 870 万トンを大いに下回った.その差額 340 万トン分がこれらの発電ユニットによって余剰許可証として「貯蓄」された.1999 年まで同様の傾向が続き,毎年の排出許可証の割り当て量を実際の排出量が下回り,余剰許可証が相当量「貯蓄」された.おそらく,排出制限が厳しくなる 2000 年からの第 2 段階での使用を考えてのことであろう[26]．

こうした排出削減は,どの地域(州)で多く削減されたのであろうか.たとえば,95 年のデータでは,第 1 段階参加ユニットにおける排出削減のうちの 44％ が,オハイオやインディアナ,ミズーリ州に所在するユニットから削減された.これら 3 州に第 1 段階ユニットの 1/3 近くの最も排出量の多い発電所が含まれていた.これらにジョージア,イリノイ州を合わせると,上位 5 州で全体の 62％ を削減したことになる[27]．したがって,従来から排出の多い地域,つまり中西部などの発電ユニットから集中的に排出削減がなされたといえる.

次に，どのような方法によって削減されたのであろうか．1995年末のデータによれば，最も多いのが燃料転換・混合で136ユニット（全体の52％），次いで追加的許可証取得が83ユニット（32％），スクラバー設置が27ユニット（10％）などであった．この結果は，主に，燃料転換・混合によって削減が行われたことを示しているが，前述した93年末と比較して許可価格の下落のために追加的許可証取得の比重が増えている．

燃料転換とは，高硫黄炭から低硫黄炭へ転換すること，また燃料混合とは高硫黄炭に低硫黄炭を混合して燃焼させることである．燃料混合の場合，石炭に天然ガスを混合して燃焼させることも含んでいる．一般に，発電所は特定のタイプの石炭に合わせて設計されているため，石炭ハンドリング・システム，燃料準備システム，空調システム，そして灰・廃棄物処理システムなどを改造しなければならない[28]．

この方法はスクラバー付設，あるいは改造などと比較して初期費用がそれほど掛からない．最も費用のかからない方法が，西部パウダー・リバー流域（ワイオミング州など）の準瀝青炭への燃料転換であり，SO_2 削減1トン当たり平均113ドルであった．これにたいしてスクラバー設置は，SO_2 削減1トン当たり平均322ドルであった．もちろん，これは平均値であり，個別的な発電ユニットの状態によって大きく変動する．燃料転換・混合はリード・タイムも2年と短く，しかも低硫黄炭の価格が低下してきており，達成方法として最も選択されたのである．電力会社による低硫黄炭と高硫黄炭の利用構成は，1990年に67％と33％であったが，95年にはそれぞれ77％と23％となった[29]．

こうした低硫黄炭にたいする需要増大にもかかわらず，（高硫黄炭と同様に）低硫黄炭の引き渡し価格（輸送価格を含む）は1990年から95年の間下落した．石炭価格の下落は，石炭自体の価格の低下と輸送費用の低下に帰着する．炭坑技術の改善は1990年から95年の間，炭坑の生産性をほぼ年7％上昇させた．低硫黄炭の平均価格は，1985年にショート・トン当たり46.25ドルであったが，1990年に同33.83ドルに，95年に同27.00ドルへ急激に下

落した．低硫黄炭の価格低下のために，電力会社は主に低硫黄炭を利用した燃料転換・混合によって排出削減を行ったのである．

従来，中西部の火力発電所は地元の高硫黄炭を使用してきたが，西部産の低硫黄炭に転換しつつあった．低硫黄炭の埋蔵量のほとんどの87%が西部に，なかでもパウダー・リバー流域に存在しているからである．従来，アメリカで産炭地としてトップの地位を維持してきた中央アパラチアは，低硫黄炭の主産地パウダー・リバー流域にその座を奪われた．高硫黄炭生産者が，その顧客層を失わないようにその高硫黄炭に許可証を添付して販売することもあるという[30]．

スクラバー付設は，運転・維持費用（たとえば吸収剤）はそれほど高価なものではないが，初期の資本費がその他の削減方法に較べて大きく，建設にも4年かかる．他方，スクラバーは一度付設すれば長期にわたって許可証を節約でき，1990年代にスクラバーの削減性能が上がっており，95%も削減できるようになっているので，許可証の節約量も大きい．そのうえ，環境保護庁から延長ユニットと指定されれば，一層多くの許可証を交付されるので，スクラバー付設への大きなインセンティブが与えられるようになっていた．しかし，16電力会社が27ユニットにおいてスクラバーを付設したにすぎなかった．これらのなかには，この追加的許可証を受け取るのが目的の会社もあった．この延長ユニットとして，最も多く許可証を交付されたのは，オハイオ電力会社などをその傘下にもつアメリカン電力会社（約75万トン分），次いでTVA（約71万トン分）であった．

オハイオ電力はそのガヴィン発電所1,2号機にスクラバーを付設したが，それは親会社アメリカン電力がその長期費用は燃料転換より低いと主張したからである．また，TVAはそのカンバーランド発電所1,2号機にスクラバー付設を行い，地元の高硫黄炭を利用し続け，TVAのその他の発電所に許可証を振り向ける予定であった．スクラバー付設が予想より少なかったのは，低硫黄炭のコストが低落して燃料転換が排出削減の主流になったこと，許可証価格が予想したより低くなったこと，さらに電力産業が規制緩和に向

けて再編成中であるので、より費用の掛かる削減法を嫌がったという事情も挙げられる[31]。

第2段階のためにスクラバー付設を計画しつつ、後になって繰り延べている電力会社も多い。たとえば、バージニア電力やペンシルバニア電力電灯、ペンシルバニア電力、カロライナ電力電灯などである。第1段階に超過達成して余剰の許可証を貯蓄した電力会社は、第2段階のスクラバー設置を繰り延べ、あるいはキャンセルする傾向にある。

また、旧くなった発電ユニットを新しく排出の少ないものに改造するという道も残されている。第1段階の余剰許可証が枯渇した後、排出を削減しなければならない電力会社は改造、とくに天然ガスを燃料とする発電機ユニットに改造することが有力な選択肢であろう[32]。

以上、第1段階では、主に燃料転換・混合によって排出削減の超過達成が行われたが、それは、排出基準がより厳しくなる第2段階の削減のために余剰許可証をヘッジとして保有し、大規模な資本支出を2000年以降に繰り延べているからである[33]。

第2段階の成果

2000年から始まった第2段階については、まだその第1年度である2000年のデータしか得られていない。前掲図8-2と前掲表8-2によれば、2000年には、許可証はすべての発電ユニットに初期配分として916万トン分、その他を含めて合計997万トン分が交付され、それが2000年の排出上限となった。しかし、同年の排出量は1,120万トンであり、その差額にたいしては、それまで「貯蓄」された排出許可証が利用されたのであろう。しかし、それでも2000年の1,120万トンという数値は、1980年の総排出量1,730万トンからみれば610万トン減少していることになる[34]。

2000年までに大いに排出量を削減した州は、オハイオ、インディアナ、ペンシルバニア州であり、1990年レベルからほぼ40%を削減した。イリノイやケンタッキー、ミズーリ、テネシー、ウェスト・バージニア州も同様の

成果をあげた[35]．これらの州の SO_2 排出量の多い発電所が，第1段階ユニットと指定されたからであろう．

こうして，1990年改正法による SO_2 削減プログラムは成功しているといえよう．2000年の環境保護庁報告書はここ数年は第1段階で貯蓄された排出許可証が利用されるので，2010年頃に年1,000万トンという目標を達成するであろうと指摘している[36]．つまり，余剰の排出許可証があるうちはそれを用いて排出制限が行われるが，それがなくなれば実際の排出削減に取り組まなければならなくなるであろう．とはいえ，1970年改正法以来20年以上にわたって，多くの論争，紛争を引き起こしてきた大気汚染問題のひとつが，解決に向けて大きな一歩を踏み出したのである．

排出許可証の取引

当初，許可証の取引量は少なかったが，現在では非常に多くなっている．環境保護庁によって民間取引と分類された取引量は1998年1月8日までで，3,363件4,968万トン分であるが，これがそのまま削減費用節約と関係のある取引量とするわけにはゆかない．というのは，許可証は発電ユニット毎に交付されたので，それを所有・操業する企業が一元的に管理するために，便宜的にその本社に一度移転させその後取引する場合が多いからである．それをリアロケーション（reallocation）と呼ぶが，その数は1994-96年に2,507万トン分もあった．これも民間取引にカウントされているが，リアロケーションは「管理上，財務上の目的のための許可証の移転であり，会社による許可証の効率的管理を促進するが，経済的に重要とは考えられない」とされる[37]．

そこで，環境保護庁は民間取引量から組織内部のリアロケーションなどを差し引いた組織間取引のデータも公表しているので，それを図8-3として掲げる．同図に示すように組織間取引は1994年には90万トン分，95年には190万トン分から，98年には950万トン分，そして2000年には1,270万トン分と急速に増大している．この取引の内訳は，多い順に「電力会社からブ

(万トン分)

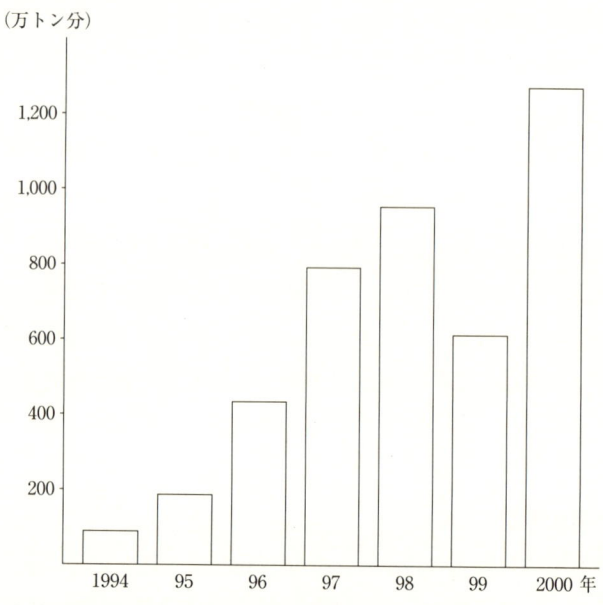

出所：図8-2に同じ，p. 12, などより作成．

図8-3　排出許可証の組織間取引量

ローカーへ」，「ブローカーから電力会社へ」，そして「その他」である．「電力会社から燃料会社へ」，「電力会社間」，「燃料会社から電力会社へ」は比較的少ない．したがって，最も多い取引は，直接ではないがブローカーを介しての電力会社間での取引であろう．このような取引によって，限界削減費用の低い企業が許可証を売却して削減費用を回収し，限界削減費用の高い企業が許可証を購入して削減費用を節約していると思われる．

しかし，削減費用節約とより関係のあるデータは，上記の組織間取引に，電力会社内部取引を加えたものとするべきであろう．これは同一の電力会社内部の取引と，同一親会社グループの電力会社間の取引であるが，限界削減費用の高い発電所やユニットに許可証を回していると推定され，「これらは会社にとって大いにコスト節約になっている」[38]．

次いで許可証価格の推移であるが，図8-4に見るように，許可証価格は当

(ドル)

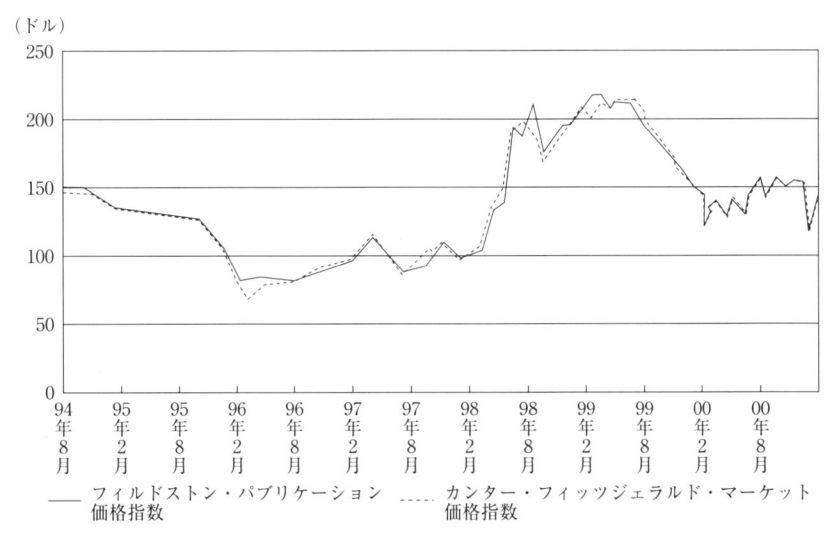

[グラフ: 94年8月〜00年8月のSO₂排出許可証の取引価格の推移]

—— フィルドストン・パブリケーション
　　価格指数

‥‥ カンター・フィッツジェラルド・マーケット
　　価格指数

出所：図 8-2 に同じ，p. 12.

図 8-4　SO$_2$ 排出許可証の取引価格の推移

初，500〜600ドルと推定されたがはるかに低く，はじめ 140〜50ドルであったが，93年末から下がり始め，95年末に急激に下がって，96年3月の競争時にはわずか 68ドルとなった．それ以降持ち直して，97年末におよそ 100ドルとなり，最近では 150ドル弱となっている．

許可証価格の低下は低硫黄炭の価格下落に連動しているが[39]，それは主な削減手段が低硫黄炭への転換だからである．ただし，許可証の需給の問題もあり，このように低いのは，電力会社が第1段階で超過達成し，余剰許可証を貯蓄しているからであろう．「(許可証の) 予想よりも低い価格は，達成費用が予想より低く，排出削減量が予想より大きいからである」[40]．

許可証の低価格は，実際の達成計画に逆に影響を与えている．1993年末の時点では，第1段階対象の 261 発電ユニットの達成方法の中では，燃料転換・混合は全体の 62% で，追加的許可証取得は 15% でしかなかったが[41]，95年末には，前者が 52%，後者が 32% となったのである．

許可証取引は電力産業の総削減費用を節約するということであったが，その効果はどれほどのものであろうか．環境保護庁が1992年に公表した推計を利用すると，1995年時点で，伝統的な「指令・統制型規制」の場合，削減費用は年10～15億ドルかかるが，許可証取引を導入した場合は年6～9億ドルなので，年4～6億ドルの節約となる．第2段階の始まる2000年では，年21～28億ドルの節約，そして2010年では年13～14億ドルの節約となる．マサチューセッツ工科大学の調査（1996年）では，95年の排出削減費用を8.36億ドルと推定しており，そのうちスクラバー付設が約5億5,800万ドル，燃料転換が約2億7,700万ドルであった．これは電力産業全体の運転費用1,510億ドルのわずか0.6％を占めるにすぎないものであった[42]．

　したがって，電力料金への酸性雨対策の影響は現在のところそれほど大きなものではなく，連邦エネルギー省の調査では第1段階参加ユニットを有するイリノイ電力など6電力会社の電力料金は1990年に1kWh当たり約6.1セントであったが，94年に6.3セントとなったが，95年には6.1セントに戻っている．電力料金全体も1990年に1kWh当たり6.6セントであったが，95年，96年ともに6.9セントとなっており，物価上昇率を考慮に入れるとそれほどの上昇とはいえないであろう[43]．総排出量制限が電力料金を上げるという，従来からの懸念は杞憂であったことになろう．

　したがって，「酸性雨プログラムは明らかに，全国の最も大規模で排出量の多い発電所のいくつかで排出量を大いに削減するという約束を果たしつつある」[44]．しかも，「SO_2排出許可証と取引制度は，予想されたより早期の，かつ低コストでの排出削減達成に成功した」[45]といえるであろう．

むすびにかえて

　1990年大気浄化改正法は，SO_2の総排出量を制限しつつ，それでは電力業界の負担が大きいので削減費用を節約する排出許可証取引を導入したものである．総排出量制限の目標がほぼ達成され，排出許可証取引も増大し，この規制改革は当初のねらいを達成しつつある．20年以上も解決できなかっ

た大気汚染問題のひとつにかなりの成果をもたらした．

したがって規制改革の核心部である排出許可証取引は大いに評価できる．排出許可証取引は，実際に個々の火力発電所（正確には発電機ユニット）の削減達成にフレキシビリティをもたせ，インセンティブを付与し，削減コストを節約しつつあり，火力発電所全体として総排出制限をほぼ達成しつつある．それは市場メカニズムを利用してはいるが，全体として，かつ，個々の発電所に課せられる排出制限，そして達成できない場合のペナルティなどと組み合わされて実施されていることを忘れてはならない．総排出量制限と一体として許可証取引が設計されているのであり，決して，市場メカニズムだけで排出削減が進むわけではないのである．

しかし最大の問題点は，1,000万トン削減という総排出量制限の目標が十分であったのかどうかである[46]．もっと厳しい目標を設定すれば，燃料転換，スクラバー設置がもっと進展し，許可証価格はもっと高くなったであろうと推定されるが，公害防止技術が進展する可能性もある．環境規制の目標値をどこに設定するべきかという問題は，依然として残っている．

また，総排出量＝排出許可証総量が同じでも，初期割り当て数と延長ユニット，早期削減など公害防止技術の導入（スクラバー付設など）に特別のインセンティブを与える許可証割り当ての比重をどのように設定すべきであろうか．どうすれば，環境技術革新の成果を採り入れるような許可証配分となるのであろうか．

許可証取引は環境規制における重大なイノベーションであり，環境規制の他の分野にも拡大して全く差し支えないが，その際，最も重要なのは総排出制限をどこに設定するかである．できる限り排出源に革新的な公害防止技術を促進させるような厳しい目標値を設定することが望ましい．また，企業に公害防止技術を採用させるインセンティブを与えるような，許可証配分の一層の開発を行うべきであろう．

以上，アメリカの電力産業は，経済的規制の緩和と環境規制改革によって大きく変貌をとげつつある．日本でも電力自由化に際して，アメリカの経験

から大いに学ぶものがあろう.

注

1) 拙稿「経済構造の転換と規制緩和・規制強化」東北大学・研究年報『経済学』第57巻第4号, 1995年12月.
2) このテーマについて, 植田和弘・岡敏弘・新澤秀則編著『環境政策の経済学』日本評論社, 1997年, 第8章 排出許可証取引 (新澤稿) が理論的にも実証的にも最も包括的な論文である.
3) Ernest J. Yanarella and Randal H. Ihara, eds., *The Acid Rain Debate : Scientific, Economic, and Political Dimension* (Boulder and London: Westview Press, 1985), pp. 4-5, 52 ; U.S. Senate, *Clean Air Act Amendments of 1982 : Report of the Committee on the Environment and Public Works United States Senate to Accompany S. 3041* (Report No. 97-666), Nov. 1982 (Government Printing Office), pp. 1, 5-6, 64, 66-7.
4) Yanarella and Ihara, eds., *op. cit.*, p. 13 ; U.S. National Commission on Air Quality, *To Breathe Clean Air : Report of the National Commission on Air Quality*, March 1981, pp. 237-8.
5) U.S. Dept. of Energy/Energy Information Administration, *Impacts of the Proposed Clean Air Act Amendments of 1982 on the Coal and Electric Utility Industries*, DOE/EIA-0407, June 1983, p. 45.
6) Yanarella and Ihara, eds., *op. cit.*, p. 13.
7) *Ibid.*, pp. 21, 89-90 ; U.S. Senate, *Clean Air Act Amendments of 1984 : Report of the Committee on the Environment and Public Works United States Senate to Accompany S. 768* (Report No. 98-426), May 1984 (GPO), pp. 60-2.
8) Roger K. Raufer and Stephen L. Feldman, *Acid Rain and Emissions Trading : Implementing a Market Approach to Pollution Control* (Rowman & Littlefield, 1987), pp. 15-20.
9) William F. Pedersen, Jr., "Why the Clean Air Act Works Badly," *University of Pennsylvania Law Review*, vol. 129, 1981, pp. 1067-9.
10) 植田・岡・新澤編著, 前掲書, 148-9頁 (新澤稿).
11) Robert W. Hahn and Roger G. Noll, "Implementing Tradable Emissions Permits," in LeRoy Graymer and Frederick Thompson, eds., *Reforming Social Regulation : Alternative Public Policy Strategies* (SEGA Publications, Inc., 1982), pp. 125-50.
12) Raufer and Feldman, *op. cit.*, p. 8.
13) The *Washington Post*, Sept. 1, 1988 ; Marc K. Landy, Marc J. Robert, and

補論　電力産業の環境規制改革　　　　　　　　　　　　　243

Stephen R. Thomas, *The Environmental Protection Agency : Asking the Wrong Questions From Nixon To Clinton*, expanded edition (New York and Oxford : Oxford Univ. Press, 1994), pp. 279-80.

14) *Ibid.*, p. 279 ; Richard E. Cohen, *Washington at Work : Back Room and Clean Air*, 2nd ed. (Boston : Allyn and Bacon, 1994), pp. 50-1, 61.

15) 環境保護基金は 1989 年 3 月に，①東部 31 州の 0.5 lb/MBtu 以上の SO_2 を排出する排出源から 10 年間で 60% を削減する，②5 段階での削減計画，③排出権取引の導入，などを骨子とするプランを提案した（James T.B. Tripp and Daniel J. Dudek, "Institutional Guidelines for Designing Successful Transferable Rights Program," *Yale Journal on Regulation*, vol. 6, no. 2, Summer 1989, p. 389 の注 69）．

16) *Project 88 Harnessing Market Forces To Protect Our Environment : Initiatives For The New President*, A Public Policy Study sponsored by Senator Timothy E. Wirth, Colorado, Senator John Heinz, Pennsylvania (Washington, D.C.: Dec. 1988).

17) Cohen, *op. cit.*, p. 192.

18) Reinier Lock and Dennis P. Harkawik, eds., *The New Clean Air Act : Compliance and Opportunity* (Arlington, Virginia : Public Utilities Reports, Inc., 1991), p. 19. 以下，この規制改革の内容については，主にこの文献を利用する．

19) U.S. Environmental Protection Agency, *1995 Comliance Results : Acid Rain Program*, July 1996, p. 9.

20) Lock and Harkawik, eds., *op. cit.*, pp. 23-7 ; U.S. DOE/EIA, *Electric Utility Phase I : Acid Rain Compliance Strategies for the Clean Air Act Amendments of 1990*, March 1994, p. 10 ; U.S. EPA, *1996 Compliance Report : Acid Rain Program*, June 1997, p. 6.

21) *Compilation of Selected Acts within the Jurisdiction of the Committee on Commerce : Environmental Law*, vol. 1, prepared for the Use of the Committee on Commerce, U.S. House of Representatives, April 1997, p. 331. 排出許可証の割り当て数については，http://www.epa.gov/docs/acidrain/ats/transsum.html (March 10, 1998).

22) U.S. EPA, *1995 Comliance Results, op. cit.*, p. 1 ; U.S. DOE/EIA, *Electric Utility Phase I, op. cit.*, pp. x-xi, 6.

23) U.S. DOE/EIA, *Electric Utility Phase I, op. cit.*, pp. 4, 24 ; U.S. EPA, *1995 Comliance Results, op. cit.*, p. 9.

24) Robert W. Hahn and Carol A. May, "The Behavior of the Allowance Market," *The Electricity Journal*, vol. 7, no. 2, March 1994, p. 33.

25) U.S. EPA, *Acid Rain Program : Annual Progress Report, 2000* (http://

www.epa.gov/airmarkets/cmprpt/arp00/arpcomprpt 00.pdf,Oct.31,2001), p. 5.
26) *Ibid.*, pp. 5-6.
27) U.S. EPA, *1995 Compliance Results, op. cit.*, p. 4.
28) U.S. DOE/EIA, *Electric Utility Phase I, op. cit.*, pp. 18-20.
29) U.S. DOE/EIA, *The Effects of Title IV of the Clean Air Act Amendments of 1990 on Electric Utilities : An Update*, March 1997, pp. viii, 13, 23.
30) *Ibid.*, pp. ix, 23-5, 47, より.
31) *Ibid.*, pp. viii, 47 ; U.S. DOE/EIA, *Electric Utility Phase I, op. cit.*, pp. 29-32, 42, より.
32) U.S. DOE/EIA, *The Effects of Title IV, op. cit.*, pp. 47-8.
33) U.S. General Accounting Office, *Air Pollution : Allowance Trading offers an Opportunity to Reduce Emissions at Less Cost*, Dec. 1994, p. 25 ; U.S. DOE/EIA, *The Effects of Title IV, op. cit.*, pp. 4, 21, 46.
34) U.S. EPA, *Acid Rain Program : Annual Progress Report, 2000, op. cit.*, pp. 5-6.
35) *Ibid.*, p. 21.
36) *Ibid.*, p. 21.
37) 引用は, Joseph Kruger and Melanie Dean, "Looking Back on SO_2 Trading," *Public Utilities Fortnightly*, Aug. 1997, p. 31. 民間取引数については, http://www.epa.gov/ardpublic/acidrain/ats/cumchart.html, April 18, 1998, より, アロケーション数については, http://www.epa.gov/ardpublic/acidrain/ats/chart.html, April 18, 1998, などを参照.
38) 詳しくは, Kruger and Dean, *op. cit.*, pp. 30-3, を参照.
39) U.S. DOE/EIA, *The Effects of Title IV, op. cit.*, p. 46.
40) U.S. EPA, *1996 Compliance Report, op. cit.*, p. 10.
41) U.S. DOE/EIA, *Electric Utility Phase I, op. cit.*, p. 6.
42) 環境保護庁の推定については, Renee Rico, "The U.S. Allowance Trading System for Sulfur Dioxide," *Environmental and Resource Economics*, vol. 5, no. 2, March 1995, p. 120 ; MITの調査については, U.S. DOE/EIA, *The Effects of Title IV, op. cit.*, pp. 12-3, を参照.
43) 1990年については, U.S. Dept. of Commerce, *Statictics Abstract of the United States 1996*, p. 589 ; 1995, 96年については, http://www.eia.doe.gov/cneaf/electricity/epa/epavltl.dat, March 18, 1998.
44) U.S. EPA, *1995 Compliance Results, op. cit.*, p. 5.
45) U.S. DOE/EIA, *The Effects of Title IV, op. cit.*, p. 47.
46) 「アラウアンス（許可証）価格が予想をはるかに下回ってしまったということは, 結果的にはフェイズ1（第1段階）の現段階では二酸化硫黄の排出削減目標が緩すぎたということでもある」（植田・岡・新澤, 前掲書, 新澤稿, 187-8頁）.

終章　日本の電力自由化の問題点

　終章として，電力自由化が重大な局面に差しかかっている日本の現状と問題点を述べることにしよう．

電力自由化の開始
　日本では戦後，全国を9つの地域に分け，それぞれの地域で東京電力をはじめとする電力会社9社（のちに沖縄電力を加えて10社）が発電，送電，配電を独占してきた．電力会社は地域的独占を認められるかわりに，政府（通産省，現在は経済産業省）の規制を受けてきた．電力会社は高度成長期に，重化学工業の旺盛な電力需要に応えるため発電設備を巨大化し，とくに巨大火力発電と原子力を主力として推進してきた．この点，アメリカの大規模電力会社とほとんど同じである．
　電力産業は最も独占度の高い産業であったといえるが，1990年代には規制緩和政策の対象となり，1995年に卸し発電入札制度が導入された．これは電力会社が必要とする電力について，自家発電設備をもっている金属，化学など素材メーカー，あるいは石油会社などエネルギー企業に入札させたものである．発電分野を電力会社以外に開放したわけである．これが日本の電力自由化の第1局面であったが，これは電力会社の電力の外部調達であり，消費者に直接の影響はなかった．
　そこで電力自由化は第2局面に進み，2000年3月から小売りの部分的自由化が始まった．この局面では自由化は，小売り電力市場の26％に相当する消費電力2,000kW以上の大口消費者に限られた．新規参入者は自ら発電

するか，あるいは卸売り電力を調達し，電力会社の送電線，配電線を有料で借りて大口消費者に電力を供給することになった[1]。

　小売り市場への新規参入の第1号となったのは，三菱商事が全額出資するダイヤモンドパワー社であった．ダイヤモンドパワー社は三菱化学やNKKの自家発電施設から電力を購入し，電力会社から送電線網を借りて関西地方の大口消費者に販売する予定であった．2000年10月，同社は通産省ビルの電力入札で，従来の販売者であった東京電力の提示する電力料金より4%低い入札価格を提示して東京電力の独占を崩した．同社は同年11月からは高島屋，ダイエー，日産自動車に電力を供給し始めた．これによって東京電力が喪失した売り上げは年間20億円に上ったという[2]。

　また，NTTファシリティーズは東京ガスと共同で，一般企業が保有する自家発電設備の余剰電力を集め，大口消費者に供給する電力小売り会社，エネットを設立した．イトーヨーカ堂は，ダイヤモンドパワー社とエネット社から電力供給を受け，従来の電気代を2%削減できることになった[3]．さらに，日本で最大級の自家発電設備を所有している新日鉄は，1995年の卸し電力入札制度に基づいて八幡など製鉄所に合計80万kWの発電設備を新設し，九州電力などへの卸売り販売が決まっていた．新日鉄はこれらの発電設備には小売りに回す余裕はないが，豊富な発電実績を小売りに生かせるとみて，小売り参入を決定した．のちに新日鉄は福岡市庁舎，九州大学への電力入札を，競合した九州電力より10%程度低い電力料金で獲得した[4]。

　このように，商社，通信・ガス，あるいは製鉄会社が，主に素材メーカーの自家発電設備と購入契約し，小売り市場に参入を果たした．しかし，2000年3月の小売り部分的自由化から1年半経過しても新規参入者はわずか6社であり，その数はあまりにも少ない．この6社とは上記のダイヤモンドパワー，エネット，新日鉄のほかにイーレックス（三井物産），サミットエナジー（住友商事），大王製紙である．これら合計の所有，あるいは契約電力は約90万kWであり，日本の総発電能力2億5,884万kWの0.3%にすぎない[5]．新規参入各社は当初，素材メーカーの余剰発電能力の仕入れ販売から，

その後,自ら発電所を建設することを構想していたが,実際に発電所建設に踏み切ったのは1社のみであった.新規参入の規模はあまりにも小さく,電力料金への引き下げ効果も皆無といってよい.

こうした新規参入の不調の原因は,「小売り市場の先行き不透明感に加え,電力会社に支払う諸費用の負担が予想以上に重」[6]く,とくに送電料が高いということである.その点,新規参入者のエネットは「最大の問題は,新規参入者が電気を送るときに大手(電力会社のこと)から借りる送電線の賃借料が高すぎること.日本は米国の約7倍との試算があり,電気料金が割高になる要因にもなっている.現在の10分の1程度が妥当ではないか」[7]と述べている.競争が進まない大きな原因は,電力会社の送電部門の中立化が実現できないからである.

電力自由化の現局面

そこで,2001年夏から電力自由化の拡大に向けての動きが始まった.経済産業省と既得権を守ろうとする電力業界との論争において,自由化の範囲とスケジュール,原子力の位置づけ,電力取引所の整備,そして競争の成立しにくい送電部門の電力会社からの分離などがテーマとなった[8].経済産業省は2002年秋までに総合資源エネルギー調査会(経済産業相の諮問機関)の電気事業分科会において合意を取り,2003年の通常国会に電気事業改正法案を提出して,自由化拡大を進める予定である.

自由化の範囲については,2000年3月から大規模工場,百貨店など大口消費者向け(小売り市場全体の26%)は自由化されていたが,経済産業省は2003年度に中規模工場・スーパー(同37%)に広げる方針であるという.残る電力市場の37%を占める一般家庭や小規模商店向けについての自由化には,電力業界は強く抵抗していた.しかし,2002年4月の電気事業分科会で,電力業界のリーダーである東京電力がこれを容認し,2007年度をめどに小売り全面自由化を実現することが決まった[9].

電力業界が小売り全面自由化の容認に変わったのは,第1に,小売りが全

面自由化されも，営業力が限られている新規参入者がすぐに小規模な家庭用市場に参入するとは考えられないこと，つまり，小売り全面自由化には事実上進まないであろうという電力業界の読みである．しかし，第2に，もっと重大な事情がある．それは電力会社が何としても阻止したいのは発電部門と送電部門の一貫体制の維持である[10]．送電部門を中立化したとき，はじめて競争が激化し，電力会社が現在の支配的位置を維持できなくなるからである．送電部門中立化を阻止するために小売り全面自由化を容認したのである．

このように，現在は「小売り全面自由化」が合意されたものの，送電部門の中立化は実現していない．新規参入者イーレックスも「全面自由化は前進」と一定の評価はするものの，「送電線賃貸料などの参入障壁の問題が解決されなければ効果は限られる」[11]と述べている．「小売り全面自由化」が合意されても，送電分野が中立化されなければそれは単なるスローガンに終わるであろう．ごく一部の大口消費者が電力自由化の利益を受けるということにすぎない．むしろ，電力会社が圧倒的優位のまま，経営の自由を獲得しつつあるのが現状である[12]．

一方で，電力業界は原子力発電が自由化の中で競争力を喪失するので，その特別扱いを要求している．自由化によって電気の販売価格は，かかったコストに利益を上乗せする規制方式から競争価格に移行する．その場合，初期投資のかさむ原子力の新規立地や，立地地域にばらまく「振興費」，過去の発電に使った使用済み核燃料の再処理コストなどが電力会社にとって重荷となるという[13]．低コストであるとして原子力発電を推進してきた，電力会社と政府によるエネルギー選択が間違いであったことが明瞭となっている．原子力とは大きく異なり，電力業界からはクリーン・エネルギーについて積極的発言はほとんど聞こえてこない．原子力とクリーン・エネルギーに関する日本の政策はどうであろうか．

エネルギー政策の概観

2002年3月，日本政府は「地球温暖化対策推進大綱」において原子力発

電重視の姿勢を打ち出す中で，2010年度の原発発電量について2000年度比約3割増やす目標を定めるという．これだと，原子力発電は1999年度の発電量全体の34.5%から，2010年度に42%程度になる．また，これは2010年度までに，原発を10～13基増設することによって実現されるという[14]．

このような原子力政策はかなり問題があろう．というのは，第1に，電力自由化を推進しているのであるから，政府が余りにも特定の電源，ここでは原発に傾斜した計画をもつのは，ルール違反ではないかということである．電力自由化とは消費者が事業者の選択を通じてエネルギー源の選択を行うことであるという見地に立ったとき，これは極めて問題があろう．原子力発電を担えるのは電力会社であり，通常，新規参入者によって担えるようなものではない．政府は電力自由化といいながら，電力会社に従来以上に原発投資を行えといっているのである．

第2に，しかも，上記のように原子力発電が自由化のなかで，競争力をもたないのだから，なおさら電力自由化に反するであろう．そして，第3に，原子力発電を3割増加させるために10基から13基の原発を新設する計画は，実現できるかどうかはわからない，ということである．最近，日本では地域住民の支持が得られず立地が極めて困難になってきているからである．

一方，クリーン・エネルギー育成政策についてはどうか．原子力発電に傾斜する「地球温暖化対策推進大綱」と同時期の2002年3月に，経済産業省は「クリーン・エネルギーの調達義務づけ」の構想を発表した．それは次のようなものである．まず，クリーン・エネルギーとして認定されるのは，風力，太陽電池，地熱，中小水力，そしてバイオマスの5種類である．クリーン・エネルギー調達を義務づけられるのは，東京電力などをはじめとする10電力会社と新規参入者双方である．電力会社や新規参入者は，決められた量のクリーン・エネルギーを自ら発電するか，他社に調達義務を肩代わりしてもらう（つまり，購入する）ことによって目標を達成する．経済産業省はこの制度を2003年度から導入して，現在，全発電量の0.2%に止まっているクリーン・エネルギーを，2010年までに総発電量の1%に引き上げる

という[15]）。

　クリーン・エネルギーの 1% という開発目標は，原子力の目標である総発電量の 42% と比較して余りにも低すぎ，とてもバランスのとれたエネルギー政策とは言い難い．むしろ，クリーン・エネルギー育成の姿勢を見せるというだけのことではないだろうか．この点，カリフォルニア州では，1990年代初期には，クリーン・エネルギーが総発電能力の 10% 以上を供給できるようになっていた．同州は電力危機後の現在でも，クリーン・エネルギー育成の政策をとり続けている．

　さらに参考になるのは EU である．EU 加盟 15 カ国では，環境問題を重視し，かつ，原子力への依存を軽減するべく，現在，全電力生産に占めるクリーン・エネルギーは加盟国平均で 14% であるが，欧州委員会は 2010 年までに 22% に引き上げる提案を行っている．加盟 15 カ国のうち，クリーン・エネルギー比重の高いのは，1997 年の段階ですでに，オーストリア 73%，スウェーデン 49%，ポルトガル 39%，フィンランド 25%，スペイン 20%，イタリア 16%，そしてフランス 15% である[16]）．

　もちろん，EU でも電力業界からは「原発を使わず地球温暖化防止に対処するのは極めて難しい」と反論もあり，今後，クリーン・エネルギーの比重が一路上昇するかどうかはわからない．しかし，現在の到達度から見て，はるかに日本やアメリカの先を走っているのである．

　こうして日本のエネルギー政策は余りにも，原子力発電に偏っていることがわかる．もし，送電中立化が実現せずに電力会社に有利な自由化が進み，その上で，従来と同じように，いや従来以上に原子力に依存するエネルギー政策を進めるというのであれば，最悪の電力自由化といわねばならない．

　日本の電力自由化は，一部の大口消費者を中心に電力自由化の恩恵が及ぶだけの「業界の自由化」に終わるのか，それとも，消費者がエネルギー源を選択できるようになるのか，大きな分岐点に差し掛かっているのである．現時点（2002 年 5 月）では，送電の中立化が合意されていないので，一般消費者にはエネルギー源の選択権のない「業界の自由化」になる公算が強い．

終章　日本の電力自由化の問題点　　　251

本書の結論

　日本の現状にたいして，アメリカの経験を踏まえて，次の諸点が主張されねばならない．

　まず，電力自由化の目標は単に電力料金を下げるということに止まらず，発電分野と小売り分野に新規事業者が参入し，一般消費者が事業者の選択を通じて，エネルギー源の選択を行えるようになるということである．消費者が最も低価格の電力を選べば小型ガス発電が選ばれ，巨大火力発電と原子力の時代を終わらせるであろう．消費者のなかには価格が多少高くともクリーン・エネルギーを選択する層も存在するので，クリーン・エネルギーを発展させることになろう．これまで政府と電力会社によってのみエネルギー源が選択されてきたが，電力自由化は消費者がエネルギー源を選択できるようになるという積極的意義をもっている．しかし，このような電力自由化の成功のためにはいくつも条件がある．

　第1に，電力会社から送電線の運営を中立化しなければならないことである．電力の安定供給も考慮すると，電力会社から送電分野の所有を分離する必要はなく，その運営を中立機関に委譲すればよいのである．新規の発電事業者が電力会社の発電部門と対等に競争できる条件を整えなければ，新規参入者は増えず発電，小売り双方の競争は進まないであろう．

　第2に，カリフォルニア州電力危機の教訓を踏まえ，電力の安定供給のためのしくみを整えなければならないことである．ペンシルバニア州のように電力需要に見合った発電所建設がなされるように，電力会社の配電部門と電力小売り業者に，将来の余剰を含む発電能力必要量を調達・購入するよう義務づける必要がある．そうすれば，すべての発電事業者に適度の余剰発電能力を保有するインセンティブを与えることができる．また，電力取引所（スポット市場）には限定的な役割しか与えずに，むしろ，先物契約などを中心とする相対取引を重視すべきである．スポット取引は電力需給のアンバランスを調整する程度の役割で十分である．これらもペンシルバニア州の経験からの教訓であり，一層，工夫された安定供給の方式が考案されるべきである．

同州よりさらに進んで，すべての発電事業者にその販売量に応じた余剰を含む発電能力必要量の保有・購入を義務づける方が一層，安定供給を確実にするであろう．この発電能力必要量はすべての電力小売り業者によって待機発電所として予約され，最終的にそのコストは消費者によって負担されるべきである．

そして，第3に，とくにクリーン・エネルギーが一般消費者の選択肢のひとつになりうるように育成される必要があることである．現在の日本のように原子力発電に余りにも傾斜したエネルギー政策は，おそらく国民の支持をえられないであろう．むしろ，環境に優しいクリーン・エネルギー育成政策が支持されると思われる．

しかも，クリーン・エネルギーが将来有望であることはカリフォルニア州などの経験によって立証されている．風力は低コストを実現してきており，太陽電池や超小型の燃料電池なども大いに将来性がある．クリーン・エネルギーの育成にあたっては，その目標は抽象的なものではなく，たとえば，総発電能力の10％などというような具体的な目標が設定されなければならない．それを実現する方法として，ポートフォリオ・スタンダードなどが大いに参考となる．

以上の点はいずれも，カリフォルニア州のクリーン・エネルギー育成策やペンシルバニア州などの安定供給の制度を参考とすることができる．これらが実現されれば，電力自由化は一般消費者にとって非常に有意義な「電力改革」になろう．しかし，そうした有意義な電力自由化を達成するには，電力業界と政府にだけ議論を委ねるのではなく，市民団体，経済学者や社会科学者が各国の先行事例を研究し，発言し，そして提案しなければならない．とくに電力の安定供給の仕組みとクリーン・エネルギー育成政策について，アメリカなどの経験を発展させた具体的な提案が今，求められているのである．

〔付記〕 経営破綻したエンロン社について．エンロンの経営破綻は電力自由化と密接に関連しており，電力自由化について不安を感じる市民層も多い

終章　日本の電力自由化の問題点　　　253

であろう．そこで，若干のコメントをしておく．

　エンロンは当初，天然ガス・パイプラインの運営会社であったが，エネルギーと電力の自由化に伴ってエネルギー卸しや電力卸しに進出し，先物取引やデリバティブを駆使した経営手法によって，エネルギー卸し商社として全米1位に躍進した．2001年12月に経営破綻した同社にたいする疑惑は，大別して①粉飾決算・不正会計処理，②株価やエネルギー商品などの価格操作，そして③ブッシュ政権への政界工作である（日本経済新聞「電力価格操作 米で疑惑拡大」2002年5月11日付）．①粉飾決算・不正会計処理については，デリバティブ取引の失敗による巨額の損失に関連して行われたと推定される．これは金融業界にしばしば見られる事態である．③政界工作は他の業界にも古くからあるものである．これらについては，関係法規などによる規制強化が必要であることはいうまでもない．

　②のうち，エネルギー商品の価格操作がとくに電力自由化と関係する．同社は2000年から2001年にかけて，カリフォルニア州電力市場において多くの問題ある取引を行ったことが明らかになりつつある．たとえば，電力供給不足になるのを見越した上で，意図的に同州外に供給を一時振り向け，卸売り価格が高騰した段階で州内に電力を売る手口をもちいた．また，同州の電力危機が始まり，同州独立送電機構が1MWh当たり250ドルという価格規制を行った2000年12月に，同州内で250ドルで購入し，1,200ドルをつけていた州外に販売して差益をえたという（日経「電力価格操作 米で疑惑拡大」；Memorandum from Christian Yoder and Stephen Hall to Richard Sanders, "Re: Traders' Strategies in the California Wholesale Power Markets' ISO Sanctions, Dec. 6, 2000,"〔http://www.ferc.gov/electric/bulkpower/pa02-2/Doc.5.pdf, May 28, 2002〕）．

　これらの販売や価格操作は，いずれもカリフォルニア州の卸売り電力の不足に拍車をかけ，卸売り電力価格の一層の高騰を招いた．このような価格操作の疑いはエンロンだけでなく，ダイナジーやカルパインなど同州で事業展開をしていたその他のエネルギー会社にもある．確かに電力自由化は，エン

ロンのような価格操作や経営破綻に至る企業を生み出した．これは金融自由化と同様，避けられない面をもっている．

しかし，カリフォルニア州の場合には，これらの企業の価格操作の余地を大きくつくり出し，すべての消費者が多大の被害にあった電力危機を招来し，そして電力市場が崩壊したことである．これこそが問題なのである．同州では電力会社の電力取引をスポット市場である電力取引所で行わせ，電力取引のほとんどをスポット取引としたこと，そして将来の余剰を含む発電能力の確保を電力小売り業者に義務づけていなかった．そのため発電能力が不足しスポット市場では売り手市場となり，電力価格は異常な高騰に見舞われ，大規模停電や電力会社の経営危機を招いたのである．

電力自由化にとって最も重要なのは，企業の価格操作などによって電力価格が高騰しないように，ペンシルバニア州のようにスポット市場よりも相対取引や自社内調達に比重をおいた安定的電力市場を設計し，かつ，電力の安定供給のしくみを慎重に組み込むことである．それでも，不正取引や経営破綻があれば，その他の業界と同様に，商取引や会計の関係法規の規制強化によって対応し，最小限に抑えるしかないのではなかろうか．

注
1) 日本経済新聞「検証・電力自由化から1年（上・中・下）」2001年3月22-24日付．
2) 日経「通産省の電力入札 三菱商事系が落札」2000年8月11日付；日経「攻防 エネルギー自由化（上）」同年12月5日付．
3) 日経「攻防 エネルギー自由化（下）」2000年12月6日付；日経「スーパー・百貨店，電力調達 新規参入組から」2001年7月8日付．
4) 日経「新日鉄電力小売り参入」2000年12月9日付；日経「電力自由化足踏み」2001年11月6日付．
5) 日経「電力自由化テコ入れへ」2001年10月3日付．
6) 日経「電力の卸値高止まり」2001年9月5日付．
7) 日経「電力小売り自由化へ 参入コスト低減、『送電』分離必要」2002年4月13日付．
8) 朝日新聞「電力自由化 拡大へ論争スタート」2001年8月24日付．

9) 朝日「電力小売り全面自由化 家庭向け2007年度メド」2002年4月5日付.
10) 日経「電力会社,小売り全面自由化容認 発送電一体死守へ譲歩」2002年4月8日付.
11) 朝日「消費者が事業者選択」2002年4月5日付.
12) 日経「経営の視点 自由度高まる『電力』」2002年4月14日付.
13) 朝日「電力自由化 拡大へ論争スタート」2001年8月24日付.
14) 日経「原発発電3割増『温暖化対策に不可欠』政府大綱」2002年3月19日付.
15) 日経「新エネルギー調達 電力に義務づけ」2002年3月13日付. ただし,クリーン・エネルギーを「新エネルギー」と表現している.
16) 日経「EU,自然エネルギー推進,石油・原発代替,年内に国別目標」2000年9月9日付.

用語解説

序章

規模の経済性
　生産設備の規模を拡大し生産量を増加させるにつれて，生産物単価が低下する場合，規模の経済性が働くという．電力事業では電力設備とくに発電所（正確には発電ユニット）の規模を拡大すると発電単価が低下してきた．そのため発電ユニット大型化が追求され，1960年代から70年代初までにその最大規模は130万kWにも達した．規模の経済性は，電力産業が独占を認められた最大の理由であった．

電力事業規制
　主に州政府が電力会社にたいして地域的独占を認めるかわりに，営業地域や設備投資，電力料金などの点で許認可制にしてきたこと．アメリカでは州公益事業委員会による電力事業規制は，1900年代から始まり20年代にほぼ完成した．電力会社は営業地域内のどの消費者にも供給義務があり，どんな時にでも供給できるよう余剰発電能力の保有を義務づけられた．また，州を越える卸売り電力取引については，連邦エネルギー規制委員会（FERC）の規制を受けてきた．

電力料金規制
　電力料金は，州公益事業委員会によって通常，次の算式によって定められた．
　　　　電力料金総額＝営業費用＋レートベース×公正報酬率（約7％）
営業費用は燃料，労働，管理費用など一切の経費であり，レートベースとは発電などの電力資産で減価償却費の累積額を差し引いたもの．したがって，電力会社は営業費用をすべてカバーし，電力資産価値に約7％ほどの利益を含む収入を保証された．このため，巨額の資金を要する大規模な火力発電や原子力発電が可能であった反面，低コストの新エネルギーを開発・利用する努力はなされなかった．

規模の経済性の喪失
　1960年代までに，巨大化した火力発電が本当に低コストであるかどうかについて疑問がもたれ，規模の経済性は火力発電ユニットの場合50～60万kW程度で喪失しているという調査研究が多数現れた．石油ショック時以降，電力産業は燃料価格の高騰を発電設備の大型化によって吸収できなくなり，電力料金が高騰し始めた．また，大型の原子力発電もトラブルや事故などがあいついだため発電費用は高く，規模の経済性は失われたという議論を立証した．

用 語 解 説

規制緩和論
経費をすべて認める電力料金規制からパーフォーマンス・ベース料金制度（上限価格を定めた電力料金規制で，それ以上のコスト削減努力により電力会社が利益を得ても，料金値下げしてもよい）への改革や，発電分野における競争導入の主張を指す．巨大火力発電や原子力発電に反対する環境保護派も，ピークロード料金制度（ピーク時には高く，オフピーク時には低く設定される電力料金制度）や，電力会社以外の新規参入者によるクリーンな発電方式の導入を主張した．

第1章

公益事業規制政策法（PURPA）
カーター政権によって成立した同法は，第1部では電力料金改革を促し，第2部ではコージェネレーションとクリーン・エネルギーの発電施設を一定の条件で適格設備と認定し，電力会社に適格設備からの電力買い上げを義務づけた．同法は，電力会社の発電分野の独占を打破し，エネルギー保全の目的に合致したコジェネとクリーン・エネルギーの発展を促し，電力自由化の第一歩を踏み出した画期的立法であった．

コージェネレーション（コジェネ）
小型であるため工場などの近くに立地が可能で，主に天然ガスを燃焼させ発電するが，その排熱を工場プロセス用などに利用する熱電併給方式．そのため，コジェネは発生する熱の60％前後を電気・熱として利用でき，燃料節約的，低コストであり電力自由化に際して最も有利な発電方式となっている．電力会社の大型発電所は廃熱を放出・浪費しており，熱エネルギーの33％しか電気エネルギーに転換していない．

クリーン・エネルギー
小規模水力（3万kW以下のもの．大規模な水力発電はダム建設にともない生態系を破壊するのでクリーン・エネルギーとは見なされない），風力，太陽熱，太陽電池，バイオマス，ゴミ焼却，地熱による発電を指す．アメリカ政府文献では再生可能エネルギー（renewable energy）と呼ばれている．またグリーン・エネルギーとも呼ばれることもあるが，本書ではクリーン・エネルギーという用語に統一した．

第2章

分散型電源（エネルギー源）
コジェネとクリーン・エネルギーをあわせて，分散型電源（エネルギー源）という．コジェネは通常，15万kW以下であり，ますます小規模化が進んでおり，クリーン・エネルギーは地熱発電を除いては通常，数万kW以下である．分散型電源は電力会社の巨大発電所と対極をなし，しばしば送電線に接続されず，消費地に立地す

ることもあり，送電ロスを回避できる．

スタンダード・オファー
公益事業規制政策法における分散型電源の育成政策を具体化するため，カリフォルニア州などが作成したもので，電力会社が適格設備から電力を購入する際の標準化された契約のこと．とくにスタンダード・オファー No. 4 は最長 30 年の長期契約であり，当時の高い石油価格に連動した固定価格での電力契約を含み，コジェネとクリーン・エネルギーからなる適格設備の発展を促進した．

地熱発電
地中のマグマによって高温・高圧となっている水・蒸気を取り出し，タービンを回して発電する方式．地表の近くに存在しないと低コストで開発できないので，その資源は限られている．アメリカでは西部山岳地帯に多く，ゲイザーズ地区は世界最大の地熱発電地帯である．しばしば大規模なので，クリーン・エネルギーであっても分散型電源に分類されないこともある．

風力発電
風力を利用してタービンを回し発電するクリーン・エネルギーの一種．開発当初より大型化してきおり，発電費用が 1kWh 当たり 4 セント程度に下がっているので，クリーン・エネルギーのなかで最も有力な発電方式のひとつ．ただし，いつでも発電できるとは限らない点や，騒音などの公害もないわけではない．

太陽熱発電
太陽熱をガラス製のミラーで集め，水の入ったパイプを熱し，その蒸気で発電する方式．カリフォルニア州のモジャブ砂漠のようなとくに太陽熱の強いところに立地している．

太陽光発電
もともと軍事衛星の電源として開発されエネルギー効率を高めてきているが，半導体からなる電池パネルが高コストであり，発電所用としてはまだ競争力がない．送電線に接続されない単独での利用形態で普及しつつある．将来，有望ではあるがまだ高コストなので，政府の支援策が必要である．

バイオマスとゴミ焼却発電
バイオマスは通常，木材のような農林業からの資源を燃焼させて発電し，ゴミ焼却発電は都市のゴミ回収事業と密接に関係しているのでしばしば地方自治体によって所有・操業されている．双方ともに成熟したクリーン・エネルギー技術であり，低コストを実現している．

第 3 章

原子力発電問題
アメリカでは 1960 年代から 70 年代初期にかけて多数の原子力発電所が発注されたが，その多くがキャンセルされた．完成した原発も事故などがあいつぎ，コストが

用 語 解 説　　　　　　　　　　259

異常に膨張した．とくに 1979 年のスリーマイル島原発事故後の 80 年代に，電力会社経営の最大の問題となった．そのコスト膨張の原因は，原子炉格納容器やパイプを溶接技術で完璧に密閉しなければならないという品質管理が非常に困難なことであった．

回収不能費用（stranded costs）
送電線開放によって競争が導入されると，コスト競争力がないためにその投資価値を回収できなくなる電力会社の資産，とくに原子力発電所の価値のこと．このため電力業界は競争の導入を遅らせ，これら原発資産の加速度償却を要求した．送電線開放命令が回収不能費用の完全回収を認めたのはこの理由による．

エネルギー政策法（1992 年）
ブッシュ政権によって制定された同法は，電力会社に電力託送，つまり，電力会社以外の発電事業者から第三者への電力販売に際して無差別の条件で送電サービスを提供することを義務付けた．同法は，事実上，送電線開放を義務づけ，電力自由化の第 2 局面を切り開いた．同法は自由化によって影響を受けるであろう原子力発電やクリーン・エネルギーへの補助も定めていた．

送電線開放命令（1996 年）
エネルギー政策法における電力託送の義務づけを，連邦エネルギー規制委員会（FERC）が 1996 年に具体化し送電開放命令として公表した．同命令は電力会社に無差別の送電料金を FERC に申請し承認を受けることを命じた．ただし，同命令は，送電線開放によって競争力を喪失する電力会社資産の価値の完全回収も認めた．これはのちに競争移行期料金として具体化されることになる．

第 4 章

カリフォルニア州法 1890 号
1996 年に制定された電力再編成・規制緩和法であり，98 年から電力取引所と独立送電機構を創設して発電（卸売り電力）分野の競争を保証し，さらに電力サービス・プロバイダ（電力小売り業者）の新規参入を認めて小売り自由化を実現しようとした．ただし，2001 年までは競争移行期とし，その期間，電力会社の小売り電力料金を据え置いて，原子力発電所の早期償却やクリーン・エネルギー助成を可能とした．

競争移行期
電力会社の配電分野の独占が残り，電力会社の小売り電力料金も規制されたままであるが，発電分野の競争と電力小売り業者の参入が認められた，より完全な競争体制への移行期間のこと．回収不能費用の完全回収が認められたため，電力自由化を進めている州ではほとんど競争移行期を設定している．カリフォルニア州では 1998 年から 4 年間の競争移行期が予定されていたが，ペンシルバニア州では 8 年半の競争移行期を予定している．

競争移行期料金（competition transition charge）
　競争移行期には，卸売り電力価格が低下しても電力会社の小売り電力料金を下げないで，電力会社の発電原価と卸売り電力価格の差額を「競争移行期料金」として電力会社の収入とした．したがって，競争移行期の電力料金のなかに含まれる回収不能費用の回収のための項目のことである．電力会社はすべての消費者から競争移行期料金を徴収できるので，競争移行期には小売り電力料金はほとんど下がらない．

電力取引所（power exchange）
　卸売り電力を売買する市場で，事実上，スポット市場である．カリフォルニア州電力取引所のデイアヘッド市場では，電力の流れる1日前に売り手（電力会社発電部門とそれ以外の発電事業者）と買い手（電力会社配電部門とそれ以外の電力小売り業者）がそれぞれ売り入札，買い入札を行い，成立した統一価格で契約が行われる．

独立送電機構（independent system operator）
　発電分野と小売り分野の競争の公平条件を保証するために，電力会社の送電線の操業管理をする中立的機関のこと．カリフォルニア州独立送電機構は同州における3大電力会社の送電線網の操業を管理し，同州の送電線網の75％を管理しアメリカ第2の規模をもつ．同州独立送電機構は電力取引所ディアヘッド市場での電力契約高が翌日に予想される電力消費量に足りないと判断したとき，翌日に待機する発電能力（発電所）を予約・購入し，翌日，これらの発電所と電力会社配電部門とそれ以外の電力小売り業者が電力の流れる45分前に取引を行うリアルタイム市場を運営している．

クリーン・エネルギー助成
　比較的多くの州では，競争移行期に据え置かれる小売り電力料金にシステム・ベネフィット・チャージという課徴金を課し，それによってクリーン・エネルギーを助成している．カリフォルニア州は，4年間の競争移行期に電力料金に含まれる公共プログラム費用からクリーン・エネルギー事業者に助成金を支払い，また，クリーン・エネルギーを購入する消費者にも1kWh当たり上限1.5セントを補助することを定めていた．1999年に同州はこのクリーン・エネルギー助成を，競争移行期を越えて10年間継続することを決めている．

第5章

電力会社発電所の分離・売却
　発電分野の自由化に伴い，圧倒的な発電シェアを保有している電力会社が市場支配力を行使するのではないかという懸念から，電力会社がその発電所を新規参入者に売却したこと．カリフォルニア州の場合，パシフィック電力とサザン・カリフォルニア電力は火力発電所の半分を売却するよう命じられ売却した．他方，ペンシルバニア州のように電力会社に発電所の売却を強制しなかった州もある．

卸売り電力市場

　卸売り電力市場では，電力会社の発電部門とそれ以外の発電事業者が買い手をめぐって競争する．カリフォルニア州の卸売り電力市場は，電力取引所のデイアヘッド市場や独立送電機構のリアルタイム市場から構成され，卸売り電力や，待機用発電能力などの補助サービスが取引される．また，卸売り電力は業者間の相対取引によっても取引されるが，同州の競争移行期においては，電力会社は相対取引を禁じられ電力取引所を通じての取引に制限されていた．

小売り電力市場

　小売り電力市場では，電力会社の配電部門と電力小売り業者（カリフォルニア州では電力サービス・プロバイダ）が消費者をめぐって競争する．消費者は電力会社から購入を続けるか，それ以外の電力小売り業者から購入するか選択できる．電力小売り業者は通常，送電・配電線を所有せず，電力会社に送電・配電料金を支払い電力を託送してもらう．

小売りクリーン市場

　カリフォルニア州の小売り電力市場において，価格競争力の乏しいクリーン・エネルギーには助成金が与えられたため，小売りクリーン・エネルギー市場を，通常の電力を扱う小売り電力市場（ブラウン市場）と区別して小売りクリーン市場と呼んだ．小売りブラウン市場が不活発であったのにたいし，小売りクリーン市場は電力危機前までに約20万世帯を獲得した．

カリフォルニア州電力危機

　同州の競争移行期における卸売り電力市場では，夏期に価格高騰していたが，それ以外の時期には1kWh当たり2～3セントと予想通りの低価格となっていた．しかし，2000年5月から卸売り電力価格は高騰し，同年11月から再び異常に高騰し，大停電や電力会社の経営危機を招いた．そのため，2001年1月に電力取引所は閉鎖された．現在は，州政府が電力を購入し電力会社を通じて消費者に供給している．

第6章

PJM 独立送電機構

　ペンシルバニアやニュージャージー，メリーランド州の電力会社が1998年に設立した独立送電機構であり，接続された発電能力で見ると全米1位の規模をもつ．PJM独立送電機構地域の卸売り電力市場においても，短期的な価格高騰がニューイングランドやニューヨークの独立送電機構地域と同様に見られる．PJM独立送電機構など北東部の独立送電機構は，電力の安定供給のための制度をもっているので，現在までのところ異常かつ持続的な価格高騰を回避してきている．

余剰発電能力（reserve margin）

　余剰発電能力は，発電事業者がピーク時の必要発電能力を上回って保有する発電能力のことで，ピーク時の電力需要が増加する時のために必要である．これは，かつ

ては電力会社が保有していたものであり、ピーク時の発電能力の約20%にも達していたという。この余剰発電能力はほとんど稼動することがなく、収入を上げることもできないため発電事業者は保有したがらない。電力自由化にあっては何らかのインセンティブがないと、余剰発電能力が不足し電力供給不足となりがちである。

安定供給（reliability）
電力は貯蔵できないサービスなので、電力供給は常に電力需要を満たす水準を保つ必要があり、そうでなければ価格高騰や停電をもたらし安定供給が損なわれる。ペンシルバニア州など北東部諸州では、電力会社に発電所の分離・売却を強制しなかったこと、電力会社に先物や先渡し契約を含む相対取引を可能にしたこと、すべての電力小売り業者（電力会社配電部門と新規参入者）にそれらの販売量に応じて余剰発電能力を含む発電能力必要量を按分して確保・購入させることによって、安定供給を実現してきている。

発電能力市場（capacity market）
電力小売り業者はスポット取引や長期契約によって電力を調達するが、それとは別に、電力需要量がそれを上回るときのために、発電事業者から発電能力（発電所）を待機させる権利を予約・購入する市場のこと。ペンシルバニア州などでは、電力小売り業者が1年前から発電能力を予約・購入できる発電能力市場を整備している。余剰を含む発電能力にも収入が得られるため、その収入はそれらに投資する経済的インセンティブとなっている。

ショッピング・クレジット
ペンシルバニア州などの競争移行期における、電力会社のやや高めに設定された小売り発電料金をいう。同州などは電力会社の小売り発電料金を、予想される卸売り電力価格より高めに設定し、新規参入者に利益を与え小売り競争を促進しようとしている。そのため、ペンシルバニア州では小売り競争が成功している。ショッピング・クレジットは、一般的にはジェネレーション・クレジットと呼ばれる。

クリーン・エネルギー・ポートフォリオ・スタンダード
州政府などがすべての電力小売り業者にその販売量の一定割合をクリーン・エネルギーとするよう義務づけ、クリーン・エネルギーを総発電量の一定割合に保つ制度。州政府がクリーン・エネルギー発電事業者にその販売量に応じてクレジット（証書）を交付し、電力小売り業者は自らクリーン・エネルギーを発電しても、クリーン・エネルギーとともにクレジットを購入しても、クレジットだけを購入してもよい。クレジットの価格はクリーン・エネルギーへの助成金となる。

第7章

小型（天然）ガス発電

通常、5〜15万kW程度の天然ガス・タービン発電方式をいうが、ますます小型化しても低コストを実現している。これは低コスト、低公害のため電力自由化のなか

で最も有利な発電方式であり，1990年代中期以降，新規発電所建設では70～90%のシェアをもっている．2020年までの予測でも，圧倒的に支配的な発電方式とされている．小型（天然）ガス発電には，コンバッション・タービンとコンバインド・サイクル方式などがある．

コンバッション・タービン

通常の火力発電は燃料（石炭，石油，天然ガス）を燃焼させ，ボイラーで蒸気を発生させてタービンを回し発電するのにたいし，コンバション・タービンは燃焼している天然ガスを直接吹き込み，タービンを回して発電するので低コストである．通常，排ガスを工場プロセス用として用いるのでコジェネの一種である．

コンバインド・サイクル

通常，第1段階はコンバッション・タービン方式で発電し，第2段階ではその排ガスを用いてボイラーで蒸気を発生させ発電する．さらに，その残りの蒸気を用いて工場プロセス用に再利用する熱効率の高い複合的発電方式．最後の点に着目すると，コジェネでもある．複合設備にコストがかかるが，エネルギー効率が高いので低コストである．

マイクロ・タービン

コンバッション・タービンを超小型にしたもので，24kWのものさえ実用化されている．これは小規模商業施設などの自家発電用への利用に期待されている．

エネルギー政策

エネルギー需要を安定的に満たすため，エネルギーの開発・生産・流通などに関わる政策の総体を指す．たとえば，石油・天然ガス採掘，原子力，クリーン・エネルギーについての新技術開発政策などである．これらについての環境規制や安全規制も，広義のエネルギー政策になりうる．具体的には，原子力発電所の安全規制を緩め操業ライセンスを延長したり，クリーン・エネルギーへの政府補助金を増額したりすることである．したがって，エネルギー政策は電力自由化の帰結に重大な影響を及ぼす．

補　論

酸性雨被害

工場・発電所や自動車などが排出するSO_2（二酸化硫黄）とNO_X（酸化窒素）が，大気上空で化合し硫酸となり，降雨などによって地上に広がり被害をもたらすこと．アメリカではSO_2排出量の約90%が火力発電所から排出され，とくに中西部の発電所はほとんど石炭火力であるため大量のSO_2を排出してきた．そのため，ニューイングランド地方やカナダに酸性雨被害をもたらし，環境問題の焦点のひとつになってきた．

大気浄化改正法（1990年）

酸性雨対策を扱った同法は，1980年に約2,000万トン排出されていたSO_2を1,000

万トンに削減するため，火力発電所のSO_2排出量を890万トンに削減する条項を含んでいた．同法は個々の火力発電所のSO_2排出上限を定めると同時に，排出許可証取引を認め低コストでの排出削減を狙った．このプログラムは1995年から実施に移され，SO_2排出削減の目標をほぼ達成しつつある．

SO_2排出許可証取引

大気浄化改正法（1990年）の酸性雨対策プログラムにおいては，火力発電所，正確には発電ユニットはSO_2排出量の上限を定められ，環境保護庁からその排出上限に見合った，排出許可証を毎年分交付される．定められた排出量を超過削減できる発電ユニットは余剰となる排出許可証を売却し，その削減費用を一部回収できる．他方，限界削減費用が許可証価格より高く，削減目標を達成できない発電ユニットは，その分の排出許可証を購入し削減費用を節約できる．

終 章

燃料電池発電（fuel cell generation）

通常，液化石油ガス，灯油など石油製品や天然ガス，メタノールなどから水素を取り出し，空中の酸素と化合させて，水の電気分解と逆のプロセスで電気を発生させる発電方式．また，太陽電池などによる電力を用いて水を電気分解し水素を取り出す方式では，ほとんど全く環境問題を生じない．小型の燃料電池が開発されつつあり，自家発電用として普及しつつある．そればかりではなく，日米欧の自動車メーカーが無公害の燃料電池を動力とする自動車の開発をめぐって激しく競争している．

索　引

[あ行]

ARCO ソラー社　70-1
アメリカの電源構成　24
アメリカン電力会社　2, 6, 27
アラスカ連邦所有地保全法　215
アレン・ワーナー河域プロジェクト　54
安定供給　vi, 12, 14, 181, 251-2
イーレックス社　246
ウィスコンシン電力会社　231
ウィンドパワリング・アメリカ　212
AES コーポレーション　145
エジソン電気協会　9, 98-9
エジソン，トーマス　22
エネット社　246
エネルギー危機　21, 23
エネルギー政策　209
　——（日本）　248-9
エネルギー政策法（1992 年）　85, 99-101
エネルギー（源の）選択　v, 13, 249, 251
エネルギー多様化　11
エネルギー保全　41
延長ユニット　229
エンロン・エネルギー・サービス社　153
エンロン社　71, 252-4
オフセット政策　223-4
オプション　162
卸売り電力価格　157-9, 185
卸売り電力市場　147, 163
卸し発電入札制度（日本）　245

[か行]

カーター政権　40, 43
カーン，アルフレッド　39-40

回収不能費用　101-5, 123-5
回避費用　44-5, 55, 87
カリフォルニア州　50-2, 115-6
　——政府　166
　——電源構成　51
　——法 1890 号　128-9, 134, 136-7
カルパイン社　144-5
環境経済学　224
環境保護基金　35-6, 53-4, 227
環境保護規制　22-3
環境保護庁　223, 230-1
環境問題　v
規制緩和　8-9
規模の経済性　2-3
　——の枯渇　33-4
　——の喪失　9, 201
供給義務　3, 107
競争移行期　17, 128-9, 192
競争移行期料金　17, 125, 131-2, 192-3
競争入札制　95-7, 119-21
クリーン・エネルギー　iv, 11, 13, 41, 43, 74-6, 88, 107-8, 170, 205-6
　——育成（日本）　249
　——助成　134-7, 145, 194-6
　——・ポートフォリオ・スタンダード　134-6, 194-5, 210-1
グリーン・マウンテン・ドッド・コム　153
クリントン政権　209
ゲイザーズ地区　62-3
経済産業省（旧通産省）　245
ケネテック・ウィンドパワー社　64-7, 121
限界排出削減費用　225
限界費用　44

原子力規制委員会　92
原子力発電　90-5, 210, 216
　　日本の——　248-9
高硫黄炭　234-5
公益事業委員会　3, 27-8
　　カリフォルニア州——　54-5, 59, 128
　　ニューヨーク州——　39
　　ペンシルバニア州——　192
公益事業規制政策法（PURPA）　42, 86
　　——分散型電源育成政策　43-6
　　——料金改革　42-3
公共プログラム費用　134
小売りクリーン市場　155
小売り全面自由化（日本）　247-8
小売り電力市場　152, 189
小売り電力料金値上げ　169
小売りブラウン市場　154
高度成長の終焉　25
コージェネレーション（コジェネ）　10, 42-3, 72, 85, 88-9
ゴードン，ロバート　33
小型ガス（・タービン）発電　iv, 10, 201
コモンウェルス・エジソン社　2, 3, 27
コンソリデイテッド・エジソン社　6, 24
コンバインド・サイクル（方式）　10, 72-3, 202, 204-5
コンバッション・タービン　202-5

[さ行]

先物契約　162
先渡し契約　162-3
サクラメント電力公社　51
サザン・カリフォルニア・エジソン社（サザン・カリフォルニア電力）　2, 27, 51, 125, 145, 165
　　——サンオノファー原発　52, 117-8
　　——スタンダード・オファー契約　60
サザン・カンパニー　2, 27
サミットエナジー社　246
酸性雨　220-2
サンディエーゴ・ガス電力会社（サンディ

エーゴ電力）　51
シーウェスト社　67
シーメンス・ソーラー・インダストリーズ社　71-2
ジェネレーション・クレジット　192
シカゴ・エジソン社　3, 5
シカゴ商品取引所　232
システム・ベネフィット・チャージ　189, 194
自然独占　3
消費者保護　27
ショッピング・クレジット　192-3
新日本製鉄　246
スクラバー（排煙脱硫装置）　222-3, 235-6
スタンダード・オファー　55
　　——No.1　56
　　——No.2　56
　　——No.3　56
　　——No.4（暫定）　56-7
　　——No.4（最終）　76-7, 119-20
スポット市場　14, 161-2, 188
政府規制　27
石油価格　58-9
石油ショック　8, 21, 23
ゼネラル・エレクトリック社　5
セントラル・メイン電力会社　101-3
全国エネルギー政策　213, 215-7
全国エネルギー・プラン　40-1
全国エネルギー法　42
全国環境政策法　23
総括原価方式規制　27-8
早期削減ユニット　229-30
送電線開放命令（1996 年）　85, 105-6, 176-7
総排出量（SO_2）規制法案　221
増分費用　43
ソーラレックス・コーポレーション　71
ソーレック・インターナショナル社　71-2
ソフトキャップ　165
ゾンド・パワー・システムズ社　67

索引

[た行]

大王製紙　246
大気浄化改正法
　1970年——　23
　1990年——　227
代替ユニット　229
ダイナジー社　145
ダイヤモンド・パワー社　246
太陽光発電　70, 209
太陽光発電プログラム　212
太陽熱発電　68
大陸棚海底　214-5
託送　97-9
地域送電組織　178-80
地域的独占　iii, 2-3, 30
チェイニー副大統領　213
地球温暖化対策推進大綱（日本）　248
自治体電力企業　1
地熱発電　62-3
低硫黄炭　234-5
デイアヘッド市場（カリフォルニア州）　148-9
デービス知事　167
適格設備　43-6, 55-7
テキサス州　88-9, 195
テキサス電力会社　2, 27
デステック・エネルギー社　145
テネシー河域公社（TVA）　2, 27, 231
デマンド・サイド・マネジメント　94
デューク・エネルギー社　145, 179
デューク電力会社　2, 27
天然資源保護協議会　53
電力会社発電所の分離・売却　144, 180-1
電力危機　vi, 164
電力小売り業者　13, 122
電力サービス・プロバイダ　122, 152-3, 169
電力再編成　128
電力先物　187
電力自由化　iii, 12, 176-7
　日本の——　245
電力取引所（カリフォルニア州）　129, 148, 166
電力プール（イギリス）　125, 148
電力プール vs 小売り自由化論争　125
電力料金　iii, 4
電力料金構造（体系）　28
東京電力　245
統合電源計画　120
独立送電機構　105, 177-8
　カリフォルニア州——　147-8
　ニューイングランド——　187
　ニューヨーク——　187
　PJM——　181, 184-6
独立電力生産者　96

[な行]

ナイアガラ・モホーク社　36
ニューウェスト・エネルギー社　153
ニューハンプシャー公益事業会社　95
　——シーブルック原発　95
ニューヨーク州の料金改革　39
熱効率　5
燃料転換・混合　231, 234
燃料電池　252
ノースイースト電力会社　95, 101-2

[は行]

ハーン，ロバート　225
排出許可証（SO_2）　228-30
　——価格　239
　——競売　231
　——初期配分　233
　——取引　237-8
排出許可証追跡制度　230-1
排出権取引　223
排出税　223
パシフィック・ガス電力会社（パシフィック電力）　2, 27, 51, 125, 165
　——スタンダード・オファー契約　59-60

――ディアブロ（・キャニオン）原発　52, 116-7
――電力料金　132
パススルー原則　154, 190
発電所大型化　31
発電能力市場　183
パブリック・ベネフィット基金　210-2
バブル政策　224
バンキング政策　224
ピークロード料金　38, 40
POOLCO　126-7
非電力会社　180
ヒューストン電灯電力会社　2, 27
風力発電　64-6, 207-8
負荷率　4
ブッシュ政権（1989-93 年）　226-7
ブッシュ政権（2001 年-）　212-3, 217
ブラウン州知事　53
ブルー・ブック　122-3
プレースメント・リザーブ　148-9, 151
ブロック逓減料金　28-9, 37
ブロック・フォワード市場　161
分散型電源（エネルギー源）　50
　　――投資減税　60
　　――連邦政府 R&D　60
PECO エネルギー社（フィラデルフィア電力会社）　192-3
ペンシルバニア州　181, 190-1
包括的全国エネルギー戦略　209
包括電力競争法案　210, 212
ボーイング社　60-1

補助サービス　148, 151
北極野生動物生息地　210, 215
ボネビル電力庁　2, 27

[ま行]

マーチャント・パワー・プラント　145
マイクロ・タービン　205
マサチューセッツ工科大学　240
マジソン・ガス電力会社　36

[や行]

ユニバーサル・サービス　29
余剰発電能力　vi, 4, 181-3

[ら行]

ラウファー，ロジャー・K.　226
リアルタイム市場　149-51
リライアント社　145
ルッツ・インターナショナル社　68-9
レーガン政権　223
連邦エネルギー規制委員会（FERC）　3, 43, 97-8, 165, 168
連邦エネルギー省　222, 240
ローレンス・バークレー研究所　53
ロサンゼルス水道電力局　51
ロングアイランド電灯会社（LILCO）　39-40, 93
　　――ショーラム原発　92-4

[わ行]

ワイス，レオナード　36-7

著者紹介

小林　健一（こばやし　けんいち）

1951年宮城県生まれ．東北大学経済学部卒業，同大大学院経済学研究科博士後期課程修了．博士（経済学）．北海学園大学経済学部専任講師，助教授を経て，現在，東京経済大学経済学部教授（アメリカ経済論担当）．

　著書・訳書
W. アダムス編著，金田重喜監訳『現代アメリカ産業論』創風社，1987年（分担訳），金田重喜編著『苦悩するアメリカの産業』創風社，1993年（分担執筆），『TVA 実験的地域政策の軌跡』御茶の水書房，1994年．
e-mail：kobayash@tku.ac.jp

アメリカの電力自由化
クリーン・エネルギーの将来

2002年8月25日　第1刷発行

定価（本体 4600 円＋税）

著　者　小　林　健　一
発行者　栗　原　哲　也
発行所　株式会社　日本経済評論社
〒101-0051　東京都千代田区神田神保町 3-2
電話 03-3230-1661　FAX 03-3265-2993
振替 00130-3-157198

装丁＊渡辺美知子　　シナノ印刷・小泉企画

落丁本・乱丁本はお取替えいたします　Printed in Japan
© KOBAYASHI Ken'ichi 2002
ISBN4-8188-1438-5

本書の全部または一部を無断で複写複製（コピー）することは，著作権法上での例外を除き，禁じられています．本書からの複写を希望される場合は，小社にご連絡ください．

唐沢敬編著
越境する資源環境問題 本体 2500 円

OECD編／山本哲三訳
構造分離──公益事業の制度改革── 本体 2800 円

衣川恵著
日本のバブル 本体 2500 円

前田みゆき・小松崎秀行・榎本敦史著
市町村合併と情報システム 本体 1600 円

J.M. キッザ／大野正英・永安幸正監訳
IT社会の情報倫理 本体 2900 円

M. ケニー／加藤敏春監訳・解説／小林一紀訳
シリコンバレーは死んだか 本体 2200 円

宮川公男・山本清編著
パブリック・ガバナンス──改革と戦略── 本体 2300 円

福士正博著
市民と新しい経済学──環境・コミュニティ── 本体 4200 円

OECD編／山本哲三・山田弘訳
世界の規制改革 上・下 本体各 5500 円

日本経済評論社